奈米世界－
賦予大學新機會

吳重雨　編著

國立交通大學出版社

智慧叢書序

二十一世紀的年輕人應當兼有氣質與理性

　　十九世紀後半期，歐美各國挾著優越的科技文明、經濟制度向亞、非洲不斷地擴張，對中國產生重大的衝擊。清廷也開始了模仿西法，知識分子也思考如何使中國站起來，從「西學源於中國說」，到「中學為體，西學為用」，不斷思索如何面對此「三千年來未有之大變局」。至 1919 年的「五四運動」中，知識分子又高舉著「德先生」與「賽先生」，不久又激起了一場「科學與玄學」之爭辯。可惜，由於歷史在作弄著我們，經過了四分三的世紀中，「民主」與「科學」並沒有在中國這長達幾千年的威權社會中生根茁壯。

　　海峽兩岸隔海分治半世紀以來，使臺灣的青年學子能夠擁有一個頗為完整的教育環境。在這環境中的教育體制極不健全：中學教育不正常，學校、教師和學生將目標放在應付升學，絕大多數的學生只知強記、不求瞭解，目的是為了進入好學校，對學問了無興趣。進入大學，因在高中階段，社會組、自然組在修習科目上壁壘分明，「人文」與「科學」已開始分立，使青年學子無法達到以啟發思考、培養為「完人」的大學教育。半世紀前，美國著名的哈佛、耶魯等大學已針對大學教育是一個「通才」抑是「專才」的教育，展開了一系列的爭辯，最後歸納出結果：大學是一個完整的教育，其目的在培養一「完人」，必須以通才教育為核心，兼顧科學與人文。偏重於專門的科學教育，輕忽人文的陶冶，似乎少了「氣質」；而重人文，輕忽科學，似乎少了「理性」。二十一世紀的年輕一代應是兼有氣質與理性的。

大學應該既是提供「通才教育」(liberal arts)，也是提供「實用性(專門性)教育」。通才教育課程通常是要求所有大學生修習外語、人文、社會、藝術、及基礎科學等課程；實用性教育課程是大學生本身所選擇的系所，針對不同系所所開設的應用科學、工程、醫學、法律、社會等課程。所以，大學不是職業的訓練場所，也不是基礎及專門知識的傳授，而是使學生在畢業後，能有國際觀、面對社會挑戰、或獨立研究與思考的「完人」。大學是學者致力學術研究，培養後學者的處所，美國之哈佛、耶魯，英國之劍橋、牛津等能被稱爲世界一流大學，在於數百年來能不斷培植一流人才有關。

　　在當前推廣通識教育的過程中，提供一系列適當的書籍是有必要的。本校近年來也著力在往世界級一流大學提昇，自 1999 年成立了「交大出版社」，設立「智慧叢書」就是希望大家認識到，科學與人文是人類文明兩大支柱，也是大學生在求知階段所必備的。希望這些叢書能讓我們莘莘學子能有完備的通識教材，也能成爲二十一世紀人人必讀的知識叢書，那麼這將是「交大出版社」最大的收穫了。

國立交通大學校長

張俊彥

2000/07/14

奈米世界 —
賦予大學新機會

序言－向上提昇的理念與行動

在二十一世紀初，晶片製造技術的尺度已經進入 90 奈米，尺度在 100 奈米與 0.1 奈米範圍內的科技，就屬於奈米科技。奈米科技範圍跨越電子資訊以及物理、化學、生物、材料等領域，不但為科技與產業的發展開拓新視野與新機會，也對管理、法商、人文社會等的發展提供新疆界。在這個奈米世紀裏，本書已經為大家打開探索之門，歡迎進入耕耘，必有歡樂的收穫。

大學是研究科技及培育人才的學術殿堂，奈米世界賦予大學許多新機會、新思維、新視野及新疆界。因此，2002 年暑假我在柏克萊大學研究時，與許炳堅博士深入討論後，決定特別邀請多位學有專精的教授、工業技術研究院奈米專家，以及熱心的研究生們，撰寫奈米相關的文章，編著成「奈米世界－賦予大學新機會」這本書，讓年輕學子及各界人士瞭解奈米世界的相關知識，帶領大家探索奈米的奧秘，摘取奈米的果實。

我常在國科會及教育部舉辦的許多會議、研討會或演講中，傾聽中央研究院國內外院士之間、院士與教授之間、或教授與教授之間討論的心得，得到許多寶貴的理念與思維，十分感謝院士與教授們的遠見與理念。根據這些理念與思維，再結合年輕一代的心聲，加以具體推動，與大家一起向上提昇。我們特別將這些理念、思維與推動實行的心得，寫在這本書裏，與大家分享共勉。

在此謹向參與撰寫此書的教授、專家與同學們致謝，並代表他們向交通大學張俊彥校長、清華大學徐遐生校長、中央大學劉兆漢校長、政治大學鄭瑞城校長、中央研究院曾志朗副院長、國科會奈米元件國家實驗室主任施敏院士、國科會魏哲和主委、工研院史欽泰院長、聯發科技公司蔡明介董事長及奈米學術與產業專家許炳堅

一

博士致謝，感謝他們的鼓勵與支持，並在百忙中爲本書撰寫序文。

　　謝謝林俐如博士生用心的整理與細心的聯絡；鄭秋宏、廖以義、施育全、黃冠勳、周忠昀、江政達、王文傑、虞繼堯及蘇烜毅博士生協助校稿；交大出版社陳莉平主任與委員們大力的支持與協助；交大出版社詹鋒治先生爲封面作設計；電機資訊學院辦公室許如敏小姐協助收集稿件與序文。

　　我誠摯希望繼本書出版後，能有機會再邀請交大及其他大學有興趣的教授繼續撰寫探索奈米的著作，推動一系列奈米世界的叢書，讓大家在奈米世紀裡快樂的耕耘，同時摘取更多果實。

國立交通大學電機資訊學院院長　吳重雨

奈米世界的小與大

「出污泥而不染、濯清漣而不妖」。千古以來，荷花是中國人形容貞節美德的象徵。然而古人雖欣賞、讚嘆荷花之美，卻是只知其然而不知其所以然。如今透過尖端科技的研究，終於窺見了它在微小世界裡的奧妙，原來是在荷葉的葉面上長有奈米顆粒的緣故，使污泥無法附著其上，自然能展現其清麗脫俗的丰姿。如果將來應用在汽車美容上面，必定有很大的經濟價值。

奈米是一米的 10^{-9}。一百奈米以下的顆粒或結構，是今天最尖端科技研究的焦點，人類對此領域的探求與深入，將開啓無窮寬廣的新領域、新天地。在理論上我們能在小至一個原子、數十個原子乃至數百個原子大小的空間，讓電子在其中傳導，可以使之變成超導體，也可以成為儲存單一電子的記憶體 (Coubumb Blocade)。聲子 (Phonon)在其間運轉，又可以變成超高熱傳導；反之又可以形成極冷環境，作成熱電(Thermo electric)轉換器，製成分子大小的冰箱，甚至能植入人體內作醫療之應用等等，其可運用的範圍，遠超我們所能想像。

在如此小的結構裡，卻又能包含有變化無窮的量子力學、熱力學、物理化學、分子動力學等方面的應用，帶給我們無窮學術研究的機會與經濟開發的價值。在研發過程中，一面既可探討宇宙的奧秘，另一面亦可開創人類的福祉，實在是很有意義的。

近年來，生物科技發展迅速，DNA 的序列將逐漸被解開。但每一個序列代表的意義是什麼？功能是什麼？是如何的生長機制，使其發展成心、肝、腦等器官以及手、腳等肢體的？這許多的問題，在奈米的領域裡，將可以一一的進行研究。諸如：如何剪接 DNA 的片段？如何激發生物能量？以及如何促使能量的傳遞等。你可以想

像，那將是多麼有趣的學問？人類未來要解開宇宙的奧秘，奈米科技實在是一個極關鍵而重要的科學領域。

　　隸屬於國家科學委員會的國家奈米元件實驗室，坐落在新竹交通大學光復校區的校園裡，自公元 1990 年啓用以來，一直扮演著培育我國奈米科技人才的重要角色。這所奈米元件的尖端實驗室，也是世界級的重要實驗室，每年提供全國各大專院校的教授、博士生來作實驗，計有七百多位，貢獻卓著。負責主其事的施敏主任，是我國的中央研究院院士，也是美國國家工程院院士，在全世界奈米元件技術之研究上，有極卓越的成就，並受到極高的推崇。國立交通大學順應未來科技發展之趨勢，即時地成立了奈米科技研究所，招收碩、博士生，加上原本即爲全國學子響往的「電子工程」、「生物科技」、「電子物理」等學系，將培育國家未來在奈米科技領域的棟樑之才。

　　由於國家對奈米科技的重視，行政院業已正式通過奈米科技國家型計畫之推動，這是我國科技發展的里程碑，也是科技、工程與政策結合再向前躍進的起點。何其有幸，我們能躬逢其盛。相信不久定能爲我奈米科技走出一條康莊大道來。同時深願在下一代，有更多的菁英能投身在這無遠弗屆的研究領域裡。

　　本書由數位教授執筆，娓娓寫來，深入淺出，爲一本通俗易懂，又具有啓發性之佳作，極樂意推薦給社會大衆及國高中的青年學子。

　　　　國立交通大學校長　張俊彥
　　　　2003.1.6 寫於交大思園

序

新竹市擁有台灣兩所重點研究型大學－國立交通大學與國立清華大學，也是科學園區的所在地。二十世紀末的東亞經濟奇蹟大部分歸因於其對當代最卓越的貢獻，也就是「資訊革命」。這個革命已經徹底改變了我們的社會，正如同工業革命徹底地改變了前一個時代一般。資訊革命的本質可以用 Moore's law 來闡述，該定律描述積體電路大約每兩年其威力便會成長一倍，因此，電腦與其他使用半導體元件的電子產品，與其他的商品不同，其售價經過每個產品週期必定因減低研發成本而降低。

然而，在二十一世紀初期，因矽單晶片的發展已經漸漸到達基本極限，這個革命的尾聲已經隱約呈現。如果現代經濟的主要動力並不停歇，那麼我們便必須開始發展新的技術。漸漸地，越來越多當代的有識之士，視「奈米科技」為資訊產業最有希望的救星之一。

在 1959 年美國物理學會的年會演講中，諾貝爾獎得主理察費曼(Richard Feynman)最先提出了這個願景的構想，費曼想像在未來世界中最強而有力的機器，其體積將是極微小的，而不是巨大的：他並提出我們可以將一部二十四冊的大英百科全書經由離子傳送方式，透過電子顯微鏡刻寫在針尖大小的範圍內；他也提到未來電腦中的導線直徑將只有十到一百個原子寬，其運作模式將是由量子機制主導，而不是古典物理機制；他預見未來材料的製造將是由原子一個個堆疊起來而形成；同時他也討論了微機電系統在應用上的強大功能，比如說應用在顯微手術上；並且他也有先見之明地指出，生物系統的細胞是微型機器中最令人驚嘆的範例。

費曼的真知灼見在剛提出時似乎是令人難以置信，但許多他談論到或相類似的事物已經逐一發生。昨日的科學幻想今天已成真

實，而今日的真實將是明日的希望。「奈米科技」就是我們給今日真實與明日希望的最佳名字。

奈米科技會不會辜負費曼的期望呢？「奈米世界－賦予大學新機會」一書將帶領中文讀者一瞥令人目眩的未來世界的可能性。但是，我們唯一有把握推斷的是，在接連不斷的新興領域中，科學的探索與技術發展，常會超越我們的預期。最重要的發現往往都出現在我們始料未及的方向上。所以，未來的科技也許皆會與奈米科技有關。因此，奈米科技目前的成就雖然有其一定的重要性，但這本書最大的貢獻並不只是讓我們一覽奈米科技上的成就，其更重要的是它激勵了新一代年輕的心靈，渴望探索光明新世界中未知的新領域。那將是個令人興奮的旅程，在遙遠光明的土地上尋求更壯觀的日出。

國立清華大學校長　徐遐生

序

　　奈米世界是甚麼？簡單的說，它是介於單獨原子或分子活動的量子世界與由成千上億原子組成的巨觀世界中間的疆域。美國國家科學基金會對奈米結構的定義是該結構至少有一維只有一到一百奈米的大小。將近一百年前，愛因斯坦在他博士論文的一部份研究工作中，利用糖在水中擴散的實驗數據，計算出一個糖分子的直徑大約是一奈米左右，現在看起來，我們可以說愛因斯坦在一百年前就進入了奈米世界。

　　最近幾年，奈米科技成為舉世重視的領域。它汲取了凝態物理、化學、化工、電子、電機及其他多項工程學域，以及分子生物等領域的精華。跟材料半導體、電子科技，生醫技術、民生產業等等都有極密切的關係，成為它們未來發展的重要支柱。有人認為奈米科技將是各種應用科學的偉大統合者(Grand Unifier)。任何一間想跟上時代的研究型大學，都會積極投入這領域，所以吳重雨院長主編的這本專書的出版，可說是適得其時，它提供了許多有關奈米世界的資訊與知識，讓我國的大學生們有機會鳥瞰這個新世界的全貌，也提醒我們的大學，不要放過由奈米世界帶來的新機會與挑戰。

　　我們很清楚的看到，奈米世界中需要的人才，是在基本科學上有良好基礎，而又受過跨領域訓練的研究人員，任何大學要想成為奈米科技競賽的贏家，就該規劃完整紮實的基礎訓練及跨領域的學程，並且要有能力組成跨領域的研究團隊。這些將是各大學在發展奈米科技時面對的最終挑戰。特在此提出與大家共勉。

國立中央大學校長　劉兆漢

序

　　第一次聽到「奈米」這個詞兒，約是兩年前在一次學術會議的場合。當時不求甚解，也沒感受到它的特別意義。自此之後，「奈米」卻如影隨形，經常出現在不同會談的場合和許多報刊雜誌；基於好奇和求知慾，也曾試著努力閱讀兩三篇有關「奈米」的文章，結果仍是一知半解。最近這一年半載，幾乎所有含理工、生物科系的大學都在談奈米科技，並爭相設立奈米研究中心。「奈米」儼然成爲科技的新貴，似乎一個嶄新的奈米世界就將到來。

　　就在這時候，交通大學電機資訊學院院長吳重雨教授寄來了所主編的《奈米世界－賦予大學新機會》稿件，並囑我寫一篇序。懷著有點期待又有點忐忑的心情，在這本《奈米世界》逡巡，慢慢了解何謂奈米，它的歷史延展，它的應用潛能，以及對人類可能產生的意涵和影響等等過去困惑的問題。對一個人文社會科學者而言，我無法從專業知識的觀點來評述這本書，但它探循序漸進、多角度、多重論述的方式，使讀者不知不覺便神遊在似眞似幻的奈米世界。讀完這本書，我們（至少對我這個半調子者是如此）大概會因此相信，奈米就像五年、十年前開始的網路一樣，已逐步在影響、改變人類的生活。這個世界慢慢在變成一個奈米世界。

　　奈米世界會是什麼樣的世界？這也許還需要一兩個世代才會更見分曉。但稍稍用點想像力，已可從《奈米世界》這本書的字裡行間，模擬一幅未來世界的圖像；至少物理界怪才、諾貝爾獎得主費曼（R. Feynman）在 1959 年所提出「將二十四卷大英百科全書寫在一個針尖上」的驚人預言和想像，在多少年之後，可能就不再是驚人，更不再是預言和想像，而是一種實體存在。而這種可能性，便是全拜奈米科技之賜。

當人們帶著哲理和浪漫說，從一粒沙可以看一個世界時，大概沒想到（或許根本不知道），從約只一粒沙厚度幾萬分之一的一奈米也可以看一個世界；而且這個世界是科學的、理性的。

　　在這個世界裡，人們需要遊走於哲理、浪漫與科學、理性之間。吳教授和交大師生們合著的這本《奈米世界》提供了一個美妙的橋樑，讓人們得以悠遊其間；至少這是我個人有幸在這本書出梓前閱讀時的體驗和心情。

國立政治大學校長　鄭瑞城

見微知著：建造奈米世界的新文明

任何對科學動態稍有關心的人，在這世紀交替的年代，都一定會感受到兩股新興的科學勢力，正以全面且多姿的穿透能量，牽引著大家的注意力。一個當然是大家早就耳濡目染已久的生命科學，對所有動植物的生、老、病、死都有新的詮釋。其中更以基因體研究所帶來的大量生物資訊，讓科學家逐漸擁有由了解生命，到保護生命，到有一天可以設計生命的「神」力。這一切都起因於 1950 年代那個跨領域科研的成就。五十年前，物理學者克里克和遺傳學家華生解開了 DNA 的雙螺結構，引起了基因學的重大發展。這個越小越重要的事實，貫穿在對生命見微知著的核心觀念之中。

無獨有偶，也是在 1950 年代，另一位偉大的物理學大師理察費曼在加州理工學院的一場演講中，說了一句令人大有啓發的名言：「在微小之下仍有廣闊的空間！」預期了人類特有能力進行奈米（十億分之一公尺）級的精密製造。五十年後費曼的先知卓見，已經促成近代科研的另一個顯學。雖然目前奈米科技的相關領域，仍然處於起步的階段，但大多科學家卻相信，不久之後，奈米科技將無所不在，形成另一個新的文明。

科學家的興奮，確實感動了政府，所以許多國家的科研決策單位，都全力投入這兩個新興的科學領域，並以巨額的經費，規劃並推動國家型計畫的研發工作。當然，教育單位更以別無選擇的心情，紛紛提出新的人才培育方案，爲今後的五十年，做準備的工作。但是一般的普羅大眾，以及目前初進高等教育系統的莘莘學子，卻對這些熱鬧,感到「霧煞煞」。他們對基因與生命的關係，也許有一些粗淺的認識，但他們對奈米世界新文明願景，可能就只有經由小說或影片去理解了。

所以，吳重雨院長所編輯的新書〔奈米世界－賦予大學新機會〕，在這時候推出來，確實有如及時雨那樣重要，裡面所蒐集的文章，都是由實地工作的研究者執筆，涵蓋的主題相當多，而且多能深入淺出的說明理論和應用的關係，實在是一本非常有貢獻的書。尤其在書的後半部，對台灣的奈米研發有很務實的評論，對世界的現狀也有中肯的評估。更可貴的，吳院長提到了加州 CITRIS (Center for Information Technology Research in the Interest of Society)的創建，那絕對是台灣發展科技必須深入思考的模式，尤其最後的 in the Interest of Society 的字眼，才是人文關懷的具體表徵。

　　這是一本好書，我從中學習了好多新的知識，走進奈米世界，我覺得非常的興奮。

中央研究院副院長　曾志朗

序

　　奈米科技將繼十八世紀之蒸汽時代、十九世紀之電力時代、二十世紀之資訊時代後引發人類文明史上第四次工業革命。在二十一世紀裡，奈米科技不但是高科技產業（如半導體、光電、生醫）之驅動力，也是傳統產業（如紡織、食品、顏料）之茁壯劑。

　　奈米其實是一個長度單位，為十億分之一米（10^{-9}米），相當於一根頭髮直徑之十萬分之一。當元件之線寬度或物質顆粒大小縮小到一奈米或一百奈米時，由於量子效應及表面效應，出現許多優異之物理與化學性質，進而演伸出廣泛之應用。奈米科技就是研究如何將物質微小化到奈米尺寸，以及如何使用這微小化結構之特性與機能。

　　「奈米世界－賦予大學新機會」一書介紹奈米科技發展之沿革，奈米材料之應用，以及世界各國為了提昇國際上之競爭力對奈米研展之重視。此書更介紹我國發展奈米科技之策略，尤其在強調「奈米世界」裡對教育之新思維與新理念。

　　本書由國立交通大學電機資訊學院院長吳重雨教授擔任主編，吳教授是國際電機電子學會傑出會員（IEEE Fellow），其專長為奈米電子電路系統設計，奈米量子微影微處理及生物晶片等。本書由二十多位學者專家執筆，以深入淺出方式介紹奈米世界之基本概念。此書將使我們深深了解奈米科技之重要性以及其研發之多元方向。此書也提供很多精闢之建議，尤其在培育未來奈米科技人才方面，極有參考價值。

　　　　國家奈米元件實驗室主任　施敏

序

　　科技的發展一日千里，蒸汽機的發明改變了以勞動力為主之傳統農業社會型態，是人類第一次的工業革命。十九世紀末，由於熱力學與電磁學等物理的發展和應用，內燃機及發電機替代了蒸汽機；石油、電力與汽車等成為二十世紀最大產業，為第二次工業革命。二十世紀中後期，電子計算機及半導體電子的發明及應用，電信及資訊網路的發展，對生活的便利性與溝通上，獲得關鍵性的改善，堪稱是人類的第三次工業革命。由於知識及經驗的累積，當二十一世紀來臨，奈米科技對人類社會而言，不僅對產業具有深刻的意義，對整個人類生活更具有革命性的影響，因此，奈米科技將是第四波的工業革命。

　　奈米科技是在奈米尺寸等級的微小世界裡操控物質，展現新的機能及技術，其所產生的新材料、新特性及新應用的影響層面涵蓋光電、電腦、機械工具、醫藥、生物科技、環境資源及化工等等產業，其產業發展潛力無限。如何將奈米的特性轉化成實際應用進而產生具體的經濟成效，已然是世界科技先進國家最重要的研發課題。為能提昇台灣科技及產業的競爭力，我們必須深入瞭解奈米世界並加速培養研究人才，俾使能在「微觀奈米」世界佔有一席之地。

　　交通大學電機資訊學院吳重雨院長對推動科技發展及培育人才不遺餘力，現結合交通大學理、工、電機資訊、生物科技、科技管理等相關教授，主編「奈米世界—賦予大學新機會」。以深入淺出之論述，闡述奈米科技相關的物理、化學、材料及生物的基本原理，對於未來產業應用的展望亦有深入的探討。俾使高中生及大學生能

藉此書充分瞭解奈米科技，其用心之深，實值感佩！特爲推介並與年青學子共享之。

行政院國家科學委員會主任委員

魏哲和　謹誌

九十二年一月

序

　　荷花表面不沾污泥，鴨子翅膀不會透水等大自然的現象，是在人類未察覺之前就已存在著的奈米尺度的神奇現象。奈米原只是一個長度的單位，現在奈米科技則用來突顯在這長度範疇內會發生的特殊現象；奈米科技不只是關係於尺度而已，更重要的是應用奈米科技在奈米尺度下產生了許多奇特的性質，等待著人們去創新、利用以製造出以前所想像不到的、具有新穎特性的產品，因此奈米科技能爲二十一世紀加入一股新的活力，也爲資訊時代帶來第四波工業革命，創造出嶄新的機會，大家都將奈米科技視爲人類科技上一個新的里程碑。

　　奈米科技就是把奈米(十億分之一米)的微細技術與如何操控奈米尺度的原子和分子等級的物質，以呈現出新的特性以及其優越的特質。它影響的不只是資訊科技，其他如工程材料、化學、醫學、生物科技、環境、能源、機械、測量、電子科技‧‧‧等也都受其影響頗深。

　　本書的範圍涵蓋基本奈米學門與奈米科技發展沿革的說明，半導體 IC 的發展與奈米技術的關聯，奈米技術應用於電子科技、資訊通訊與光電科技，奈米世界的應用、管理與經營、及世界各國在奈米科技的投入與研發狀態；最後以奈米元件國家實驗室及交通大學在奈米世界的教育理念作結語。

　　奈米科技橫跨電子、機械、物理、化學及生醫等領域，影響層面深遠，本書完整闡述奈米電子與光電科技的真諦，內容豐富易於瞭解，領域深具參考價值；交通大學適時出版此書，對於奈米科技的推動與普及極有助益。

工業技術研究院院長　史欽泰

史欽泰

以人為本，無限探求

　　這是一本帶領有興趣探討奈米科技新世界機會很好的入門書。吳院長投入於半導體科技及電路領域的研究與教學近三十年，培養出台灣 IC 產業內無數的技術及經營人才。在這奈米科技正由學術研究逐步進入產業之際，特別召集交大相關教授編集此書，全書對奈米科技的基本理論、範圍及未來應用做概略的介紹。任何一個對奈米技術及產業未來有興趣的人，很容易藉此按步就班，逐步了解奈米世界的技術及機會。

　　新產業的發展需有前瞻思考及人才培育做基石，個人從事半導體產業研發與經營管理工作，由 IC 產品來看奈米科技，更感奈米科技範圍之浩瀚廣大。若由目前大家熟悉資訊產業內的產品應用來看奈米科技的相關新技術，例如：量子電腦、單電子電晶體、奈米光通訊等，這比現有的電晶體、電腦通信產品，功能、速度、容量均有幾個數量級的增進，更可以想像當未來這些技術都商品化應用於實際生活上，對提昇人類生活品質的效益會多大，但這種由技術到產品實用化的過程，也有在產業發展、產業結構、商業競爭管理相關的重要議題要考量。奈米科技的世界需要相關學門的投入整合。此書中亦涵蓋產業發展，智財權等經營管理，在專業的科技解說中亦點出由技術到產品進入市場所需注意的另一面。在人才培育上科技本身與經營管理均有其不可偏廢之處。

　　半導體科技在過去三十年的進展，帶動全球半導體產業成為資訊科技的重要基礎工業。奈米科技的應用更廣及材料、生化、資訊科技、機械，把奈米科技比喻為第四次工業革命絕不為過。台灣在資訊科技產業的時代中，有幸在資訊產品及半導體產品之設計、製造扮演在全球產業鏈中重要的一環。　在這資訊科技時代的產業基礎

上，若能在進入奈米時代，提早學術研究及相關產業方向的佈局，培養未來所需人才，與國際奈米科技有關研究活動同步，相信在未來奈米科技產業時代，必能比現在台灣在資訊產業中扮演更重要的角色。

人類過去幾次工業革命的過程，基本上是經由科學研究及發明產生動力、能量、電腦運算..等資源，再與各種新材料的研究開發配合，創造出火車、汽車、飛機、電腦、電話、消費電子等產品，不斷增進人類的生活品質，推動人類社會文明的往前進，奈米科技確定會是二十一世紀推動文明的一股重大力量。 吳院長過去以不斷培育人才，不斷研究發展的精神，在學術界與半導體產業界共同合作，是研發工作「以人為本，無限探求」的具體實踐者，從這本書的編集與內容，可看出吳院長在奈米科技研發上扮演更高一層的推動及實踐者角色。 他的前瞻思考及為產業培育人才的用心，催生此書的誕生，做為一個長期研發合作伙伴，的確很高興看到這代表吳院長理想的一本書出版。 此書亦會是未來台灣往奈米科技路上前進的一個重要里程碑，我期望讀者能由此書獲益良多。

聯發科技董事長　蔡明介

追求人生的致勝點

　　「古名竹塹的新竹，不但曾是北台灣的政治重心，也是今日台灣最重要的科技城。這座城市融合傳統與現代，結合過去與未來。」這是最近我從報導上獲悉有關風城新竹的描述。新竹處於台灣本島最接近大陸的地理位置，曾經是北台灣淡水廳的廳治所在。新竹的風是出了名，也因此有遠近馳名的新竹米粉（靠風力吹乾的）及傳統上女士們擦在臉上的新竹粉（顆粒特別細緻）。至於為什麼新竹貢丸特別有名，就不知道和風有什麼特殊關係了。政府選擇將交通大學與清華大學設在新竹，又將首座科學園區設在新竹，必有深意。

　　在我們求學的過程裡，最怕被指成"死讀書"，也就是所謂的書呆子。當時並不知道究竟何者是死讀書，何者是活讀書。在目前知識爆炸的時代裡，年輕的學子，也有類似的困擾。大英百科全書的內容，都可以燒錄在硬碟上。一切知識，似乎唾手可得。可是知識這麼多，究竟鑽研哪一項比較好？難怪古人要感慨「生命也有涯，學問也無涯。」

　　住在加州理工學院附近的傅晶晶女士問了一個極為貼切的問題：「究竟要下一代如何學習才會成功？」政治大學的校友廖雪女士則點出了方向所在，那就是「天生我材必有用」，真是呼應了孫逸仙博士所提倡的「人盡其才」。除了少數終身在學術圈裡鑽研的人外，其他的人受教育就是要求得「學以致用」。目前很多學校，重點擺在「學習」上，相對地忽略了「用」的重要。造成了學生們在學校裡被艱深的科目整的七葷八素。譬如說，學生們練就了熟練的微分方程解題能力與技巧，可是終其一生，很多人連一道真正的微分方程問題也沒有在實際工作上碰到。主要是因為答案在公司採購的套裝軟體裡，祇要會啟動軟體程式即可。

交大電資院院長吳重雨教授，春風化雨，指導過許多有成就的博士班，碩士班，以及學士班畢業生們。吳教授自己也經常在國內外專業期刊發展論著。更難能可貴的是，他仍然努力地尋求「向上提昇」的好策略與好方法，並且付諸實行。欽佩之餘，我也經常和吳教授切磋。吳教授以他的才能、經驗、加上努力，帶領大家進入奈米世紀。希望大家能夠「人盡其才」，充分發揮。

因為全球化和資訊革命的衝擊，我們已經進入了完全競爭的時代。每個人必須和成千上萬或甚至上百萬的人去競爭。因此，必須提昇自己對工作的貢獻和加強自己的競爭優勢。最有效的方法，就是找出最能發揮個人所長的致勝點，也就是英文裡所說的 Sweet Spot。一般來說，新的領域就有無窮的新機會，符合了「時勢造英雄」的方針。

虛數的發明，豐富了我們的科技文明。在此之前，祇有實數可用。由虛數結合實數，即可構成複數。一般來說，實數所代表的是逐漸擴大至爆破或逐漸縮小至消失。而虛數所代表的是一定頻率的振盪而不斷地循環。譬如地球繞太陽，是有規律的循環，環繞的軌道每年都一樣，沒有變大也沒有縮小。再舉個例子來說，廣播所使用的載波，那是一定頻率的振盪，可以用虛數來表達。若在上加以有用的訊息，即可或為調頻或者調幅的廣播。另外一個例子，就是單一影像的數據壓縮。在時間序列上的訊號，經由複數的輔助，可以轉換到頻率序列上，接著就可以揚棄不需要的頻率係數，進而達到數據壓縮的目的。善於利用虛數的人，即可以經由不斷的振盪環繞，找出問題的竅門，一擊成功。大凡「英雄造時勢者」，都是勇於嘗試、樂於冒險、求進步、能變通的人。虛與空並不相同。學子們常被要求虛心學習，競爭者要探求對手的虛實，就是這個道理。當交通大學的張俊彥校長聽到以上的論述，他的直覺反應就是真不愧

為「虛大師」。

　　希望諸位能夠順利進入奈米的殿堂，滿載而歸。再有機會，接受風城的洗禮，一起做個「來自風城的巨人」。

學術與奈米科技專家　許炳堅

成功的首要

聯發科技經營理念

　　願景在企業經營的意義，其實就是整個公司努力及生存的長遠目標，藉由願景的指引，所有公司的同仁得以建立共同的志向，整合彼此的思想及行動，發揮企業存在的價值。

　　聯發科技所處的經營領域屬於科技產業，需要不斷的發明與創新，人才是此產業的根本。因此，公司經營理念在原有人才的主題下，對於行為準則與組織特性有進一步的說明。在以人為本的前提下，公司對於員工行為準則的價值觀，就是正直、誠信。正直、誠信反映出來的是一種"真實"。公司的競爭力必定是來自真正的實力。我們不取巧求短利。也期望每一個聯發科技的同仁，都是值得信賴說到做到的人。

　　除了正直、誠信外，公司重視的行為原則，還有勇氣、深思、專注。所謂勇氣，是一種挑戰困難的態度。目前公司正積極進軍數位消費性及無線通訊ＩＣ，秉持的也是一種積極追求機會的挑戰困難態度。配合勇氣極為重要的另一個行為原則要素就是深思。深思是一種負責任的表示，ＩＣ設計的過程本身是個具有高度"深思"要求的工作，在公司的運作上，發揮深思的精神，才能有系統地提升策略及管理效能。專注是一種對工作的態度。凡事經過深思後，就是要用專注的態度把事情專業地完成。

　　由於專注，我們在對組織運作，管理上會傾向簡單清楚的溝通及工作方式。專注、勇氣與深思各自有其獨立性，但在執行上又有相關；經由深思我們選擇所要的，勇於執行，而且勇於放棄不要的，才能更專注發揮強大的競爭力。

經營理念當中，強調經由創新，提供客戶最有競爭力的產品及服務。經過討論後，我們發現創新及團隊合作缺一不可。於是增加了這個要素－團隊合作。公司的產品及服務，需要組織透過協調互動而得以實施。團隊精神首重彼此的尊重及溝通，以嫻熟且具默契的行為，將組織的目標逐實達成。公司經營的ＩＣ事業本來在國際之間流動的情況就比較頻繁，隨著公司經營規模擴大後，必須將經營層次提升為國際水準。目前公司的許多專案均採國際合作模式，其中種種道理，無非是藉由全球資源的運用，追求所在產業的領導地位。公司產品市場的拓展，亦為如此。

以下簡單綜合聯發科技公司的經營理念，就是：

以人為本，提供挑戰及學習的環境，發揮員工潛力使公司整體能力不斷成長。

行為原則：正直、誠信、勇氣、深思、專注。

經由創新及團隊合作，提供客戶最有競爭力的產品及服務。

以國際性的視野，運疇全球資源，追求所在產業的領導地位。

價值觀：

我堅信基本價值，尤其是人性價值。我也堅信，重要的只是少數的基本問題。

摘錄：大師 杜拉克　企業的概念 1983 版後記

※※※※※※※※※※※※※※※※※※※※※※※※※※※※※

誠信、正直：

人的品德與正直，其本身並不一定能成就什麼。但是一個人在

品德與正直方面如果有缺點，則大足以敗事。

※※※※※※※※※※※※※※※※※※※※※※※※※※※※※※

勇氣、專心：

　　如何決定優先，研究起來卻屬複雜。不過，我們可以說，決定
「何者當先、何者宜後」，重要的不在於分　析，而在於勇氣。

　　憑勇氣，纔是決定優先的要點所在。下面是幾條原則：

　　。重將來而不重過去；

　　。著重於機會，而非著重於困難；

　　。選擇自己的方向，而不跟隨別人；

　　。取法乎上，以求有突出性的非常表現，而不僅求安全和易做。

※※※※※※※※※※※※※※※※※※※※※※※※※※※※※※

　　試看許多在研究方面卓然有成的科學家他們的成就，由於他們
具有研究能力之因素者小，而由於他們具有追求機會的勇氣之因素
大（我們當然不能希望他們的成就能像愛因斯坦之創相對論，像波
爾之創原子結構，或普蘭克之創量子論）。大凡從事研究的科學家選
擇研究課題時，如果著眼於易於成功而非著眼於接受挑戰，則他們
縱然能夠成功，其成功也相當有限。

※※※※※※※※※※※※※※※※※※※※※※※※※※※※※※

　　同樣的道理，在企業經營方面，成功的事業，不是遷就現有產
品線來開發新產品的事業，而是以開發新技術或開發新事業為宗旨

的事業。

※※※※※※※※※※※※※※※※※※※※※※※※※※※

　　總而言之，「專心」是一份勇氣，敢於決定真正該做和真正先做的工作，以運用時間及掌握情勢的勇氣。

摘錄：大師 杜拉克　有效的經理人 (1966)
第五章 有效的工作次序

　　關於管理者的有效性，「自我發展」實遠比「訓練」重要得多。

※※※※※※※※※※※※※※※※※※※※※※※※※※※

　　身為管理者的人士，並沒有什麼值得自豪；因為管理者與其他千千萬萬人一樣，都是做他自己應做的工作。

※※※※※※※※※※※※※※※※※※※※※※※※※※※

　　正因為有效的管理者不是太高的境界，所以我們纔能期望必能達到這一境界。

※※※※※※※※※※※※※※※※※※※※※※※※※※※

　　這正是有效的管理者所應自勉的目標。這項的目標並不高，我們只要「肯」去做，就一定能做到。

有效的管理者的自我發展，是個人的真正發展，促使我們由「技巧」培養成為「態度」、「價值」和「品格」；由「程序」進而為「承諾」。

　　　　　　　摘錄：大師 杜拉克　有效的管理者 (1966)

※※※※※※※※※※※※※※※※※※※※※※※※※※※※※

　　任何機構的組織方式，必須能讓成員貢獻才華與能力、鼓勵成員願意主動創新、給他們發揮潛能的機會和自由成長的空間，同時，還要提供升遷機會給成員，並透過經濟、社會地位的認可，來鼓勵成員承擔責任的意願與能力。

※※※※※※※※※※※※※※※※※※※※※※※※※※※※※

　　知識能量如同其他能量，都服從能量不滅定律，因此，如今在組織基層減少的知識力量，必需在組織的高層補足。

※※※※※※※※※※※※※※※※※※※※※※※※※※※※※

　　對現代社會工業而言，所謂讓個人擁有地位、發揮功能，意思就是要讓每位員工都能在工廠安身立命。在工業社會，只有透過工作，個人才能獲得尊嚴和自我實現。因此，各種讓現代化公民能在文化、娛樂和休閒活動方面得到自我實現的勇敢嘗試，最終往往都成為痛苦而無效的經驗。

※※※※※※※※※※※※※※※※※※※※※※※※※※※※※

工作不但不等不愉快，還是存在感和自尊心的必要來源，而且是榮耀和成就感的來源。

摘錄 ：大師 杜拉克　企業的概念 (1943)

聯發科技董事長　蔡明介

與您分享一、二句話

俗話說：「好的開始是成功的一半」，剛進入職場時，有一點非常重要，那就是需要格外認真，一則因為有許多待學習的地方；二則如果剛開始的表現超出主管的預期（在進度上、在成果上），很容易獲得認可，爾後主管將願意把更多的機會讓你去歷練，你因此有更多表現的空間；導入正向循環之後，不斷的累積信用，成功的機會將大為提高，這就是「成功之首要」。接著，另有些許經驗可供參考。

平時要秉持專注（focus）的精神，對於目標要有所取捨，不能同一時段要太多項目；專注之後要深思，把事情想透徹、完整；因為成功必須由很多因素組成，如想得不完整，挂一漏萬，少了一、二個因素，相乘之後還是等於零；這樣就和成功無緣，而產業界就是要「成功」。

其次，現在一般的計劃，通常很大、很複雜，絕不是一、二人就可完成的；因此，「team work」就非常重要了。而每個人對事情的看法不盡然相同，因此，當別人提出你沒有想到的意見時，要虛心地了解，如認為這有利於我的成長，則虛心接受，如此，在專業上作出貢獻的同時，個人氣度也大大提昇了。

除此，如身為主管，應該創造機會，讓成員有空間得以發揮其專長，組織也得以成長。

聯發科技總經理　卓志哲

奈米世界中音樂的人文藝術關懷與生命沈思[1]

前言

　　在本書主編吳重雨院長的鼓勵下，此一小文以一種「異質性」的聲音在奈米科技精進研發的環境裡發言。藉由此文，一方面希望能就個人對音樂人文藝術的關懷和由此引發的生命之沈思，略抒己見；另一方面，也希望能喚起人文藝術與科技，在它們各自開啓的生命歸趣的思維和價值觀上，作一對話，以利吾人尋求較高層次、較爲圓融的生命觀。

音樂做爲一個名詞 ── 音樂審美價值觀的來源

　　「音樂」一詞如同任何一般的名詞一樣，是個概念（concept），它不是一個具體之物，但卻包括許多具體之物。每個人總依自己的音樂經驗、喜好而定義音樂。習於歌唱民謠、流行歌曲者，視音樂就是歌，就是直抒胸臆的歌唱；習於聆聽西方古典音樂者，視音樂就是交響管弦，或鋼琴、小提琴或不同樂器組合的室內樂所演奏之調性語言的藝術音樂（art music）；習於民族音樂者，視音樂就是各個不同地方、民族彙成的世界音樂（world music）；習於玩弄與講究聲音者，視音樂就是〝美好〞的聲音組合；對視音樂爲一個外在的、

---

[1] 人文藝術一詞用以區別自然藝術。而藝術在此，意味一種審美對象或客體，或一種相對主體的任何外在審美形式。如繪畫、雕塑、舞蹈、詩歌……等等。音樂是人文藝術的一種形式。這裡的音樂，個人意指一種藝術音樂（art music），亦即人之意識參與建構的感性世界的音樂，而不是指自然直接感受的民謠、流行歌曲。

娛樂的、表演的手段者而言，一種「飛動遲速」、能誘發外在感官參與之聲音就是音樂；對視音樂爲一種內在的、孤獨的生命哲思訊息的自言自語者，一種能傳遞「蕭條淡泊」之情懷的聲音就是音樂；⋯⋯。

每個人的特殊經驗、喜好，皆賦予音樂這個概念以具體的內容，並作爲其音樂觀之依據。這些不同的音樂體驗、喜好，賦予音樂各自不同的定義與內容，它們皆稱爲音樂。也因而在音樂這一名詞下，各種不同審美價值觀，就在它們相關之具體經驗裡、個人的喜好渴求裡找到了依據；也因有如此不同的依據，所以對同一種音樂之具體評價，可視爲其於不同經驗情境裡（context），不同意義的顯露、解讀、或詮釋。至於對同一音樂之好、惡、貴、賤之評價，《莊子．秋水篇》一段話足以說明此類評價之眞實（truth）：「以道觀之，物無貴賤。以物觀之，自貴而相賤。以俗觀之，貴賤不在己。以差觀之，因其所大而大之，則萬物莫不大；因其所小而小之，則萬物莫不小；知天地之爲稊米也，知毫末之爲丘山也，則差數 矣。以功觀之，因其所有而有之，則萬物莫不有；因其所無而無之，則萬物莫不無；知東西之相反而不可以相無，則功分定矣。以趣觀之，因其所然而然之，則萬物莫不然；因其所非而非之，則萬物莫不非；知堯、桀之自然而相非，則趣操覩矣。」[2]

音樂中的生命觀－在心靈處見音樂、見生命

音樂常被視爲一種技藝，因它需要演奏才能呈現；音樂也常被

---

[2] 節錄自莊子外篇《秋水》，當河伯曰：「若物之外，若物之內，惡至而倪貴賤？惡至而倪大小？」，北海若的回答。

視爲聲音,因它需要聲音才能彰顯。若在技藝、聲音處動念頭,音樂就是技藝與聲音;但音樂不是技藝,也不是聲音。可是音樂又不離技藝與聲音,因爲音樂是技藝與聲音的展現。音樂與聲音／技藝的關係,是處在一種不即不離的關係裡:一則在內,另一則在外;一則在心,另一則在物。維繫這個關係的,是人的〝表達〞心靈。有個內在的表達渴望,聲音、技藝才有個指歸處。音樂可視爲內在心靈的生命底層之呼喚,或是內在世界的顯露,抑或是不同生命情調的投射—雄壯的歌頌或是憂鬱的呢喃。「心」決定外在體現的方式。這種唯心的音樂基調所形成的音樂觀,是個人創作、教學、音樂詮釋與表達的形而上基礎,也是個人主持(direct)交通大學音樂研究所的音樂理念之來源。

　　從這些音樂理念裡,讀者將可見到個人這種音樂唯心觀所開啓的音樂與人文藝術、生命相呼應的關係。同時也可見到這種音樂唯心觀所開啓的生命價值觀,是相當不同於由尖端科技所開出的物質文化的價值觀。以下節錄交大音樂研究所九十一年學年度音樂博士班申請書中所陳述之創辦理念以爲說明。

唯心觀下的音樂理念

(一)視音樂爲生命自覺情思的顯露優於視音樂爲娛樂和表演的手
　　段。

　　　　音樂價值觀決定了一個音樂系所的取向、課程內容與呈
　　現方式的選擇。此項音樂理念認同後期浪漫派的音樂觀—不
　　視音樂爲一種娛樂或表演,而視它爲生命情感、哲思訊息的
　　顯露。這種面對音樂的態度,在目前物質主義瀰漫的社會裡,
　　極少有音樂系所能獨立於外不受其影響,而能保持自身的洞
　　察自明,而具生命表達深刻性的音樂觀。在此冀盼能純然體

現如此 「孤朗」 的理念，並使其成為音樂價值落點的最終
依據；也因而強調個體或人類對宇宙感懷，生命傷悲 / 喜悅
之種種情懷，成為音樂表達與研究的對象。

（二）強調生命意識在音樂與其文化傳統脈絡中所把握之價值觀優
於音樂在現實社會因緣中之價值。

此點強調一位學習的藝術家個體能重視對文化積澱事實
的把握，遠勝於對現實中流變的價值觀之捕風捉影。對文化
積澱的把握，意謂對傳統藝術技巧、表現方式與內容有機的
掌握，以利藝術家自身創意使命的喚醒－從傳統得到自身存
有對話之基礎，而非受其束縛。至於現實種種的因緣意義，
則被視為創作者生命處境介入之應機對象。

（三）以抒情心靈作為音樂文化、價值、學習、表達開展的焦點，
以「觀察」和「觀照」作為音樂學術活動與自身顯露之起用
基礎。

音樂具有的是一種感性的內容，所有的音樂都可視為人
感性理念的體現。因此，一顆有別於概念的、理性的抒情心
靈（「興」的心靈），是作為音樂學習、表達與開展的始點。

一般言之，音樂院或大學音樂系絕大多數視音樂作品為
理性的產物（rational product），因而任何音樂課程的安排與教
授，皆以理性、概念化的語言，作為主要的表達媒介。運用
語言針對對象作客觀義理的描述，這是在人類社會文化各階
層裡普遍的、習以為常的溝通方式，但它終究無法取代對象
本身自然的顯露。尤其在音樂裡，其自身已形成一種自足的
表情系統，因而理性、概念的表述系統面對它，立即顯得力
不從心、捉襟見肘。

交大音樂所有鑑於此，其作曲組在音樂創作及研究上的

進路（approach），將有別於台灣大多數學校的音樂系所（以理性的語言作爲主導優勢的音樂表述方式）而強調理性／感性語言並重，分別對音樂作客觀義理的描述與主觀態度的直接掌握。

這種理性／感性的語言，是來自心靈的一體的兩面：觀察與觀照。觀察的心靈乃理論的／哲學的心靈，亦即一種「追問」、「探索」知覺現象的基礎，或對「現象」陳述存有意義的心靈；而觀照的心靈乃藝術的心靈，亦即能全然地把握對象所展現其千「姿」百「態」、消長共存之心靈。前者以概念語言說述，後者在無言裡如實顯露。這兩者並非截然對立，而是相互依恃、相互協調。觀察仰賴觀照的體驗作爲研究論述，而觀照依賴多面相的觀察，方能達到更深刻的、全面的無言顯露。二者關係相互詮釋，相互循環。此二者成爲交大音樂所作曲組博士班的教學目標／方法／步驟，並作爲課程安排／設計／內容等之形而上之基礎。

（四）視音樂演奏、創作、理論爲三種不同表現方式，強調這三者之間的交匯優於它們的分離。

在物質的世界要求講求效率，提高產能，分工遂成爲一種必然手段。每段的分工並不必然要去了解它段分工的細節，或對整體製造過程去做全然地把握。每一段只要盡自己的分工之職責就夠了。當音樂落在這種物質觀時，它與產業的精神相輝映，要求分工的專業。如此，原來音樂之爲音樂的整體性，也就被分散爲以它產生的功能爲導向的分工：作曲、演奏、研究，各自形成自己的專業系統，且進而再因它們自身所強調的重點的不同，進一步細化一些次系統。原先在物質世界的分工，是視產品的「處理」過程爲一種機制，

分別對機制裡不同的成分，做有效的功能掌握、發揮，而有助益於產品的量和質的提昇。而當音樂被如此的看待，音樂外在化的表現，著重在音樂表達上客觀、絕對、神聖的意義的追求，隱約地被視為一種目標。雖然這目標在相對的世界裡永遠不可能達到，但卻成為一種另類的「信仰」，被一群唯物主義者熱烈的追求著。這種以物質為導向的價值觀，我們從小就習以為常，也因而很少會去質疑音樂和產品之間本質差異之問題。

交大音樂博士班學程，有感於以音樂作為「人底層生命情感訊息的敘述」之精神，因此視音樂為一種生命個體當下獨特的生命情思的詮釋和交流，而不視它為一種實用世界的物件，可被用來複製、比賽、交易。未來的博士班學程，將朝向以全然的音樂家之教育為目標，亦即視音樂家為人類生命底層哲思/情感訊息的代言人。這代言人自身既能以作曲表達，也能以演奏表達，也能以「知識」追問或描述音樂的方式表達，作曲/演奏/研究，兼具一體，由現階段的「分工」統整回歸到整體。

（五）強調契入音樂內外之文本，以顯現生命存有之意義優於對音樂自身作神聖、理想意義的追尋。

視音樂作品為文本，亦即視音樂為創作者與讀者（演奏者或聆聽者）間溝通的媒介，也可視創作者內外世界的媒介。作品就是媒介，就是做為讀者參與詮釋依據的成分之關係網絡。文本內之義，意指成分之間，及成分與整體之間，所開顯的功能之關係而產生的表現之意義；文本外之義，意指成分與文化事實之聯想的對應關係之義，包括肖像義、指引義、象徵義。意義是隨著主體生命處境對文本的參與而作無止盡

的流轉。換句話說，意義是隨著主體對文本內與文本外把握之對譯(recoding)片刻中產生，也可說，顯露了讀者生命之意義。因此從意義的衍化而言，讀者也可說是另一種層次的創作者。這基本上就是一種詮釋的態度。

詮釋的音樂態度如同詮釋的生命態度－不視對象（音樂）為一種固定、絕對、客觀意義的表情內容，而是彰顯主體當下生命存有創化的意義。換言之，音樂無事實相，只有個人在當下處境介入文本而交感的詮釋相。

每種詮釋相皆反映主體當下之生命處境，而這樣的處境又為主體所承襲的傳統（或說歷史效應）所決定，且那一刻的詮釋又瞬即轉入下一刻詮釋的"先結構"，以致形成無止境的詮釋循環。

本所音樂態度之核心，即在於這種詮釋的精神－藉由「循環」，意義不斷地創化；藉由「循環」，主體趨向聆聽、參與其自身內在的情感語言，在文本裡不斷地顯露。這種詮釋態度，不僅應用在演奏者對音樂文本的關係，也適用於作曲者對創作、音樂學者對其研究對象的關係等等。

（六）從音樂作為依待世界意義彰顯之投射，走向絕待世界意義泯沒之映照。

在俗情世間裡，我們所講的意義，是指浮現在心中能感知、把握的東西，如名、利、概念、知識、感性、想像……等範疇。這種意義的產生仰賴成分彼此依待的關係之表現，音樂作為這依待世界意義的投射，也就具有了俗情生命的性格，亦即含有七情六慾的姿態。反之，意義不流轉、不再衍化，讓事件為獨立自足的事件，彼此不依待，但共同貢獻於它們所處的世界，此為絕待世界。在那世界裡，一切成分各

具一宇宙，以其現量（不緣過去爲影，不參與虛妄與造作）
演出。

　　強調依待世界，即強調有思有慮的人文之精神世界，是
一種生命情思的投射；反之，強調絕待世界，即強調無思無
慮自然之精神世界，是一種自然生命境界的映照。上述二者
在作曲上提供了兩種不同的表現方法與內容之進路。在演奏
的心境上也提供了兩種不同的進路。

　　以上六項教育理念隱約含有「道藝一體」的基調。視音樂爲生
命存有與表現的體現，進而視生命爲其超越的手段。本所目前「理
念」 的獨特性，使得本所能有別於其他視音樂爲文化事實之學藝的
音樂系所，這也是此理念做爲本所欲申請作曲組博士班依據之理
由。在所謂的唯物世界裡，這樣的理念的聲音顯得很微弱，但並非
標新立異，它只是促使音樂回歸它的來處－做爲人類精神聲音的宣
告。

音樂做爲一個世界（music as a world）－作品與產品

　　不同的音樂觀導致不同的音樂的體現－創作也罷，詮釋、演奏
也罷，皆是如此。若視音樂爲如歌似的旋律之彙集，則是強調音樂
可歌的旋律特徵；若視音樂爲一連串的聲音流（sound stream），則側
重聲音之間緊鄰之因果關係，而形成此刻，是承接前一刻的果，又
是引發下一刻的因。而視音樂爲一個世界（world），則視音樂能在人
的記憶空間裡，以各種千姿百態的音形（figures）出現。每一種音形
可被記憶，可被聯想，可被追憶，可以爲符號，以爲象徵，以爲意
象，以爲姿態，各自吐納、徘徊，彼此對照、呼應，而形構了一個
可資辨認的獨特的音樂世界。

這個世界就是一個具有自存性（self-subsistence）的音樂，才能在我們心靈的記憶深處開啓的。「自存性」說明一首音樂展現其存有的可資辨認性，或一首音樂的本質（essential），是 what it is as it is，或是它的實在性（actuality）是能將它存有的眞實（truth）起作用[3]。它藉著音樂成份與成份發展變奏（developing variation）關係之並列、重疊、跳接、隔行懸合之表達而形成一個「光景常新」、「生生不息」的世界[4]。

　　有人說音樂是時間的藝術。這句話說明了其人對音樂所呈現的外在物理性的手段，作了表面的觀察。聲音在時間之流程裡顯露，強調的是音樂的時間性格，亦即聲音的鄰近義。而這裡說音樂是個世界，強調音樂的空間性格，亦即音樂在心靈處、記憶空間處，成就了音樂表情（expression）空間。在這個空間裡，音樂有了表情的

---

[3] "self-subsistence," "essential," "actuality," "truth," "what it is as it is"等概念的應用來自海德格在《藝術作品的本源》(The origin of the work of art) 一文裡的使用。The translation is by Albert Hofstadter, (in Martin Heidegger: Basic Writing, New York: Harper & Row, 1977, pp.143-211)

[4] "developing variation" 這個概念來自作曲家、理論家 Arnold Schoenberg 對藝術音樂材料的關係所把握到的一個見解。他認爲對動機音形的方法，一則是簡易變奏，變奏通常只不過是裝飾之意，它的出現是爲了創造變化。另一則是發展變奏，變奏直接讓音樂能朝向一個讓新的 idea 出現的目標。出處自 Arnold Schoenberg, *The Musical Idea, technique, and art of its presentation*, edited, translated, and with a commentary by Patricia Carpenter and Severine Neff (New York: Columbia University Press, 1995), pp.365-366.

召喚，將人們引入屬於他們經驗中歷史的、社會的、文化的、心理之種種所交織的「冥漠恍惚」、綜合情態意緒之境。

音樂是一個世界，顯露了它的真實。一個「自存性」的音樂，以一部可資辨認的「作品」來體現它的存有。這可資辨認的作品，藉著作曲家的心靈的觸發而完成。它不是一個具有外在實用性且遵循這實用性設置的規範、過程、方法來約制自身的「產品」。它無須理會消費者對產品滿足的索求。在它的自存性顯露它自身的存有意義，開啓了它的世界，也開啓了它的邀請。它的存在只在它自身的存在，無關這存在外的他人之價值論斷。它每一次的開啓，皆顯露那刻不可複製之意義。

音樂做為一個世界，它存在於我們的心靈處、記憶處，生命之種種遭遇交匯的虛靈處，而不是我們觸手可即的現實處。它訴說宇宙、人生命運的普存性，而非是現實生活之具體性。

諦聽音樂的召喚－「懷之」、「靜照」的生命情調

音樂是需要聆聽的。聆聽才能賦予音樂生命。聆聽的自身是一種接納，接納的本身是能讓對象如如的來、如如的把握。接納的前提是要有一顆「無待」、「無慮」、無「游目窺探」的心。如此，心才能靜，才能空，才能「靜照」，才能暫時遠離世俗的干擾，才能「靜故了群動，空故納萬靜」[5]。音樂做為一個世界，在其中，不同的音形如同不同的事件、不同的人物角色、不同的意象、不同的情感姿態，就在這「空靜」的「覺」心裡（非「死」心）它們自得自在的生命才能燦然演出。然而人們卻習慣用語言、思想把握對象（如大

---

[5] 蘇東坡《送參寥師》「……欲令詩語妙，無厭空且靜；靜故了群動，空故納萬境。……」

多數音樂欣賞課）。我們在溝通音樂時，喜好描述它、議論它、分析它、理解它。但在描述、議論、分析、理解之時，一方面我們早存預見，另一方面，我們早已困在使用語言時所要求的觀察點的限制裡。如此地描述、議論、分析、理解的應用，使音樂已不再是音樂，音樂已化爲觀察者的預見和觀察點開展出的渴求之產物。我們扭曲了音樂，隔離了音樂。當音樂是知識的對象，它停止它的呼吸，停止了它生命之呼喚。「如何把握音樂」，這句話自身就是遠離音樂。要不干擾音樂，就得先放棄把握的念頭，「絕議論」，對它「離言說相，離名字相，離心緣相」[6]，它才能進入一個不可「思」、不可「議」的空、靜的心靈處，如如地響起，如如地呼喚，而我們諦聽它，接納它，懷抱它，如此，與所謂「君子懷之，小人辯之」的旨趣不是正相呼應嗎？

後語

　　科技開啓了物質文明，改變人的物質生活方式，也多少影響人對物質的感知方式。音樂很難離「物」的成份而獨存。音樂裡「物」的成份包括聲音本身，與製造聲音的器具。科技的進步可改變音樂「物」的部分，如電腦時代製造迥異以先前類比樂器的數位電子合成器，和聲音的數位產生、儲存、播放的方式，同時也改變對這些

---

[6] 出自大乘起信論「心眞如者，卽是一法界。大總相法門體。所謂心性不生不滅。一切諸法唯依妄念而有差別。若離妄念，則無一切境界之相。事故一切法從本已來，離言說相，離名字相，離心緣相，畢竟平等，無有變異，不可破壞，唯是一心，故名眞如」。《新譯大乘起信論》，韓廷傑註釋，台北，三民書局，民國八十九年九月，第二十四頁。

物件感知的適應力。可以預見的是：奈米時代來臨，一切「物質」在物的微結構效應下，音樂「物」的成份，和對新出之物的感知方式，將有重大的改變。然不管音樂「物」的成份有多大的改變，對照音樂的歸趣，以歌頌人的普存生命的情感訊息，音樂永遠是所謂的「萬古長空，一朝風月」。物質文明是建立在人的慾望的渴求上，對物質有不斷地要求，慾望就不斷被滿足，也不斷被強化，因而促使人類走入慾望無限的焦慮裡。若說生命是「坎限的」，那也就是說人來到這慾望建構的世界，停留在慾望處打轉，進而開展出物質的價值觀。這物質價值觀，在今日徹底地滲透到人在現實所開啟的任何體制之中。就拿大學而言，大學不再做為純思想召喚的地方，已企業化、政治化、地攤化。但這種世俗價值觀的想法，並不適用在音樂的世界。音樂若有了它，就異化為慾望之物－產品、商品，它們正等待一群慾望者的來臨，做下了現實價值的論斷——好與壞、貴與賤、成功與失敗、……，而不是音樂的自身。唯有讓音樂遠離世俗價值的論斷，音樂才能真正音樂化，而拒絕異質化。音樂音樂化－即音樂自我本質化，我們才能有空靈覺知之心，在音樂的世界裡，默含生命的觀照，諦聽音樂萬古以來靜默的呼喚。

交通大學音樂研究所教授　吳丁連

此文之作，承國立交通大學通識教育中心潘呂棋昌教授時賜卓見，並作文字潤飾，在此謹表謝意。

第一章　從蓬萊米經過微米邁進奈米

● 奈米物理　　　　　　　　　　　　　林登松

　　你沒有聽過公尺科學、公分技術吧?那爲什麼要談奈米科學與技術呢？奈米，代表十億分之一公尺，和厘米(公釐、千分之一公尺)、微米(百萬分之一公尺)一樣，只是一個長度單位，一奈米雖然是一個很小的長度，這個長度到底有何不尋常，而現在常被用來作爲一類重要科技的代名詞了呢？

　　一個奈米只有頭髮半徑的十萬分之一，是目前一般量產尖端電子業最小線寬的 100 分之一。但是一奈米立方中，仍然可以包含約 50 個矽原子，180 個碳原子。一般所謂奈米結構其所指的物體大小約爲 1 到 100 奈米，任何微小結構的特徵都包括很高的表面/體積比，很高的元件密度與集合數目的潛力、以及在結構組合上的彈性。在此尺寸下的物體內，所謂量子物理效應開始展現出來，這種量子

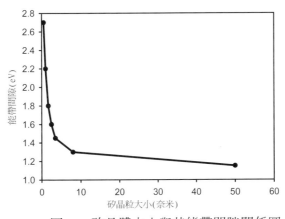

圖一　矽晶體大小與其能帶間隙關係圖

物理效應常使奈米結構產生非常不同於大尺寸物質的新物理、化學、機械特性。以矽原子組成的奈米結構為例，其最重要之應用是製造電子元件。電子元件最重要的一個特性是所謂的能帶間隙。將矽晶體由一公尺立方($1 \times 1 \times 1 \ m^3$)大小縮小至一 100 奈米 (千萬分之一公尺)立方($10^{-7} \times 10^{-7} \times 10^{-7} \ m^3$)時其能帶間隙幾乎不變。但是，矽晶粒再縮小至 10 奈米以內時，其能帶間隙就隨其晶粒變小開始明顯地加大起來，如圖一所示。

奈米結構元件的特徵長度		
作用力 起源	量子效應	靜電力效應	磁力效應
應用元件 應用結構	量子井雷射 量子井	單電子電晶體 量子點(奈米晶粒)	磁記錄機 奈米磁粒
室溫下運 作之條件	 ◀—L—▶ n= 1↔2 能階間隙 $E_{QM} = \dfrac{3h^2}{8mL^2} > 25meV$ $\Rightarrow L < 7$	 第二個電子進入量子點需靜電位能 $E_C = \dfrac{2e^2}{\varepsilon d} > 25meV$ $\Rightarrow d < 9$	 $a = V^{\frac{1}{3}}$ 奈米鐵磁粒中磁矩轉向能障 $E_M = \dfrac{M^2 a^3}{2}$ $> 25meV$ $\Rightarrow a > 3$

表一　三種物理作用力來源-量子效應、靜電力、磁力與奈米尺度的關聯

　　從物理的角度看，如果要使以奈米結構 (如量子點(奈米晶粒))、量子井、磁性奈米晶粒等製作的元件可以在室溫下運作，其特徵能量須大於室溫的平均熱能，即 $K_BT=25$ meV，其中 K_B 是所謂波茲曼常數，T 是絕對溫度(300 K)。很有趣地是，符合這種要求的奈米結構之特徵長度都是數個奈米，如表一所示。

　　在表一中列舉了三類運用不同物理原理的元件:

一、量子井: 量子力學中指出，一個電子被束縛在微小的空間時，其穩定狀態之能量不是連續的任意值，而必須是一些特徵能量值，就是所謂量子化的能階。就一個簡單的所謂一維量子井而言，如果電子被束縛於寬度 L 的深井中，則其最低兩個特徵態能階差約為 $E_{QM}=3h^2/8mL^2$，如果量子井雷射要在室溫下運作，則電子能態不能受到吸引熱能而任意在兩特徵態間跳動，則 E_{QM} 需要大於室溫下的平均熱運動能 k_BT (=25 meV)，可以計算出這種量子井其寬度 L 必須小於 7 個奈米。

二、單電子元件: 所謂單電子元件，是指這種元件上電流導通時，任何一個時候，皆只有一個單一的額外電子通過這個元件中的量子點。既然單電子元件中電子流只由單一電子所貢獻，因此這種單電子元件理論上是工作耗電量最少的元件。限制單一的電子通過這個元件的最基本原理是利用靜電力，也就是所謂庫倫斥力。當元件中的量子點很小時，如果有一個帶負電的電子已經進入元件(比如是一個半徑 r 的微小矽晶粒)中，則第二個電子如同時要進入元件中，則它必須具有大於靜電能 $E_C= e^2/\varepsilon r$ 的動能，其中 ε 是矽晶之介電常數。如果單電子元件要在室溫下運作，也就是說不能有兩個額外的電子同時存在這個元件中，或者說熱能不足以將第二個電子推入原件中，則 E_C 需要大於室溫下的平均熱運動能 k_BT。由數學式可以計算出這種微小矽晶粒其半徑 r 須小於

4.5 個奈米。

三、奈米磁粒: 鐵磁性顆粒的磁矩方向通常被用來當記憶元件,以一
個鐵顆粒而言,其內部單一鐵原子磁矩方向皆同向排列,這種現
象就像我們可以將一般小磁鐵輕易地南極接北極串起來一樣,如
果要使約長 a 的小立方塊鐵顆粒中其內部單一鐵原子磁矩方向
同時轉向 180 度排列,則必須要克服轉向能障 $E_M = \frac{1}{2}M^2 a^3$,其
中 M 為鐵原子磁矩大小。如果希望這個鐵磁粒的磁矩方向不被
室溫下的平均熱運動能 $k_B T$ 所轉向而喪失其記憶,則其長 a 須
大於 3 個奈米。

　　很有趣的是,這三種利用物理作用力(量子效應、靜電力、磁力)
極不同的元件其特徵尺寸卻不約而同的是數個奈米,這就是所謂奈
米這個長度單位之所以奇妙的由來。

● 奈米生物化學　　　　　　　　　　李耀坤

　　翻開人類文明史,似乎不難發覺有幾個明顯的進程,十八世紀
中葉,蒸汽機的發明取代了傳統農業社會以人力、獸力為主的勞動
形態,這是人類史上第一次工業革命。而至十九世紀末,以內燃機
和電機電力的全面使用則代表第二次工業革命的開始。約略在二十
世紀中葉以後,半導體電子工業與資訊工業的堀起,堪稱是人類的
第三次工業革命。自此,人類知識的累積與傳播,以前所未有的速
度急速成長著。當人類邁入二十一世紀的同時,第四次工業革命—
奈米科技,已隱然成形並逐步在加速發展中。這幾次工業革命也代
表人類在製造技術上由毫米級(10^{-3} 米)經微米級(10^{-6} 米)推展至奈米
級(10^{-9} 米)的演進。

　　雖然奈米科技受到廣泛重視是近一、二十年的事,但事實上奈

米技術的概念，早在 1959 年已由美國著名物理學家理察費曼(Richard P. Feynman)於加州理工學院的一場演講中充分揭露。在該場演講中他合理的預測人類將有能力進行奈米級的精密製造。時至今日，科技的發展正朝著費曼的預言在實現中，我們不得不佩服費曼的先知卓見。讀者若有興趣可至網站[1]下載該演講之全文。

　　在半導體工業發展的同時，人類對生命現象的探索也逐漸進入分子的層級，人們開始瞭解許多生命現象的細節，如去氧核醣核酸(DNA)是控制著遺傳的重要物質、蛋白質與 DNA 之間的關係、疾病與生物分子的關連、基因調控、神經傳導、賀爾蒙、酵素之作用等，對疾病的產生與治療有了新的概念，生物科技也在 20 世紀末開始躍上人類舞台。

　　半導體技術與生物技術原本是代表著在「無機」和「有機」研究發展上兩條平行線，但聰明的科學家開始思考如何將此兩造技術整合為一。生物晶片、生物微機電、生物電子技術開始因應而生，但人們似乎等不及讓微米技術與生物科技充分結合以創造新的工業領域，便迫不及待的要將生物技術應用推至奈米層級。嚴格來說，目前奈米科技的相關研究仍處於科學研究的階段，但相信在可見的未來這些科學研究成果將能被轉化為量產技術，帶領人類進入另一階段的文明。

生物科技

　　在論及生物科技的應用之前，應先對近代生化學有些許認識。單以生物化學而言，其領域就相當廣泛，內容可涵蓋酵素學、遺傳

---

[1]　http://www.zyvex.com/nanotech/feynman.html

學、免疫學、基因調控、細胞生理....等等，這些相關學門的基礎均源自於細胞內生物分子的活性表現。生物分子中以核酸(nucleic acid)和蛋白質(protein)為最主要。儘管生物體中蛋白質的功能繁多，但其組成都相當一致，絕大部分蛋白質均由常見的20種胺基酸(amino acid)所構成，這些胺基酸在生物體內以複雜的機制進行縮合反應，以胜肽鍵(peptide bond)形成蛋白質鏈(圖二)。

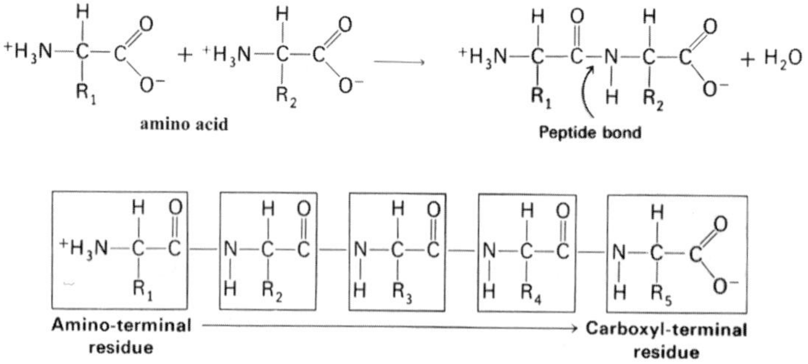

圖二　蛋白質鏈與胜肽鍵

　　每一種蛋白質鏈之長度與胺基酸序列因其種類而異，蛋白質鏈在適當的條件下會折疊成特定的立體結構，在稍後將會介紹，蛋白質之胺基酸序列將由負遺傳責任的 DNA 所操控。自然界因蛋白質之結構特異性而賦予特定之功能，當其結構因處於有機溶劑、酸、鹼中或經機械力、熱而產生變化後，蛋白質生理功能將改變，甚至喪失活性，例如抗體是免疫子體中相當重要的蛋白質分子，它負責辨識外來之抗原，當其結構遭到破壞，其辨識抗原的能力將不復存在。又如蛋白中大量存在的溶菌素(lysozyme)可分解細菌之細胞壁，當蛋清被加熱烹煮後，則不再具有抗菌之能力，因此，在蛋白質應用上維持其原有結構是相當重要的課題。

　　眾所週知的核酸包括有去氧核糖核酸(deoxyribonucleic acid，簡稱 DNA)和核糖核酸(ribonucleic acid，簡稱 RNA)兩類，DNA 是負責遺傳重任之物質，RNA 則具有協助傳遞(tRNA)和表達遺傳信息(mRNA)的作用。核酸是由四種核苷組合而成的長鏈聚合物，而核苷為核糖(或去氧核糖)與含氮之鹼基共價鍵結而成的分子，其化學結構如圖三所示。核苷通常以其鹼基英文名稱的第一字母簡稱之，如 DNA 中的四種核苷：deoxyguanosine 為 G，deoxyadenosine 為 A，deoxythymidine 為 T，deoxycytidine 為 C。

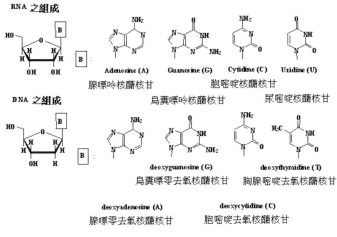

圖三　DNA 與 RNA 之四種核苷酸組成

　　物種的 DNA 和 RNA 均由上述四種核苷以磷酸酯鍵的方式鍵結而成。RNA 因其結構關係較 DNA 不穩定，應用上不如 DNA 普遍。一般而言，DNA 是由兩單股長鏈分子以特定之對應方式捲繞而成雙螺旋體結構(見圖四)，其中 G 與 C 配對，A 與 T 配對，這種配對關係因 G 與 C 間可形成三個氫鍵，A 與 T 可形成二個氫鍵而鮮少出錯，也因此物種之特性可世代遺傳。DNA 之核苷序列是 G、A、T、C 的

隨機排列，然而所有的生命信息卻隱藏在此等看似不規律出現的核苷序列中。

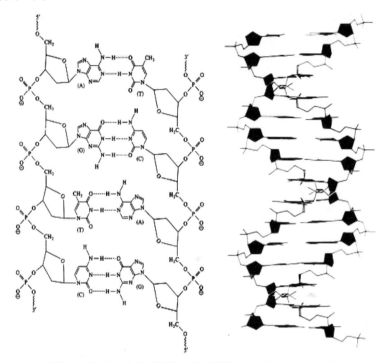

圖四　DNA 中核苷酸的配對關係與雙螺旋體結構

　　事實上，蛋白質才是細胞中真正表現生理活性的物質，各式各樣的酵素催化著維繫生物體活力的生化反應。因此蛋白質與 DNA 間必然有著緊密的關係。前面已談到蛋白質之特定立體結構是其表現特定生理功能的主因，不同蛋白質一級結構的差異在於胺基酸序列和鏈之長度，因此不難想像胺基酸序列對蛋白質立體結構與功能有決定性的影響。實際上，決定蛋白質之胺基酸序列和鏈之長度的信息是隱藏在一特定之 DNA 片段中，此即該蛋白質之基因(gene)，基

因以每三個核苷序列為一組形成一對應胺基酸之密碼(codon)，當生物體啟動蛋白質之生合成機制時，基因中的密碼組序列便是胺基酸序列之依據。基因決定了蛋白質之胺基酸序列，更進而決定其立體結構，簡單的說，DNA 決定了一切！但生物體如何將 DNA 中所記錄的信息轉化成具有行動力之蛋白質分子？圖五是一簡單的基因表現流程圖。DNA 轉化成蛋白質的過程牽涉到轉錄作用(transcription)與轉譯作用(translation)兩大步驟。轉錄作用，是以 DNA 為模板利用 RNA 聚合酶將基因轉錄成信使核醣核酸(messenger ribonucleic acid 即 mRNA)。轉譯作用在核醣體中進行，以 mRNA 為模板，利用傳遞 RNA (transfer RNA 即 tRNA)將不同胺基酸運送至 mRNA 上進行蛋白質生合成。生物體中至少有 20 種以上之 tRNA，每一種 tRNA 負責運送其對應之胺基酸，由於 tRNA 之結構中有與 mRNA 之密碼互補之反密碼組(anticodon)，見圖五，因此所合成之蛋白質其胺基酸序列實則直接受到 mRNA 序列的控制，而 mRNA 之序列則又根據 DNA 之序列而來，因此 DNA 序列操控著蛋白質之胺基酸序列。這些生合成過程涉及複雜的基因調控問題，讀者若有興趣可參考生物化學書籍。

　　介紹了一些基礎的生物化學概念，希望引導讀者瞭解現代生物科技中蛋白質與 DNA 間的關係。酵素常被用以改善化學製程，抗體則常用於生化檢測，兩者皆屬蛋白質，在傳統的生物技術領域中，兩者皆得由物種中直接或間接純化而得，質與量無法提升因而限制了其應用性。現代生物科技利用基因選植的技術取得物種之基因，並將所得之基因建構於微生物如大腸桿菌、枯草桿菌、酵母菌或其他系統中以大量製造目標蛋白質，人類胰島素的製造就是這類技術應用之最早例子，大腸桿菌則是其「生物工廠」。結合基因選植和基因改造技術除可量產有價值之蛋白質外，亦可輕易地改造蛋白質的

序列進而影響其活性和穩定性。基因重組技術的成熟已使得生物科技得以蓬勃發展,現在已可將某物種之基因利用 DNA 載體送至目標物種中,這就是基因轉殖,亦可將特定物種之某基因改變以修改物種之特質。例如,市面上有部分番茄可長時間保存而不易軟化,主要是因為番茄中部分纖維水解酶之基因已被破壞或移除,少了纖維水解酶之作用番茄得以長時間維持其纖維結構而不致軟化。上述之基因重組技術實有賴於許多其他技術的配合,如 DNA 聚合酶鏈反應(PCR)、轉殖技術(transformation)、蛋白質表達系統(expression system)與純化技術等才能發揮得淋漓盡致。

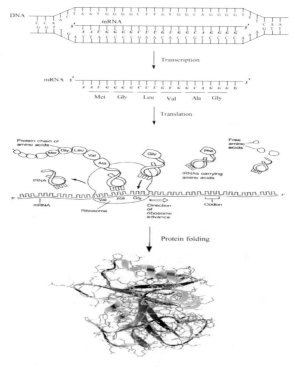

圖五　基因表現流程和蛋白質折疊

　　除了基因工程技術之應用外，另一急速崛起的生物科技為生物晶片。生物晶片可概分為 DNA 晶片、蛋白質晶片、醣類晶片和細胞晶片。這些生物晶片之發展主要以生醫檢測為主，目前技術較成熟者為 DNA 晶片。有許許多多癌症或其他疾病之檢驗晶片已被開發出來，惟目前尚未普遍化，價格仍偏高。有關生物晶片之進一步內容將於本書後續章節中介紹之。總之，生物技術的成就將使得其後續應用更寬廣，其與奈米科技的結合是必然的趨勢，未來或會有奈米生醫機器人常駐體內為人類的健康效力。

生物奈米粒子

　　若檢視奈米材料之製作，可發現有兩種明顯的技術發展趨勢(如圖六)。一為以現有基材經精密製作而得，電子晶片製作便是很好的例子。許多高科技矽晶片已由 0.25 微米、0.18 微米進步到 0.13 微米(即 130 奈米)之製程，未來或可發展到 0.07 甚至 0.05 微米的層級。這種由大而小(top-down)之發展終將面臨技術上的瓶頸。另一種奈米科技製作方式則由化學家和材料學家利用化學反應將小分子逐步合成或使之自我組合(self-assembly)而成數個奈米大小之超分子(supramolecule)。這種由小而大(bottom-up)的製程似乎頗具發展潛力，目前已有不少方法被開發用以製作有機和無機或混合式之奈米材料。人們除致力於開發新技術從不同方向逼近奈米世界，也留意到自然界早已奈米化，大多數的生物分子，如酵素、抗體的大小約略在數個奈米至數十個奈米之間。廣義而言，生物分子之製備與其應用已是奈米技術之層級！因此，若將上述兩類奈米物質結合一體可望開發出另一全新的領域。在以下內容將介紹幾種結合生物分子和奈米粒子的方法，或是利用生物分子之自我組合的特性以控制奈米粒子之排列。

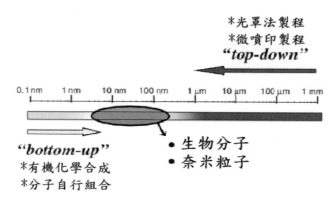

圖六　奈米材料製作的技術發展趨勢

　　碳奈米管、奈米金粒子和奈米硫化鎘(CdS)或硒化鎘(CdSe)粒子是當今最普遍的奈米材料，除碳奈米管外，上述之奈米粒子常用以結合生物分子。這種組合有其明顯的優勢，如奈米金粒子容易與生物分子間形成金硫鍵結，又奈米金粒子可呈明顯色澤，有利於生物檢測之應用。CdS 和 CdSe 奈米粒子是發光性材料且容易與生物分子以雙硫鍵形成穩定的鍵結，此種發光性奈米粒子已被應用於細胞內胞器顯影技術的開發。

　　酵素和抗體是生物技術領域中最常被應用之生物分子，兩者均屬蛋白質，因此可以前述之基因工程技術生產之。通常蛋白質中含有一到數個半胱胺酸(cysteine)，可提供硫醇基與奈米粒子鍵結，必要時亦可利用基因操作之技術在蛋白質上修改半胱胺酸之位置或加入半胱胺酸，使之有利於標示(labeling)反應的進行。除蛋白質外，DNA 片段，亦是常被應用之生物分子。目前已有相當成熟的化學技術合成含有數十個至上百個鹼基之 DNA 片段。因此可以事先設計好 DNA 序列再以 DNA 合成儀(synthesizer)合成之。由於 DNA 之組成上並不含硫醇基，若考慮將其與奈米粒子結合則必須於 DNA 片段上 3'

端或 5'端以化學方法加上硫醇基，這些修飾反應的方法皆已成熟。因硫醇基有很好的反應性，故當含硫醇基之生物分子與奈米金子混合後可自動形成金硫鍵。

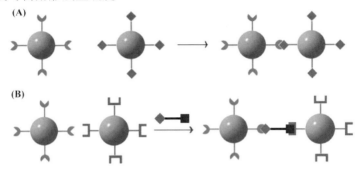

圖七　生物奈米粒子兩種不同組合方式

　　當生物分子與奈米粒子完成偶合(coupling)後，便可利用生物奈米粒子之自組特性以製作有系統之奈米結構。圖七為兩種常見的組合形態：(A)兩種生物奈米粒子直接結合; (B)利用接合子(linker)組合兩種生物奈米粒子。圖中之圓球體表示奈米粒子，而鍵結於球體上之基團為各式生物分子，如蛋白質、單股之 DNA 片段、或如生物素、醣類、藥物等小分子。而接合子亦可能是上述之生物分子和化學小分子。

　　以下介紹幾種生物奈米粒子的組合例子。藉由生物分子之特殊辨識能力可將相同或不同之奈米粒子組合而成較複雜的奈米結構，未來或可發展成生物奈米元件。

(a) 以蛋白質組合奈米粒子

免疫球蛋白(immunoglobulin 或稱抗體)與卵白素(avidin)是此類應用中最常被選用的蛋白質。免疫球蛋白可在生物體內以抗原或含半抗原(hapten)之大分子進行誘導，此法所得之抗體為多株抗體(polyclone antibody)，對抗原之辨識較不具專一性，因此有關抗體之應用大都以單株抗體爲主。以往單株抗體之製備相當耗費人力與財力，需利用繁複的步驟從多株抗體中分離出性質較佳之單株抗體，而後再以基因工程技術進行基因選植，這是一相當龐大的生物工程。但是近年來，利用噬菌體展現技術(phage display)已可大幅簡化單株抗體之篩選步驟，並快速篩選出對抗原有高度專一性之單株抗體。圖八所示爲高專一性的免疫球蛋白(IgG) 偶合在奈米粒子上，因 IgG 可辨識半抗原中之 2,4-二硝基苯胺基團(2,4-dinitrophenylamino group)，故利用此含有雙半抗原分子可將粒子組合而成奈米結構。

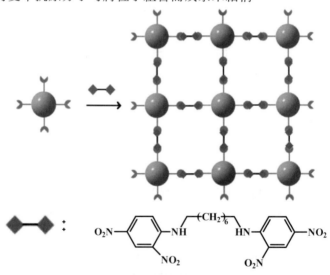

圖八　利用半抗原組合標示有 IgG 之奈米粒子

除了免疫球蛋白之應用外，卵白素與生物素(biotin，一種小分子，見圖九中化學結構之右半部)之間有著極強之結合力(約可達 20 kcal/mol)，是現今發現最強之生物分子組合，卵白素或 streptavidin

與生物素之超強結合特性已被廣泛應用在免疫分析檢測上。在奈米粒子之組合研究，也有利用 streptavidin 將標示了生物素之奈米金粒子組合成奈米結構的應用實例。streptavidin 是由四個相同之次單元(subunit)組成的蛋白質分子，因此每一 streptavidin 可與多個(最多四個)生物素分子結合。當 streptavidin 加入標示有生物素之奈米金粒子溶液後，奈米金粒子由原先之紅色瞬間轉變為藍色，此顯示奈米金粒子已組合成較大之結構(因奈米金粒子之色澤隨其粒子之大小而變)。而由穿透式電子顯微鏡(TEM)的量測結果亦顯示金粒子間之距離約為 5 奈米，這正是 streptavidin 分子之大小。此外，也可以利用免疫球蛋白與 streptavidin 之特性開發不同之組合模式，如免疫球蛋白與金粒子偶合而 streptavidin 與銀或其他粒子偶合。當一種雙元性半抗原(bispecific hapten)分子(如圖九中之結構)加入其中則可將奈米金粒子與銀粒子組成有規則之間插式結構：

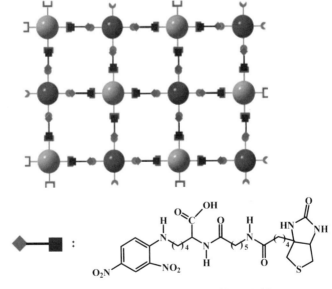

圖九　利用雙元性半抗原組合兩種生物奈米粒子

　　上述這些例子只是一簡單的概念，許多應用可以再更複雜更多樣化，讀者可以自行設計。

(b) 以 DNA 片段(寡核苷)進行奈米粒子組合

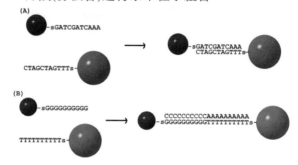

圖十　(A)利用寡核苷之互補性組合奈米粒子　(B)以一段寡核苷序列
　　　組合兩種奈米粒子

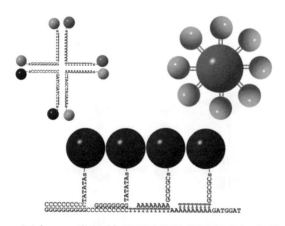

圖十一　　幾種利用不同寡核苷設計的組合例子

　　　除前述以蛋白質組合奈米粒之應用外，另一最常被應用也最簡單的組合方法是利用 DNA 中 GC 配對與 AT 配對之特性，不難透過

核苷酸序列之設計而將奈米粒子以各種不同方式組合，圖十(A)和(B)
為利用 DNA 雙股之互補性(complementary)組合奈米粒子之示意圖。
組合方式可以有很多變化，完全依據寡核苷序列之設計而定，如圖
十一所示。

結語

　　在這章節裡扼要地介紹了生物化學的基本概念，以及常見之生
物分子的組成和蛋白質之生合成流程，也描述了幾種生物分子與奈
米粒子的組合方法。事實上，讀者的想像、設計與創造力不應被那
幾種模式所限制，以下幾篇文獻提供給有心進一步瞭解生物奈米世
界的讀者參考。

　　世界各國已將奈米科技列為重點發展的領域，因為人們已可預
見奈米科技的發展將為人類生活帶來前所未有的革命性變化，包括
衣、食、住、行、醫療、能源、環境…等。因此，奈米科技之研究
也正如火如荼在各地進行著，未來掌握奈米科技產業的國家將在世
界舞台上扮演舉足輕重的角色。然而，嚴格來說，奈米科技目前仍
處於科學研究的階段，真正可應用於產業的技術尚未成熟。因此，
每一位有志從事科學研究的人都有可能是直接或間接將奈米科技真
正工業化的人。當奈米科技工業化的時候也就是宣告人類正式邁入
第四次工業革命的時代，我們何其有幸將在短短的幾十年間見証人
類的兩次重大文明進程。

● 奈米科技發展沿革　　　　　　　　　　林登松

　　儘管所謂奈米科技這個名詞是在約 1990 年後才開始漸被廣泛
使用與投入研究，一般最常被引述作為奈米科技開端的是已故美國

大物理學家李察費曼(Richard Feynman) 在 1959 年的演講。當時,半導體電子元件如電晶體,場效電晶體等陸續發明,而將這些元件大量複製於單一晶片上的積體電路技術才開始發展。費曼注意到,沒有一個物理定律對縮小元件到原子、分子大小的可能性定出限制,他考慮以 125 (5x5x5) 個原子(大小約爲一奈米見方)作爲一個位元(0或 1)記憶元件,則當時所有人類文字書都可以存放於此百分之一吋大小的物件中。他在五十多年前(1959 年 12 月 29 日)於加州理工學院舉行的美國物理年會的演講中指出:”微小的世界中存在非常多尚待研究、探索的課題”。 ("There's Plenty of Room at the Bottom".)

現代知識已經知道地球上所有物質皆由原子組成,一個原子之半徑約 0.05-0.15 奈米,一般常見分子如氧分子 O_2、乙醇 C_2H_5OH、甲苯 C_6H_6 大小都在一奈米以下,一般有機分子如阿斯匹靈、咖啡因、液態晶體分子等含十餘至數十原子,大小則在一至數奈米大小,這些不大的分子其製備方法、特性等都已在近數十年來被人類相當程度地掌握與瞭解,如圖十二所示,這些知識一般統稱爲化學。

但是巨大的大分子如蛋白質、基因分子、病毒、抗體(proteins, DNA, viruses, antibodies)等含數千至數十萬分子,半徑在一奈米左右、長度達數十、百奈米,這些分子的詳細結構、功能與性質要複雜許多,經過生物、化學、物理科學家合作努力,也在 1990 年代後對這些巨大分子的詳細結構、功能與性質有了快速的進展。也就是說,化學科學推進是由小而大(bottom-up),小分子的研究與瞭解走在奈米級大分子的前面,對奈米尺度以上的大分子行爲的理解,製造與操控等,將仍然是科學家現在與將來一、二十年的研究重點。

另一方面,將物件縮小可以所謂微影技術辦到。微影技術利用光阻劑、曝光、顯影等光化學技術,在製造元件的大晶片上選擇出很多微小區域,在這些小區域加以鍍上薄膜、化學蝕刻等處理,作

成小元件。典型的微影技術用於製造積體電路元件，其電路上線寬由數十、百微米開始，經過過去 40 多年來的發展，現在已縮小一千倍左右，到達 100 奈米以下。

這種一般稱為以大而小法(top-down)的縮小過程，仍然繼續往下進行，這麼小尺寸下的元件，已經和化學方法及最近 10 多年來發展的原子操縱技術(見第三章) 的由小而大(bottom-up)的研究物件—也就是奈米尺寸的物體—重疊，這時候，這些由大而小、由小而大的技術將可以交互使用，比如，適當的奈米級大分子、生物分子可以用來取代元件中的金屬導線、或作為發光源、生物訊號感測源等，原子操縱技術也可取代部份微影技術等。這些物理、化學、材料、生物科學的技術在奈米尺寸元件上的交會，綜合出現在未來一、二十年間的奈米科技，如圖十二所示。

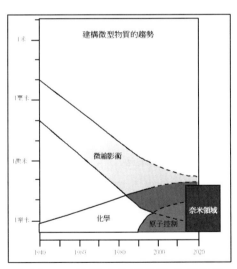

圖十二　建構小物體的時代與趨勢

◉ 新展望 – 奈米科技的世界市場　　　蔡嬪嬪

　　奈米(十億分之一米)固然是非常小的尺度；奈米科技是研發此種微小尺度下的科學與技術，明顯地一定可以應用於製造微小的器件；但是奈米科技並非只可應用於微小材料、元件和系統。如果能製作出大面積奈米微結構，由奈米結構所產生的新穎性能也可展現且應用於巨觀的、日常習見的物品上；故奈米科技對於產業的影響是全面性的。

　　前後歷經數年派專家學者至世界各地實地查訪奈米科技研發及產業進展之後於 1999 年 9 月出版的美國 World Technology Evaluation Center (WTEC)報告中[2]指出：「一般預測奈米科技將會衝擊到幾乎所有人造物品的製造與生產，例如：汽車、輪胎、電腦電路、尖端醫學、組織移植等，甚至可導向目前還無法想像的物品的發明。因此，奈米科技被世界各國當作是二十一世紀科學與工程策略性的一支，並被認為將基本地重造當前的製造、醫學、國防、能源生產、環境管理、交通、通訊、電算技術、以及教育」。

世界上奈米科技產業發展現況

　　根據 www.nanoinvestornews.com 2002 年 8 月 2 日資訊世界上目前約有 400~500 家奈米科技公司，其中約一半多一點設在美國，在美國的公司約有一半開設在加州(70 多家)、麻州(約 17 家)、德州和紐約州；約 40 多家設於德國；日本與瑞士各別約有 20 多家公司；加拿大與英國各別約有 10 多家公司；約有 10 家左右公司的國家中，公司數由多至寡依序為台灣>韓國>中國>以色列。這些奈米科技公司

---

[2] http://itri.loyola.edu/nano/final/

中從事銷售奈米科技所須之工具的約 155 家，從事奈米材料的約 140 家，從事奈米碳材生產的近 60 家，從事量子點的超過 18 家。另根據科資中心調查至 2002 年 5 月為止全世界有 625 家奈米廠商。

世界上從事奈米碳材生產的近 60 家公司所生產的碳奈米管價格因純度、種類而不同，每公克價格自幾十美元至幾百(~800)美元間不等；碳奈米管目前正應用於場發射顯示器、單電子元件、導熱材料、電池電極材料、複合材料等的開發；其世界市場，根據 Business Communications Company(BCC, Connecticut, USA)的預估，至 2005 年可達 4 億美元。

世界半導體大廠如 Intel，IBM，hp,等皆宣稱 90 奈米線寬製程產品明年中可上市，台積電與聯電亦表示明年試產 90 奈米產品；同時這些公司也積極開發磁性隨機存取記憶體(MRAM)。以目前手機用電水準，待機幾十天的攜帶式電子產品用之燃料電池是美、日大廠如 NEC、Motorola 等極力開發的未來產品。可撓式顯示器更是許多國際顯示器廠商絞盡腦汁、夢寐以求的理想商品。應用奈米科技的已上市消費性產品已多得不勝枚舉：50 美元一條的奈米卡其褲、30 美元一條的奈米領帶、家電產品、運動器材、抗紫外線化妝品、中草藥等等。另外應用於建材方面如自潔玻璃、衛浴設備、石材處理、抗菌陶瓷等，塑橡膠產品如啤酒瓶、輪胎、汽車擋泥板與腳踏墊等，以及電池隔離膜等等。

奈米技術市場類別之規模預測

美國國家科學與技術委員會奈米分會主席，Dr. M. C. Roco 於 ACAM-2001 會議中指出未來 10 至 15 年內美國奈米產品市場將達到一兆美元，其中奈米材料可達 3400 億美元、奈米電子可達 3000 億美元、製藥可達 1800 億美元、化工生產可達 1000 億美元、工具(量測、

模擬等）可達 3400 億美元、航太可達 700 億美元。2002 年傳來的訊息顯示未來 10 至 15 年內奈米產品市場預估值達到一兆四仟億美元；增加的四仟億美元部份是由於以前未估算的奈米科技在生命科學方面的產值。美國預估至 2010 年奈米科技產業將創造一兆 GDP，並提供 200 萬就業機會，其中含 80 萬奈米科技專業人員。這些專業人員中有三分之二是經再訓練而轉業進入奈米科技產業。

根據日本日立總合計畫研究所 2001 年 3 月為日本經團連的 N Plan 21（日本的奈米科技產業化白皮書）所做的未來奈米科技市場預測：全球奈米市場在 2005 年和 2010 年將分別會達到日幣 9.76 兆和 132.9 兆元（表二）。這兩個數字顯示在往後四年裡，奈米科技的市場成長率將會比過去任何一個「大科技」都要快。不過，這還只是前奏曲而已。奈米產值成長的速度在 2005 到 2010 年的五年內將會比前五年還要加快十幾倍。更為可觀的是同時期內的資訊電子的產值成長預測將比整體奈米產值成長的速度還要快速。日立總合研究所作出的世界與日本奈米技術市場類別之規模預測（表二）顯示資訊電子及製程-材料（新素材-器件）佔大比例之市場且成長快速；另外量測、加工、模擬、環境、能源、生命科學（只限於健康-醫療，生技相關產品類別除外）、航空宇宙亦為主要產品領域。在 2005 到 2010 年這五年市場快速成長的原因是許多主要的產品在這期間開發完成，詳見日立總合計畫研究所預估的奈米技術之主要產品實用化里程碑（表三）；其中包括眾所矚目的近程產品如可撓式顯示器、燃料電池、Terabyte 磁碟裝置、貯氫裝置等。日本的產值約佔世界市場的 20~25 百分比。

日本國內的市場規模方面除了上述日立總合研究所調查之外，另一體系為三菱總研究所和日本經濟新聞社共同調查（表四）所得之奈米科技的市場預測。調查中也顯示：在材料與電子領域的企業一

半以上已開始銷售奈米科技製造出的產品；企業進展到奈米科技研發時，百分之六十回答對於整體的生產線有根本的改變。日本經濟產業新聞（平成 13 年 2 月 19 日刊載）報導以日本 80 家主力公司為對象所作的調查，有效回覆為 56 件，其中顯示四成的企業對於奈米科技已有專門的佈署及專屬部門與專案計畫。此調查也顯示 5 到 10 年後主要領域的實用化目標：

<資訊通訊>

奈米電子用新製程研發	13(9)
使用奈米結構之光電子學	13(6)
超高頻率電子裝置	13(4)
高密度光記錄媒體技術開發	12(8)
高速資訊處理通訊用光裝置開發	12(8)
碳奈米管電子學	12(8)
下世代半導體裝置製程技術開發	12(6)
超高密度記錄	11(9)
有機可撓式顯示器的開發	10(3)

<環境>

高效率低成本太陽能電池的開發	13(7)
高強度多功能陶瓷系列奈米複合材料的開發	11(5)
環境物質的微量分析技術與標準物質的開發	7(6)
光能儲藏型電池的高效率化	5(1)

<生命科學>

人體醫療相關微奈米機械的開發	7(3)
用完即丟 DNA 全解析晶片	6(3)

（註）數字爲回覆中圈選公司數（複選），括弧內爲回覆已經應用的公司數（複選）。技術之領域以及項目等爲去年 12 月科學技術會議政策委員會整理的「關於奈米科技的戰略推進懇談會報告書」的參考資料「奈米科技重要研究領域圖以及課題例」的選粹。

矢野經濟研究所 2002 年 4 月發表的日本奈米技術關聯產業類別之市場規模預測涵蓋 2010 年、2015 年及 2020 年(表五)。其 2010 年日本奈米技術市場規模預測與日立總合計畫研究所預估的相近；並且每五年成長一倍多。由上可見美國與日本的市場預估差異不大：即 2010 至 2015 年間奈米科技市場規模約一兆多美元，但是也有 2002 年 3 月 DZ Bank 以及 MRI 對於 2010 年奈米科技市場預估只有 0.2 兆美元。

一兆多美元的奈米科技相關產值似乎難以想像，不過根據紐約時報今年三月初的報導：去年 2001 年世界奈米科技產品已達 265 億美元，其產品包括：防垢卡其布、化妝品、抗菌藥品及防塵玻璃等等；如此看來日立總研預估的 2005 年世界市場達 9.767 兆日元（約 800 億美元），並不是那麼遙遠。又根據「2001 Business of NANOTECH」 （www.nanobusiness.org）文章中之產業調查結果顯示 2001 年奈米科技在各種事業型態中的產值分佈如下：材料佔 17%，製造、健保/藥品、研發各佔 14%，消費性產品、藥物各佔 7%，儲能、電通、工具、資訊各佔 4%。

　　奈米尺度下之新特性提供了新的應用契機；也因此將造成產業技術革命。掌握住此新契機的國家才有希望在 21 世紀經濟佔一席之地。如何結合台灣的優勢產業與奈米科技，創新研發，掌握新的應用契機，開創新產業與產值，是未來幾年我國產業需面對的課題。台灣如能佔到 3%世界預估之一兆美元市場，即為 1 兆台幣的產值。Zyvex 公司 Principle Fellow, Dr. Ralph Merkle 在 1990 年美國國會聽證會上作證說明：「奈米科技將完全取代目前所有生產製程而開發出更新穎、更精準、更廉價、更具彈性之產品製造技術」。台灣的產業強勢以製造技術著稱，發展奈米科技無疑地將是我們產業生命力再造之新契機。

（單位：億日元/年）

No	類別	世界				日本			
		2005 年 百分比		2010 年 百分比		2005 年 百分比		2010 年 百分比	
1	資訊電子	26,483	27.1	671,884	50.6	9,144	38.8	138,649	50.7
2	半導體	2,615	2.7	267,097	20.1	934	4.0	58,956	21.6
3	資訊儲存	0	-	51,593	3.9	0	-	30,323	11.1
4	生物奈米感測器	0	-	1,986	0.1	0	-	392	0.1
5	網路器件	23,868	24.4	107,188	8.1	8,210	34.8	23,233	8.5
6	其它	0	-	244,020	18.4	0	-	25,745	9.4

7	製程-材料 (新素材-器件)	15,896	16.3	415,924	31.3	4,717	20.0	89,079	32.6
8	量測-加工-模擬	12,827	13.1	52,202	3.9	6,282	26.7	21,311	7.8
9	尖端量測技術	0	0	11,982	0.9	0	0	3,365	1.3
10	奈米加工技術	10,991	11.3	25,250	1.9	5,872	24.9	12,946	4.7
11	高度模擬技術	1,836	1.8	14,970	1.1	410	1.8	5,000	1.8
12	環境-能源	5,619	5.7	61,309	4.6	1,131	4.8	15,932	5.8
13	無二氧化碳排放之 能源技術	2,476	2.5	55,066	4.1	688	2.9	14,825	5.4
14	環境測定	3,143	3.2	6,204	.5	443	1.9	1,074	.4
15	原子力能源技術	0	-	39	-	0	-	33	-
16	生命科學 (健康-醫療)	6,968	7.1	37,951	2.9	883	3.7	4,150	1.5
17	農畜產業 (糧食不足)	600	0.6	1,725	.1	88	0.4	210	.1
18	航空-宇宙 (飛機-火箭)	29,281	30.1	88,220	6.6	1,316	5.6	3,965	1.5
19	合計	97,674	100	1,329,215	100	23,561	100	273,296	100

註:生技相關產品類別除外　　　　資料來源:日立總研, 2001/03

表二　世界與日本奈米技術市場類別之規模預測

年度　2000 2001 2002 2003 2004 2005 2006 2007 2008 2009 2010 2011 2012 2013 2014 2015 以後

資訊電子類別	•ALCVD 裝置　•蝕刻裝置　•Terabyte 磁碟裝置 •光傳輸：光波導裝置 •無線傳輸：超寬頻電子裝置 •(奈米技術存取)個人電腦 •三維 LSI(三維結構 MOS 電晶體) •超低耗電、新型記憶體(單電子記憶體) •新構造裝置(奈米碳管等) •智慧型生物感測器 •Lab-on-Chip　•光學路徑
製程、材料類別	•PDP •奈米碳管、Fullerene •有機可撓式顯示器 •奈米玻璃 •超高密度加工裝置 •高效率光電轉換元件 •奈米導線 •奈米碳管纖維 •奈米晶體可見光發光裝置 •超導電材料 •強化陶磁 •光機能控制材料 •高強度鋼、超耐熱鋼、耐蝕性鋼板 •超高密度磁記錄媒體　•新能源材料(仿生)
量測、加工、模擬	•高分解能、高速器件量測裝置 •未來型資訊終端 •超精密加工機 •下世代半導體 TCAD •微機械　•EUV 投影裝置　•醫療/生醫用奈米系統 •奈米鏡片　•奈米電腦　(2016 生物電腦)
環境、能源	•貯氫裝置 •汽車用材(高分子奈米複合材) •光觸媒 •燃料電池(汽車用) •生物感測器 •高效率太陽能電池 •燃料電池　•奈米機械人　•無汙染材料 •二氧化碳固定技術 •氟碳化合物分解裝置 •原子爐冷卻用奈米流體　　高機能性分離膜 •保全用奈米尺度模擬　　　　　•高效率熱電轉換元件 (2017)　　人工光合成　(2025)　同位素奈米過濾器
生命科學	•高分子網絡解析模擬 •藥物系統　•生物材料　•人工網膜(試作完成) •合成高分子 •生物微機械
農畜產業	•生物農藥
航空宇宙	•飛機用尖端材料 •宇宙用尖端材料

註：•標註時間點為研發終止之時　　　　　　　　　　資料：日立總研, 2001/03

表三　奈米技術之主要產品實用化里程碑

億日圓

	2005 年	2010 年
分子電子學材料	290	2,213
量子裝置	282	1,380
高密度記錄媒體用磁性材料	27,075	95,813
光記錄媒體用材料	10,313	17,063
下世代超記錄媒體	5,051	16,309
薄膜製造裝置	1,875	1,875
半導體製造裝置	24,450	31,950
超精密加工裝置	2,025	2,963
奈米水準的檢查機器	137	368
微型機器	5,020	7,723
碳簇、碳奈米管	143	292
智慧型材料	1,026	1,139
高選擇性、高性能觸媒材料	581	680
光觸媒材料	583	1,826
分子設計蛋白質	153	178
生物反應器	616	1,387
基因治療藥物	4,346	4,510
基因診斷	359	1,071
醫療用微型機器	287	1,200
生物感測器	443	1,193
合計	85,055	191,133

(三菱總研究所和日本經濟報社共同調查)

表四　日本奈米科技的市場預測

單位：10 億日元/年

產業類別	2010 年		2015 年		2020 年	
電子	8,800	33.2%	24,000	40.7%	55,000	44.7%
生物、醫療	4,200	15.8%	10,000	16.9%	23,000	18.7%
加工、測試	5,000	18.9%	9,000	15.3%	17,000	13.8%
化學、環境	2,500	9.4%	5,000	8.5%	11,000	8.9%
材料	4,000	15.1%	7,000	11.9%	10,000	8.1%
能源	1,200	4.5%	2,300	3.9%	4,000	3.3%
其它	800	3.0%	1,700	2.9%	3,000	2.4%
合計	26,500	100.0%	59,000	100.0%	123,000	100.0%

資料來源：矢野經濟研究所, 2002/04

表五　日本奈米技術關聯產業類別之市場規模預測

參考文獻：

[1] C. Niemeyer *Angew. Chem. Int. Ed.* **2001**, 40, 4128-4158.

[2] R. Bashir *Superlacttices and Microstructures* **2001**, 29, 1-16.

[3] Y. Cui, Q. Wei, H. Park, C. M. Lieber *Science* **2001**, 293, 1289-1292.

[4] 「我國發展奈米科技策略白皮書」，工業技術研究院工業材料研究所，2001 年 12 月。

[5] 「奈米技術市場類別之規模預測」，日立總和研究所，2001 年 3 月。

[6] 「奈米技術關聯產業類別之市場規模預測」，矢野經濟研究所，2002 年 4 月。

[7] WTEC panel on "Nanostructured Science and Technology", Final Report, September 1999, http://itri.loyola.edu/nano/final/.

[8] "National Nanotechnology Initiative", National Science and Technology Council, Committee on Technology, Subcommittee on Nanoscale Science, Engineering and Technology, July 2000, Washington DC.

[9] 蘇宗粲奈米科技相關簡報資料。

[10] 楊日昌與蔡嬪嬪，「奈米科技簡介」，經濟情勢暨評論第八卷第一期(民國 91 年 6 月)。

[11] 「圖解 奈米科技」工業技術研究院奈米科技研發中心出版，蔡嬪嬪總編輯，2002 年 12 月，日文原著川合知二監修。

第二章　半導體積體電路的故事

●浮閘六記* 　　　　　　　　　　　　　　施敏

「浮閘記憶體」對電子工業有革命性之影響，因為它開創了「可攜帶電子產品」之契機，包括手機、數位照相機、個人數位助理、全球定位系統等等。

本文題目「浮閘六記」源自中國古典名著「浮生六記」（英譯 Six Chapters of a Floating Life），為沈三白（1763-1808？）所著，以六章記述他的一生，兼談生活藝術及閒情逸趣。本文也以六段記述「浮閘」（Floating Gate）之發展，兼談其廣泛應用及重大影響。

一、　耗資費電記磁圈　　在 1960 年代電子工業界急需一新的記憶體來取代當時所用之磁圈(magnetic-core memory)，因為磁圈成本高、體積大而且耗電量也大。在 1967 年 5 月 Bell Labs 之 Dawon Kahng 及本文作者發明了「浮閘非揮發性半導體記憶體」 [1] (floating-gate nonvolatile semiconductor memory)簡稱「浮閘記憶體」。同年 7 月 IBM 之 Robert Dennard 發明之「動態隨機存取記憶體」 [2] (dynamic random access memory, DRAM)。由於 DRAM 製造比較簡單、所需面積小，有高密度低成本之優點，因之被大量採用，並於 1970 年代全部取代了磁圈。

二、　持久省電記浮閘　　浮閘記憶體之發明帶來了比取代磁圈更重

---

* 本文將發表於 2003 年 2 月之科學人雜誌

要之影響 ─ 它開創了可攜帶電子產品 (portable electronic systems)之契機。資訊是用數以萬計的電子儲存在浮閘中。由於浮閘沒有外界聯線,四周都是絕緣體,即使去掉電源,電子在其中仍可儲存很長的時間(10~100 年)[1]。因之此種記憶體是"非揮發性"。它不但能長期保留資訊而較 DRAM 密度更高,耗電量更小。浮閘記憶體有多種設計,其中最重要的是快閃記憶體(flash memory)。

三、 **技術驅動記發展**　　電子工業是全球最大之工業,年銷售額超過一兆美元。此工業能夠一直維持快速發展之主因在不斷推出革命性之技術驅動力(technology driver)。在 1950 和 1960 年代此驅動力為電晶體,到了 1970 和 1980 年代為 DRAM 及微處理機,自 1990 年起為浮閘記憶體 [3]。由於此記憶體之特性使我們創造了不勝枚舉之電子產品,尤其是可攜帶之電子系統。

四、 **全球通訊記手機**　　可攜帶電子系統中最重要的產品之一為手機;浮閘記憶體主要用在電碼及資料之儲存,聲音之識別,單鍵撥號及圖形顯示等等。手機大幅提昇了我們通訊之便利而通訊範圍更是無遠弗屆。手機使人類實現了一個長期的夢想 ─ 那就是在任何時間、任何地方、可以和任何人聯繫。今年全球手機用戶已達 10 億,超過了傳統桌上電話。預計 5 年後全球 75% 以上電話是手機型。

---

[1] 浮閘與浮生有相似之處,比如人生數十寒暑,而電子在浮閘中儲存之時間亦為數十寒暑(一般要求為最少十年)。

五、　廣泛應用記產品　　除了手機外我們還有(1)不用膠卷的照相機(數位照相機,用快閃記憶卡), (2)不用錄音帶的錄音機(數位錄音機及 MP3),(3)不用紙張的字典和記事本(電子字典及個人數位助理),(4)不用現金之現金交易(智慧型 IC 卡),(5)不用指南針之導航儀器(全球定位系統),以及(6)不用去醫院而能做複雜的檢驗(手提磁共振影像機及小型心電圖檢測器)。過去三年全球製造了 50 億個浮閘記憶體相關之產品用於通訊、電腦、消費、運輸及工業等方面,到 2006 年將達 200 億個 [4]。

六、　未來發展記浮點　　預計在 2010 年代浮閘尺寸會縮小到 10 奈米範圍 (1 奈米為 10^{-9} 公尺),此浮閘變成浮點(floating dot)。當第一個電子進入此浮點後會導致浮點電壓之轉變,使第二個電子無法進入。此種「單電子記憶體」(single-electron memory)之密度可達 1 兆位元以上,有極大之資訊儲存能力 [5]。我們預測浮閘記憶體將逐步取代 DRAM,甚至硬碟及軟碟亦將被全部取代。總之,浮閘記憶體提供了更好之通訊,更大的商機,以及更普及的教育;它對我們生活品質之提高及全球經濟之發展有重大及持續性之影響。

● 奈米晶片　　　汪大暉暨前瞻元件與技術實驗室

摩爾也瘋狂 —　超大型積體電路進入奈米世界
舊時代的輝煌

　　英代爾公司 (Intel Inc.) 是當今全世界執牛耳的半導體公司,其創辦人之一摩爾先生(Moore), 早於 1975 年觀察到英代爾以及其他相關公司在積體電路製造上技術演進的步調,從而提出了一個積體

電路製造技術演進的概括性預測，也就是所謂的摩爾定律(Moore's Law)，他說「每一顆積體電路的邏輯容量大約每 18 個月會加大一倍」。從摩爾定律提出後，我們回顧這二十多年來的積體電路製程演進，也的確總是隨著這個預測前進(圖一)。

雖然在不同的時間點上，有許多人認為半導體產業就快走到瓶頸，可是一路走來，各個所謂的瓶頸與極限紛紛被打破，半導體業界、學界的智慧結晶達成了一個又一個的標的。每一次新的極限被提出後，速度更快、面積更小、製作過程更完美的新式電晶體就會被各家大廠、研究單位製造出來。可是勝利鐘聲還未響起時，另一家廠商又製作出更新、更快、更不可思議的新元件，將極限這個未知數推上了一個更高的層次。那麼，人類的潛力最遠可以讓我們走到什麼樣的境界呢？

電晶體數目

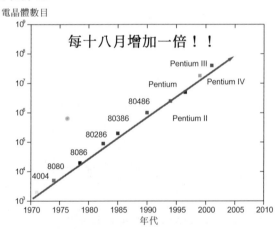

圖一　摩爾定律預測半導體產業的發展

未知的極限？

沿著摩爾定律的軌跡，在 2002 年這個時間點上我們已經到了必

須將元件內氧化層厚度精準控制在數個原子層厚度左右，每 18-24 個月電晶體數目會增加一倍這個結論，恐怕摩爾當初也未曾想到這簡單的結論竟可以走這麼遠。

在追求更小、更快的元件時並非真的沒有極限，顯而易見的是在進入奈米領域後，元件的製作、新的物理現象將會大大地考驗著人們的智慧。過往的物理觀念，例如電壓、電流、電阻等將不再能適用於每一個地方。另外，假使沿著摩爾定律往未來走去，超大型積體電路產業將在 30 年內碰觸到自然界最基本的單位─原子。這一切似乎告訴著我們，未來所面臨的是一條跨不過的萬丈高牆，所能做的似乎只有看著這停不下來的科技火車一頭撞上這堵牢不可破的自然極限。然而，現實是否真的如此不堪？我們是否真的束手無策？

新世紀的曙光

過去的三十年裡隨著個人電腦（PC）的崛起，半導體業的蓬勃發展與未知性吸引了眾多當代最優秀的人才參與這個產業，而這些傑出的人們為積體電路產業帶來了難以想像的突破。舉例來說，假設汽車工業在 1970 時汽車的極速是時速 100km，如果這個數字進步的程度能像積體電路中電晶體增加的速度一樣，那麼我們也不需小叮噹的任意門了，因為不管我們要到地球上的哪個地方坐車都能在一秒內到達，這時間短到連想關上車門都來不及，可見半導體產業的進步有多驚人。

這些創造出不可思議成果的人們是不可能眼睜睜地看著物理極限難倒了他們卻束手無策的。因此，在上一個十年裡，這些聰明的人開始在傳統的互補式金氧半場效電晶體（CMOS）元件結構、元件物理上下了許多功夫，以因應即將到來的奈米世界。在元件結構上面，可以做到奈米尺寸大小的新結構一一地被創造出來，通常統稱

35

這些新的結構為奈米 CMOS 結構。而元件在進入奈米尺度之後，在物理特性表現上跟過去比較起來已經有了很大的差異，許多物理現象在進入到奈米、原子層次的世界後都不再適用了。就好像現實中物體是不可能穿牆而過的，然而當這堵牆薄到僅存幾個原子層厚度時，物體就有穿過這堵牆的機率。

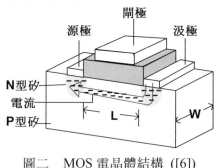

圖二　MOS 電晶體結構 ([6])

目前的晶片製造價格是以晶片所需要的面積、製程的先進度來計算的，假使元件能在尺寸方面縮小的話，那同樣數量的電晶體所需要的面積將隨著比例縮小。奈米 CMOS 在所需電力上也比傳統元件省電，假使每一顆電晶體所需的電力沒有減少而晶片上電晶體的數目又隨著摩爾定律而增加，在數十年後要購買家用電腦的人恐怕得先購買一座核能電廠。尺寸的縮小意味著元件所需延遲時間也會變小，於是乎運算速度將會隨著尺寸的縮小而變快。

而此種種優點顯示，雖然可選擇的路不僅一條，但是奈米 CMOS 將是積體電路產業所勢在必行的一條路，也是奈米世界中一條穩健發展的主流路線。

跨時代的躍進 ── 奈米電晶體的演進

當電腦運算處理器的速度從億赫茲(Giga-Hertz)進入到兆赫茲

(Tera-Hertz)時，不僅代表人類追求的夢想更近，更是半導體產業從微米時代到奈米時代的大躍進。現今電腦的運算是先將指令依照二進位的方式編碼，藉由無數個電晶體的開關來決定處理的結果，再將結果傳送出去。電晶體開關的速度往往是決定電腦運算速度的關鍵，而高導通速度低消耗功率的 CMOS 元件已成為電子產品的主流。

電子產品的細胞 — 電晶體

場效電晶體(MOS)主要是藉由通道的兩端電極，汲極(Drain)和源極(Source)的電流導通與否來決定電晶體的狀態，並藉由通道上的閘極(Gate)的電壓來決定通道的開關，如圖二，就有如水閘的閘門控制了兩邊水流的流通與否。

為了使導通速度更快，我們不得不將通道長度(L)不斷微縮，現今電晶體的通道長度已經不到一百奈米了。當 CMOS 製程進入了奈米領域，整個技術遇到了許多瓶頸，因此在元件結構上也將產生重大的變革。

爆發性元件 — FinFET

當 CMOS 元件微縮至奈米層級時，元件結構的發展方向將由平面式轉為立體式。鰭式場效電晶體(FinFET)即是一種新的 CMOS 電晶體結構(圖三)，與傳統電晶體相比，此種電晶體之閘極已具有立體結構。閘長可小於 25 奈米，未來預期可以進一步縮小至 9 奈米，大約是人類頭髮寬度的一萬分之一。兩側閘極可控制通道的開關。這種設計大大改善了元件漏電流(leakage current)的產生，並且在通道導通時可以把電流提高一倍以上，以增加操作速度，也可以大幅縮短電晶體的閘長，因此電晶體的密度可以提高，而晶圓產出的晶片顆數也相對的增加，以降低成本。

37

　　由於此一半導體技術上的突破，半導體晶片功能可以再提昇百倍，未來晶片設計人員可望能夠將超級電腦設計成只有指甲般大小。加州大學柏克萊分校電子工程及電腦科學系教授 Tsu-Jae King 博士表示：「由於 FinFET 電晶體具有卓越的漏電控制特性，因此最適合用來製造未來一代體積以奈米計的 CMOS 晶片。預計這類奈米CMOS 晶片可在十年內正式大量生產。FinFET 電晶體的特性顯示CMOS 技術有很大的可塑性及發展潛力。」

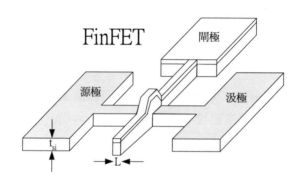

圖三　FinFet 結構圖

　　此奈米元件因為有其優越的特性，世界各大廠莫不積極的研發與製造，在 2002 年，台積電便成功地使用現有生產設備，開發完成35 奈米　FinFET 元件。台積電技術長胡正明表示做出的 FinFET，預計可以使 CMOS 製程生產技術再延伸約二十年以上，也將為半導體產業帶來新的前景。

　　另外，2002 年美商半導體公司 Advanced Micro Devices (AMD) 宣佈採用 FinFET 技術製造出世界上最小的雙閘電晶體。這種電晶體全長只有 10 奈米 (nm)，比目前生產的最小電晶體還要小六倍。AMD 這項技術上的突破令目前內置一億顆電晶體的晶片可以容納

十億顆電晶體，因此採用這種晶片的電腦性能將會更高。

除了此類的雙閘奈米 CMOS 電晶體，英代爾更是積極研發更新且更具效能的三閘電晶體(圖四)。英代爾資深副總裁周尙林指出，英代爾正針對兆赫茲電晶體，進行一項研發計畫。開發焦點鎖定高效能非平面式三重閘路 CMOS 電晶體。這種電晶體能擺脫目前平面設計的限制，改採立體架構，創造出更快速的處理器。

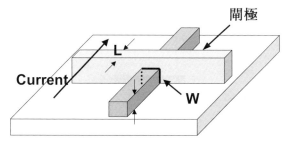

圖四　三閘電晶體結構圖，電晶體閘極(W)涵蓋通道之三個面向

量子電腦的基石 － 單電子電晶體

單電子電晶體 (SET)，一種跨時代性的產品，將會取代未來市場上許多 CMOS 元件。如果你相信努力及持續的朝牆壁丟一顆球，在某一天球會穿過牆壁不見，而牆壁卻毫無損傷的話，那正是奈米世界中所利用的量子穿透(tunneling)現象，這種構成未來量子電腦的重要元件，只需要數顆電子的獨立工作，藉由電子穿透效應，只需要極少的功率控制電子的行進路線，使電子規範在人類所建築起來的量子點（quantum dot）當中，利用介面位能的差異形成庫倫阻障(Coulomb Blockade)，來控制我們要讓多少"顆"電子通過，與傳統CMOS 最大的差別在於它能控制的是多少"顆"電子通過，而不是多少安培的電流通過，完全顛覆舊有的歐姆定律，使巨觀現象中的歐

姆定律不再適用。

圖五所示為一單電子電晶體的基本結構。此一結構包含了源極、汲極、與閘極，以及一個尺寸很小的島，並在源極、汲極與島之間各夾了一層極薄的絕緣層所形成的穿隧接面。利用閘極電壓控制島內之量子狀態，以決定電子是否可自源極一個個地穿隧至汲極。

由於單電子電晶體對於結構尺寸大小的要求必須極其精準，以控制量子效應，而這將完全拜奈米製作技術的改進之賜，到目前為止，利用單電子電晶體所做出來的記憶體及簡單的邏輯電路都已經被成功地製作出來。

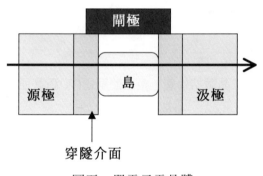

圖五　單電子電晶體

消失的維度－零維度奈米記憶元件

二十年前，比爾蓋茲認為 64 K 的記憶體便可以滿足 PC 上的需求。然而二十年後的今天，各種電子產品對於記憶體的需求早就超過了 64 MB。根據推估，2004 年行動電話平均使用快閃記憶體的容量將會突破 100 MB 以上。隨著奈米科技時代的到來，記憶體容量與速度將不斷的向上突破，同時也反映出當各種電子資訊產物，例如：數位相機，PDA 等產品，不斷融入我們日常生活的同時，市場上對

於記憶體的需求也與日俱增。

　　從過去到現在，快閃記憶體的技術日新月異，一代又一代的新技術接踵而至，奈米科技引發的第四次工業革命同樣在快閃記憶體的領域裡掀起了波瀾，各種新的結構陸續在學術期刊上發表，量產與應用只是時間上的問題。你想搭上這列名為『奈米記憶體』的科技特快車嗎？以下我們將為你介紹快閃記憶體的過去、現在與未來，讓你在這駛向理想與財富的列車上不會缺席。

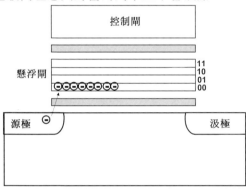

圖六　利用多層級(multi-level)技術來操作堆疊式快閃記憶體，可使單一細胞晶格中資料的儲存量提升為兩倍。

高維度傳統結構

　　所謂的高維度即是指自然世界中一般的三維空間，傳統的快閃記憶體是利用其結構中與外界隔離的懸浮閘來儲存電荷，可以使資料（電荷）長時間保存於其中而不至於迅速流失。當系統執行『寫入（Program）』動作時，電荷被推送至懸浮閘中，是為『0 狀態』；反之若執行『擦拭（Erase）』動作將懸浮閘中的電荷清除，則為『1 狀態』。如此反覆利用寫入與擦拭的動作，便可不斷改變快閃記憶體的狀態來儲存所需的資料。如果技術夠到家，甚至可以控制寫入的

41

電荷的數量，以求達到『多層級（multi-level）』的效果。

在眾多製造堆疊閘式快閃記憶體的國際大廠中，首推英代爾公司最具代表性。在其元件中每一層級所儲存之電荷量僅約數千顆電子左右。為了使資料儲存能達到 10 年之久，每天僅能容許一顆電子流失。當元件尺寸縮小至奈米時，懸浮閘所能儲存之電子數將進一步降低，如何設計新的元件結構以減低儲存電子流失速度，為當今奈米記憶元件之重要研究方向。

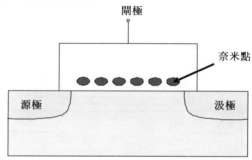

圖七　奈米矽點電子儲存元件

低維度奈米結構

不同於傳統的堆疊式快閃記憶體利用懸浮閘儲存電子，在低維度奈米結構快閃記憶體中，取而代之的是利用尺寸更小的奈米矽點（Si nano-dot）（圖七）或利用特殊材料（Si_3N_4）之晶格缺陷儲存電子(稱為 SONOS)，所儲存的電子數可由目前記憶元件的數千顆降為數百顆。此種元件同樣也是利用『寫入』與『擦拭』的動作來控制儲存資料的 0、1 狀態，不同的是儲存電子侷限於很小的空間，較懸浮閘來得小了許多，因此電荷在其中會有量子化的現象產生，奈米結構使得儲存電子自由度縮減為二維或一維，甚至零維。由於電子在零度空間內無法自由運動，以至於不易流失。相較於傳統堆疊式

快閃記憶體的『多層級』技術，SONOS 則是可將電荷儲存在不同的兩個區域(圖八)，以求達到單一元件可以儲存兩位元資料的效果，代表性的技術為美商超微半導體（AMD）的 MirrorBit 快閃記憶體。

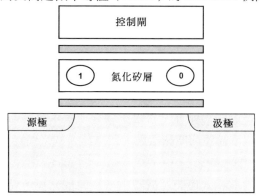

圖八　雙位元(dual-bit)儲存之快閃記憶體的結構。

單電子記憶體

　　早在 1959 年，著名物理學家，諾貝爾獎得主費曼（R. Feynman）曾設想：『如果有朝一日，我們能把百科全書全儲存在一根針大小的空間內，並能移動原子，那麼這將會給科學帶來什麼？』或許以原子來紀錄資料對我們來說還太遙遠。但是利用少量的電子，甚至是一顆電子來控制快閃記憶體的儲存資料，已是一項發展中的技術了。這種突破傳統、嶄新且充滿挑戰性的記憶體元件，被稱為『單電子記憶體』。

　　單電子記憶體的結構(圖九)與傳統的堆疊閘式快閃記憶體大同小異，隨著元件尺寸越做越小，單電子記憶體中用以儲存電荷的介質儼然已成為如同量子點（quantum dot）般的量子結構。這樣的結構使得電子在其中的自由度為零，被囚禁於其中的電子將更顯得無所遁逃，量子效應也就由此而生。當電子的數量級縮減到以『顆』

計算時，量子效應導致庫倫阻障（Coulomb blockade）產生，古典物理學中的歐姆定律已不再適用。

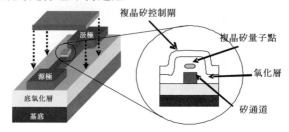

圖九　單電子記憶體元件。將電子儲存在奈米尺度的量子點中，進而影響電晶體的開關狀態，並以此方式來儲存資料。

　　在傳統的堆疊式快閃記憶體中，一個位元裡所儲存的資料，大約需要上千顆的電子，SONOS 約需數百顆電子。但是對單電子記憶體而言，這樣的工作只要由數顆或一顆電子即可完成，效能的提升與功率消耗的降低足足有數千倍之多。在這極微小的世界中，科學家們看見了未來：利用單電子記憶體作為高密度資訊儲存的記憶單元，發展成未來數位電腦的標準元件，其資料儲存容量不僅大幅提升，記憶性能也更加強化，可承受超過一千萬次的『寫入／擦拭』週期（Program／Erase　cycles）。超大的容量以及更強的可靠度，讓數位電腦的效能向前躍進，也使得資訊能夠長時間保存而不流失。這種數量級式的大躍進，將引領我們走向更多采多姿的資訊世代。

　　各種電子通訊設備對於高儲存密度、高讀寫速率、以及低功率消耗的記憶體元件技術的需求即將引爆，單電子記憶體提供了一個可行的答案，但卻也充滿了挑戰。在這百家爭鳴，各種製造與操作單電子記憶體的技術尚未達完全成熟的階段，誰能率先找出最佳的解決方案，便會是下一個名留青史的人。

浮夢？圓夢！

駛向新紀元的航道

60 年代阿姆斯壯踏出了人類在月球的第一步；80 年代的人們為了彩色電視機雀躍；21 世紀的今天，科技發展神速，隨著周遭形形色色的電子產品相繼問世，生活已經脫離不了數位科技。那麼，未來的世界又是如何呢？想像未來的生活光景，是否如電影情節 － 車子在空中飛、智慧型機械人替我們打點日常瑣事。其實這一切並非無際的想像，單單在近十年內我們就能看見奈米科技大放異采，繼蒸氣機時代、電力時代、計算機時代後，引爆第四次工業革命。奈米科技紀元正熱鬧展開！近在咫尺的是奈米電晶體的實現。

微電子技術在過去 40 年蓬勃成長，尋求更快、更小的元件一直是積體電路產業共同的目標。2002 年，台積電、飛利浦與意法半導體共同研發的 90 奈米 CMOS 製程技術已經試產成功。在研究進度方面，預計在 2005 年推出 25 奈米製程技術，而幾十年後將會微縮到小於 9 奈米，近乎原子等級的微小境界。不要小看 90 奈米到 9 奈米這十分之一的推進，這劃世代科技的演進並非只是半導體產業的關鍵發展樞鈕，還是科技走廊之運籌中心，其在降低生產成本上扮演重要且關鍵的角色。

似乎十分難以置信吧！屆時在僅僅一公釐的尺度中將會有十萬個電晶體，這些微小的奈米電晶體所構成的奈米晶片將變得無所不在，使人們生活周遭嵌滿電腦晶片，進行信息交流。鑲在大門中透過指紋來開門；在冰箱的門上，提醒食物的保存期限，還會應用在手機中，使手機不僅迷你且兼具數位相機、PDA 等功能，甚至還能玩 PS2。如果你感到筆記型電腦仍然不夠方便，日本即將推出一種可戴在頭上的超微型電腦，帶來更多的便利。科學家預計，在 2011 年左右電腦將比 Pentium 4 快 100 倍，下載一部電影僅需 20 秒，這並

不是一個遙不可及的夢,而是一個正逐步實現的夢。

點夢成金

　　一旦奈米電晶體開始量產時,電腦晶片會更聰明,但更便宜。就如同現今的電腦如此強大且普及一樣,是過去始料未及的!奈米半導體產業不但能使我們滿足於科學求知的慾望。也是一種能提升我們生活品質的產業。美國國家科學及技術委員會(NSF)估計在10~15年內奈米半導體相關產業將有6000億美元的商機。因此目前商業界國際大廠,如英代爾、IBM、台積電都競相投入重金來研發奈米製成技術,為了就是搶先佔下可觀的市場,取得先機。奈米半導體產業必定是下一階段科技的核心。

探索物理的極限

　　雖然這似乎是一個可圓的夢想,但實現的過程卻是一個連科學家也未知的世界。因為當物質小到原子等級時,其所反應的物理現象已經不是簡單的牛頓物理學可以解釋的。牛頓物理學曾經幫我們解開眼前物理現象的謎,如今在肉眼看不到的世界裡,「量子物理學」將取而代之分析原子、分子的行為特性。

　　量子物理學並不像牛頓力學如此完整,還有一連串的質疑與未知等著我們去挑戰、探索,是否願意一同揭開奈米世界迷濛的面紗,還原物理的原貌?奈米科技的發展延續了摩爾的夢,我們將遵循費曼與愛因斯坦的腳步,繼續推動科技的巨輪向前邁進。

● 積體電路製造技術的發展　　　　　崔秉鉞

醞釀期

　　半導體電子元件的濫觴可以追溯到十九世紀後期。1875 年發現硒(Se)具有整流特性，1906 年發現用矽做的二極體可以偵測輻射線，到 1935 年，硒整流器與光偵測器、碳化矽變阻器、硫化鉛點接觸二極體以及矽點接觸二極體都已在市場上出現，但是這時候使用的半導體材料有的是自然生成的，有的是經過提煉，但是純度不高，也不是晶體。所謂晶體是原子依照一定的方式規則排列形成的物質，也稱為單晶體。如果一塊物質由很多小區域組成，每個小區域內部的原子排列是規則的，但是小區域與小區域的排列方向卻不一樣，這樣的物質稱為複晶體或多晶體。如果原子排列完全沒有規律，稱為非晶體。

　　第二次世界大戰期間，因為發展雷達技術需要混波以及偵測用的二極體，鍺和矽這兩種最適合的材料便脫穎而出。1947 年 12 月，美國貝爾實驗室的三位物理學家 Walter H. Brattain, John Bardeen 以及 William Shockley 共同發明點接觸電晶體，這時候用的材料是複晶狀態的鍺。1948 年 6 月，用複晶矽做的點接觸電晶體也成功了，1949年底，晶體開始取代複晶體成為主要的半導體元件基本材料。

突破期

　　點接觸電晶體的結構非常原始，它是把兩塊 p-型鍺和一塊 n-型鍺接觸並固定在一起，這種電晶體因為同時需要 p-型以及 n-型半導體來形成 p-n-p 或 n-p-n 結構，因此稱為雙極性電晶體。圖十就是世界上第一枚電晶體的照片。雖然這樣的電晶體穩定性不高，儘管如此，美國的西方電器公司(Western Electric)還是從 1951 年開始生產用鍺做的點接觸電晶體。1952 年，Schockley 發明了成長接面電晶體(grown junction transistor)，穩定性大幅提高。

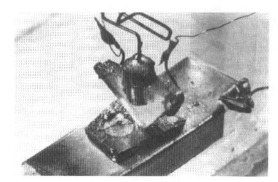

圖十　世界第一個雙極性電晶體。([9][10])

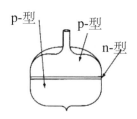

(a) 成長 p-n-p 晶體　　　　(b) 上下磨平並削薄

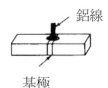

(c) 切割成小顆粒　　　　　(d) 製作金屬電極

圖十一　William Shockley 在 1952 年發明的成長接面雙極性電晶體
　　　　製作方式。([11])

　　圖十一是大概的製作方式。在形成晶體的時候加入不同劑量的
硼或磷，使得成長的晶體是 n-p-n 或 p-n-p 三明治結構（圖十一 a）。

把上下層磨平並削薄（圖十一b），然後切成小顆粒（圖十一c），最後用金線分別接觸三層結構（圖十一d），這每個顆粒就是一枚電晶體。1951年，通用電子公司（General Electric）發明了另一種製作電晶體的方法，稱為融合接面電晶體(alloyed junction transistor)，這是在n-型鍺的上下方各放置一粒銦球（圖十二a），加熱到攝氏550度，銦溶解到鍺裡面將鍺轉變成為p-型(圖十二b)，就形成p-n-p三層結構了。

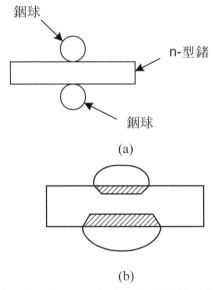

(a)

(b)

圖十二　通用電子公司在1951年發明的融合接面雙極性電晶體製作方式。([12])

　　1954年，貝爾實驗室的科學家建立氣相擴散的技術，將晶圓放在高溫爐中，通入含有硼或磷的氣體，讓硼或磷擴散進入晶圓中。1957年，利用這種方法製作的擴散接面電晶體開始商品化。

　　拜1957年發明「光阻」之賜，半導體元件的製作技術有了革命

性的突破。1959 年快捷半導體公司(Fairchild Semiconductor)的工程師
Jean Hoerni 開發了平面電晶體製程。圖十三是主要的製作程序：首
先讓 n-型矽在高溫下與氧氣反應形成二氧化矽（圖十三 a），這樣的
程序稱為「氧化製程」。接下來在二氧化矽表面塗上一層叫做「光阻」
的液體。「光阻」有點類似照相機底片上的感光乳劑，可以選擇性的
把被光線照射過的光阻用一種叫做「顯影液」的溶劑清洗掉。從塗
光阻、曝光、顯影的一連串步驟稱為「微影製程」。我們利用「微影
製程」讓中央區域的光阻被清除掉，區域的控制需要用到一片稱為
「光罩」的石英板，這片石英板上有些地方有金屬膜可以阻擋光線
穿透，沒有金屬膜的地方則讓光線穿透，這樣就可以控制哪些地方
的光阻要曝光。選擇性的把光阻去掉之後，用化學藥水將露出來的
二氧化矽去除掉，把這個區域的矽露出來，這個去除程序稱為「蝕
刻製程」。把其它區域的光阻去掉之後，形成圖十三 b 的結構。把
晶圓置入有含硼的氣體的高溫爐中，硼會從二氧化矽的開口擴散進
入矽晶圓，將開口區域的矽轉變成 p-型，這個程序稱為「擴散製程」。
再做一次「氧化製程」，讓開口區域重新形成二氧化矽，同時讓硼擴
散得更深入（圖十三 c）。現在重複「微影」與「蝕刻」製程，只是
二氧化矽開口的區域是在第一次開口區域的中央(圖十三 d)，然後進
行第二次的「擴散製程」，用的氣體是含有磷的氣體，把第二次開口
區域的矽再轉變成 n-型(圖十三 e)。進行第三次的「微影」與「蝕刻」
製程，將要與金屬導線接觸的區域的矽露出來(圖十三 f)。在表面覆
蓋一層鋁，這可以用高溫將鋁蒸發，再讓鋁蒸氣在晶圓表面凝結而
形成，也有其它的作法，這種在晶圓表面覆蓋一層薄膜的程序稱為
「薄膜製程」。而後再用一次「微影」與「蝕刻」製程將不必要的金
屬去除掉，就完成了電晶體的製作(圖十三 g)。這樣的製作程序可以
讓電晶體完全不會暴露出來，而且可以同時製作很多個電晶體。事

實上現在最複雜的積體電路的製作方式就是沿用「平面製程」的概念，只是「氧化」、「擴散」、「微影」、「蝕刻」、「薄膜」等製程程序更複雜、技術更多樣化、控制更精準。最新的積體電路製作過程會用到三十幾次的「微影」製程！

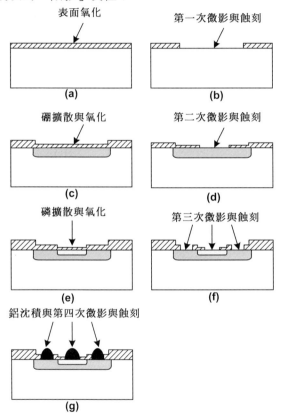

圖十三　快捷半導體公司在 1959 年發明平面電晶體技術，這種平面製程一直沿用至今。([13])

矽是唯一可以形成高品質的氧化物（二氧化矽）的半導體材料，

也比鍺適合高溫的製作過程，因此從「平面製程」開發出來以後，用矽製作的電晶體數量就大幅成長，1966 年起，矽電晶體的年銷售量就超過鍺電晶體，加上矽在地表的含量僅次於氧，成本最低，從此矽成為使用量最多的半導體材料。

積體電路技術的另一個里程碑是在 1958 年，德州儀器公司(Texas Instrument)的創辦人 Jack Kilby 發明了積體電路，把一個電晶體、三個電阻器、一個電容器，用金屬線連結在一起。因為這些電子元件不是在同一塊晶體上面，所以稱為混成電路，圖十四是 Kilby 在 1958 年製作的一個積體電路照片。這個積體電路的觀念在 1959 年正式提出專利申請。同樣在 1959 年，快捷半導體公司的 Noyce 利用平面製

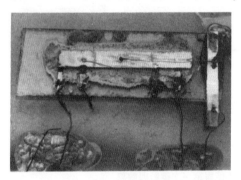

圖十四　德州儀器公司的 Jack Kilby 在 1958 年製作的一個混成積體電路。([14])

程的技術，提出了單石積體電路，這是把電阻器、電容器、二極體、電晶體等不同的電子元件做在同一小塊晶體上。1960 年，德州儀器公司正式銷售用矽半導體製作的積體電路，這個編號 502 的積體電路是一個完整的序列加法器，包括兩個電晶體、四個二極體、四個電容器、六個電阻器，利用平面技術，將許多個相同的電路製作在

稱為晶圓的矽薄片上，製作完成後一一切割下來成為小方塊狀，稱
為晶片(chip)，比傳統電路縮小一百倍，包裝之後也只有 0.3 公分寬，
0.64 公分長。圖十五是刊登在 1960 年 3 月商業週刊(Business Week)
上的報導。從此以後，半導體公司如雨後春筍般成立，競相開發更
精良的製作技術，把元件做得更小，元件密度做得更高，電路速度
做得更快，終至對人類的生活方式發生重大改變。Jack Kilby 也因為
發明積體電路而獲得 2000 年的諾貝爾物理獎。

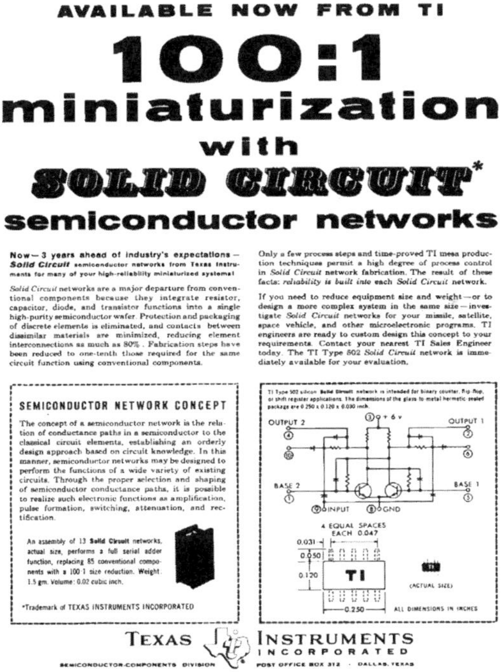

圖十五　1960 年 3 月 26 日，商業週刊報導了第一枚商品化的積體電
　　　　路。([15])

從 1947 年到 1960 年，所有的電晶體都是屬於雙極性電晶體，

也就是 p-n-p 或是 n-p-n 三層結構。1960 年，貝爾實驗室的兩位研究人員 Kahng(姜都) 和 Atalla 發明金氧半場效應電晶體 (Metal-Oxide-Semiconductor Field Effect Transistor, MOSFET)，這是用金屬-氧化物-半導體(Metal-Oxide-Silicon, MOS)三明治結構當控制閘極，跨在兩個 p-n 二極體之間，這兩個二極體分別稱爲源極與汲極，閘極金屬是鋁，氧化物是二氧化矽。圖十六是世界上第一枚金氧半場效應電晶體的檔案照片，左上角以及右下角的圖案是源極與汲極，中間白色區域是閘極，閘極下方介於源極與汲極之間的區域稱爲通道。利用閘極電壓產生的電場來控制兩個 p-n 二極體間的通道是否導通，因此稱爲場效應電晶體(Field Effect Transistor)。視導通時候的通道是 n-型或是 p-型，電晶體可以區分爲 n-通道金氧半場效應電晶體(nMOSFET)或是 p-通道金氧半場效應電晶體(pMOSFET)。第一枚 MOSFET 積體電路在 1962 年問世，包含 16 個 n-通道電晶體。1963 年，當時任職快捷半導體的 Sah(薩支唐) 以及 Wanlass 將 nMOSFET 與 p MOSFET 結合運用，發明了互補式金氧半場效應電晶體 (Complementary MOSFET, CMOS)。因爲 CMOS 電路只有在「零」與「一」變換瞬間才消耗功率，從此成爲積體電路的最佳選擇。1967 年，貝爾實驗室的 Kahng 以及 Sze (施敏，現爲交通大學教授) 共同發明了非揮發性記憶體，今日各式各樣可攜帶式的電子產品如行動電話、數位相機等，都是利用這種元件儲存訊號。同一年，IBM 的 Dennard 發明隨機動態存取記憶體(DRAM)，由一個電晶體加上一個電容器構成，目前所有電腦系統運轉中的訊號就是儲存在這種記憶體中。

1960 年發明的 MOSFET 的閘極金屬材料是鋁。因爲鋁的融點只有攝氏 660 度，而源極與汲極的製程需要攝氏 900 以上的高溫，當時的作法是先做好源極與汲極再做閘極。爲了確保閘極可以與源極

與汲極重疊，閘極長度一定要比源極與汲極間的距離還大，這使得
電晶體面積不容易縮小。1969 年，Kerwin 等人將閘極材料從鋁換成
複晶矽，複晶矽可以承受攝氏 1000 度以上的溫度，所以可以先做好
閘極，利用閘極擋住通道區域製作源極與汲極，這使得電晶體可以
大幅縮小，閘極和源極與汲極的重疊電容也變小，電晶體的速度可
以更快。

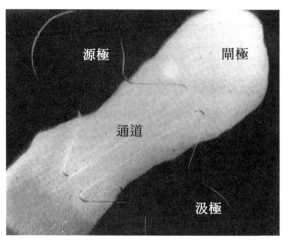

圖十六　世界第一個金屬-氧化物-半導體場效應電晶體

（MOSFET）。([16])

　　發展至此，構成現今積體電路的主要半導體元件以及基本製作
模式幾乎都已完備。1968 年，全球發表的與半導體有關的論文數量
超過與其它材料有關的論文數量，這表示大部分的研究發展資源移
轉到半導體相關領域，從此半導體與積體電路技術突飛猛進，一日
千里。

快速發展期 － 「摩爾定律」

　　從 1959 年發明積體電路之後，縮小元件尺寸以便將更多的電晶體製作在同一個小晶片上，一方面可以提升電晶體的性能以提高電路速度，另一方面可以降低電子元件的製作成本，是所有公司努力的目標。英代爾公司的創辦人 Gorden Moore 在 1965 年任職於快捷半導體公司的時候，根據過去幾年的發展趨勢，預測未來每個晶片上的電子元件數量每年將會增加一倍，根據這樣的速率，到 1975 年，每個晶片將可以容納六萬五千個電子元件。圖十七是 1965 年刊登在「電子」期刊上的預測圖。這在當時是一個很大膽的預測，但是證諸往後三十年的發展，積體電路技術的確按照這樣的趨勢快速成長，因此被稱爲「摩爾定律」。它不是一個自然定律，但是不但正確描述了積體電路技術發展的速度，也在技術遭遇瓶頸的時刻，促使不願意在自己手中讓技術落後「摩爾定律」的人員能夠群策群力共同克服困難，進而維持住同樣的發展速度。隨著晶片上元件數量的增加，有了一些區隔積體電路的複雜度的名稱，這些分類列在表一。

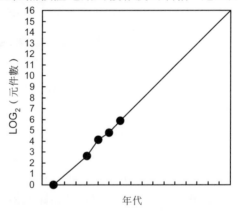

圖十七　英代爾公司創辦人 Gorden Moore 在 1965 年任職於快捷半導體公司的時候提出「積體電路中的元件數目每年增加一倍」的預測，被稱爲「摩爾定律」。([17])

等級	電子元件數目	代表性產品
小型 積體電路	少於一百個	
中型 積體電路	一百個 ｜ 一千個	
大型 積體電路	一千個 ｜ 兩萬個	4004 微處理器約兩千兩百五十個電晶體
超大型 積體電路	兩萬個 ｜ 一百萬個	8086 微處理器約兩萬九千個電晶體
極大型 積體電路	一百萬個 ｜ 一千萬個	80486 微處理器約一百二十萬個電晶體
巨型 積體電路	一千萬個以上	PS2 遊戲機微處理器約一千三百萬個電晶體 第四代「奔騰」微處理器約四千兩百萬個電晶體

表一　積體電路的等級以及代表性的產品

　　1971 年，英代爾公司設計出世界上第一枚微處理器，代號 4004 的積體電路，由 2250 個電晶體所組成，是大型積體電路的代表。它每秒鐘可以進行六萬次運算，比二十年前第一部商用電腦 UNIVAC-1 快三十倍，體積卻縮小一萬倍。1974 年，英代爾設計出第一枚 8 位元(bit)微處理器，編號 8008。一個位元就是一個「零」或「一」的

訊號，8 位元的意思是可以同時處理 8 個訊號。世界上第一部家用電腦就是使用這枚微處理器。1974 年，編號 8080 的微處理器問世，內含六千個電晶體，成為世界第一部個人電腦 ALTAIR 的核心。1978 年的 8086 容納了兩萬九千個電晶體，可以同時處理 16 位元的訊號，性能比 8008 提升一百倍，成為 IBM 個人電腦的核心。1989 年，英代爾推出編號 80486 的微處理器，有一百一十八萬個電晶體，正式進入極大型積體電路的時代。1993 年，英代爾推出「奔騰(Pentium)」微處理器，這是積體電路第一次有名字而不是僅有一個編號。第一代的「奔騰」有三百一十萬個電晶體，2000 年第四代的「奔騰」(Pentium-4)的電晶體數量高達四千兩百萬個，運算速度比世界第一枚微處理器 4004 快一百萬倍。如果火車的速度也用同樣的速率成長，從台北到高雄只需要 0.01 秒！圖一是以英代爾公司的微處理器的電晶體數量為參考的技術發展歷程，每一年半，電晶體的數量增加一倍。和 1965 年提出的每年增加一倍有點出入，但是每隔一定時間就呈倍數成長的趨勢是一致的。

在微處理器快速成長的同時，記憶體晶片的記憶容量也以每三年增加四倍的速度，飛快成長。1973 年第一枚 DRAM 記憶體晶片問世，當時的記憶容量只有四千個「零」或「一」的訊號，稱為四千位元，到 2002 年十億位元的記憶體晶片已經開始導入生產線，四十億位元的記憶體晶片也在發展中，三十年間足足成長了一百萬倍。以下就維持「摩爾定律」至今不墜的主要技術發展稍加介紹。

「矽晶圓」的發展

如同本小節一開始所說的，矽在地球表面的含量僅次於氧，但是它是與其它元素以化合物的型態存在，必須經過一連串的提煉過程把其它元素去除到百萬分之一以下。第一個階段把稱為矽沙的含

矽的礦石與木屑加熱到攝氏 1800 度的融熔狀態，利用化學反應以及蒸發的方式，把大部分其它元素去除，成為合金級的矽原料，這時候的純度約為百分之九十八。第二個階段讓合金級的矽原料與氯反應成為三氯矽烷的氣體，經過過濾，再與氫反應還原成矽，成為電子級的矽原料，這時候是複晶狀態。第三個階段把電子級的矽原料加熱到矽的融點攝氏 1415 度，將一小粒事先篩選好的單晶體矽晶粒(稱為矽晶種)接觸到這融熔狀態的矽表面，如圖十八。當溫度低於融點，矽原子析出的時候，會沿著矽晶種的原子排列方式排列，最後整個融熔的電子級的矽就會完全析出成為單晶體狀態。最後經過切割、研磨、拋光等步驟就成為製作積體電路的基本材料－矽晶圓。

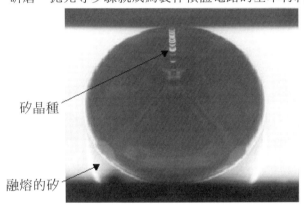

矽晶種

融熔的矽

圖十八　　將矽晶種接觸融熔狀態的電子級的矽表面，當溫度低於融點，矽原子會依照矽晶種的原子排列方式形成晶體。([18])

　　1960 年製作的矽晶圓直徑只有半英吋，1966 年增加到 1.5 吋。增加直徑的原因很單純，利用平面製程，如果晶圓的面積愈大，一次能夠作出來的元件或積體電路數量就愈多，每一枚積體電路的成本自然就降低了。這在晶片大小每三年增加一倍的情況下變得更重

要，微處理器晶片的面積大約是 1.5 平方公分，比 1960 年的晶圓面積還大！圖十九顯示了晶圓直徑演進的曲線，上面的曲線是晶圓成長技術的演進，下面的曲線是實際用來製作積體電路的演進。

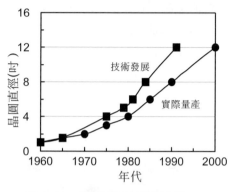

圖十九　矽晶圓直徑的演進

「微影製程」的發展

　　要符合摩爾定律的成長速率，首要條件就是微小化。技術的發展大約是每三年可以把電路圖案的線寬縮小為 0.7 倍，也就是面積縮小一半，如果搭配晶片面積增加一倍，每個晶片中的電晶體數目就增加四倍，也就是每一年半增加一倍。我們通常用電路中最小的圖案寬度來表示製程技術的水準，如果最細的圖案是一微米，這樣的製程技術稱為一微米製程，從一微米製程進入生產線的時間稱為一微米製程節點(Technology Node)。人的頭髮直徑大約是 100-200 微米，1960 年發明的 MOSFET 的閘極長度是 20 微米，大約是頭髮的二十分之一。積體電路技術大約在 1985 年進入一微米製程節點，在 1988 年進入 0.7 微米，因為小於一微米，所以稱為次微米製程。1994 年，製程技術進入 0.35 微米節點，因為已經比一微米小很多，所以稱小於 0.35 微米的製程為深次微米製程（Deep Sub-micron）。

當製程技術接近一微米，「微影製程」開始遭遇挑戰。基本的光學理論告訴我們，解析度正比於光源的波長，小於波長的圖案因為光波繞射的效應，會無法分辨。可見光的波長在 0.4 微米到 0.8 微米之間，所以一般的白光光源可以輕易的產生 1 微米以上的圖案，汞燈是這個階段通用的光源。到一微米以下就不同了，我們必須過濾掉汞燈光波中波長較長的部份。第一個被選用的是波長 436 奈米的 G 線，接著縮短到波長 365 奈米的 I 線。I 線已經脫離可見光區，進入紫外光區了。汞燈發出的光波在 I 線以下強度迅速減弱，因此當圖案微細到 0.35 微米以下，就不能再用汞燈當光源，取而代之的是波長在 248 奈米的 KrF 雷射光源，這個波長以下稱為深紫外光。由於波長縮短的速度比不上電路微縮的需求，要達到比波長短的解析度，必須使用許多增強解析度的技術，包括光罩設計、光阻改進、非線性光學修正等等，這使得製程的困難度與成本日益攀升。從 1997 年起，KrF 雷射光源普遍用在 0.25 微米以下的電路製作，這樣的微影製程系統價格約兩億台幣，成為工廠中最昂貴的設備。0.13 微米以下的製程開始使用波長 193 奈米的 ArF 雷射光源，一套系統的價格高達四億台幣。

「薄膜製程」發展

　　「薄膜製程」技術是除微影製程之外，變化最巨大的技術。最早的積體電路用到的材料除了矽晶圓以外，絕緣材料是二氧化矽，導體包括閘電極以及導線都是鋁。1966 年磷玻璃被用於吸納金屬離子，氮化矽被用於隔離水氣，1969 年複晶矽用於閘電極，1981 年金屬矽化物被用以降低矽的電阻，1985 年硼磷玻璃的低融點性質被用於將晶圓表面平坦化， 1986 年鎢被用以填入連接上下層金屬的連接孔。1988 年，IBM 從 1983 年開始發展的化學機械研磨技術成功的運

用在生產上。這種利用化學反應與機械摩擦將晶圓表面變平坦平或是將不要的薄膜磨除的技術，使得金屬導線的層數可以突破因為表面高低起伏過大造成金屬導線只能有三層的限制。1997 年 IBM 發表全球唯一的銅導線技術，將金屬導線從傳統的鋁換成銅，可以降低電阻並延長壽命，成為高階產品的主流。圖二十是 IBM 在 1998 年生產的微處理器的金屬導線結構，非常壯觀。從 1960 年代，金屬導線之間的絕緣材料一直是二氧化矽，但是為了降低寄生電容，從 1999 年開始換成介電係數低百分之十的氟矽玻璃(約 3.6)，介電係數在 2.7 左右的絕緣材料已經在 2002 年開始量產，工程師們並持續尋找介電係數更低的絕緣材料。

圖二十　IBM 在 1998 年生產的微處理器的金屬導線結構，包含六層銅導線。

「蝕刻製程」發展

　　要進一步把元件做小，除了微影製程技術改進外，蝕刻製程也

必須改變。過去用化學溶液進行蝕刻的方式必須調整。1971 年，Irvin 等人開發出用電漿進行蝕刻的技術。電漿是含有等量的正負離子的氣體，因為處於高能量狀態，很容易和要去除的材料發生化學反應，再加上適當的電場或磁場控制離子的運動方向，可以製做出非常微細的電路圖案。從此之後，陸續發展出電容耦合電漿源、電感耦合電漿源、微波電漿源、螺旋波電漿源，用到的氣體從最早期的 CF_4 以及 O_2，增加到 H_2、Cl_2、BCl_3、HBr、CHF_3、$C4F_8$、CO_2 等十餘種，以配合微影製程不斷微小化的腳步，以及薄膜製程日益增多的薄膜種類與複雜結構。

「擴散製程」發展

1958 年，蕭克萊（Shockley）發明離子植入技術。離子植入是把要添加到晶圓中的硼或磷變成離子，再用電場加速離子使射入晶圓，就像射箭或打靶一樣。這種設備是先用高能量的電子撞擊含硼或磷的氣體分子(BF_3 或 PH_3)使變成離子，接著利用磁場讓不同質量數及電荷數的離子運動路徑改變，就可以篩選出需要的離子。這些離子再經過電場加速到設定的能量，就可以射入在另一端的晶圓之中。離子分佈的深度可以由能量控制，在離子飛行路徑上裝置電荷感應器就可以控制射入晶圓的離子數量。這個方法可以精確的控制半導體元件中的元素分佈，使得我們可以更精確的掌握縮小之後的電晶體的性能，從 1970 年起，逐漸成為擴散製程的主流技術。因應不同場合的需求，高能量(百萬電子伏特以上)、低能量(五千電子伏特以下)、高劑量(每平方公分 10^{16} 個離子以上)、大角度(60°角以上)的設備陸續發展出來，如何修復離子撞擊對晶體造成的損傷，如何控制離子間以及離子與缺陷之間的交互作用對擴散行為都有長足的進展。時至今日，百分之九十以上的擴散製程是用離子植入方式製

作。

未來發展

　　深次微米之後的製程技術愈來愈困難，美國的半導體產業協會為了集思廣益，匯集美國廠商制訂「製程技術發展藍圖」，將未來幾年預計達成的目標以及面臨的困難明確列舉，每三年修訂一次。結果因為目標明確，眾志成城的結果，實際的發展速度比預期速度還快，原來三年一個製程節點縮短為兩年一個節點。1997 年起，全球主要的積體電路技術國家的產業協會均加入制訂此技術發展藍圖，並調整為兩年修訂一次，而兩年中間會進行小幅調整。從 1994 年開始，兩年一個節點的加速發展，使得 2002 年底到 2003 年初，技術領先的廠商，包括我國的臺積電以及聯電就進入 90 奈米製程節點，比 1994 年的預測足足提早了四年。

　　積體電路製造技術經過四十多年的發展，「摩爾定律」所預測的成長速度未曾改變，在二十一世紀進入奈米積體電路的時代。但所有的事情都有極限，我們不禁要問，「摩爾定律」還可以維持多久？積體電路的極限在哪裡？表二列出從 2001 年出版的「半導體技術藍圖」摘錄出的一些技術指標。以下就幾項關鍵問題略加說明。

「電晶體可以多小？」

　　2003 年生產的積體電路中，電晶體的閘極長度會縮小到 50 奈米，比流行性感冒病毒的直徑還小一倍。研究單位已經製做出閘極長度是 13 奈米的電晶體，最近的電腦模擬判斷當閘極長度縮短到 9 奈米，還可以維持電晶體的性質，9 奈米以下就不確定了。這一部份會在上一節已經有詳細的介紹。

「薄膜可以多薄？」

積體電路中最薄的薄膜是閘極的介電層。閘極的電容和導通電流成正比，長久以來，降低閘極介電層厚度以提高電容值進而提高導通電流是不變的方向。從 MOSFET 發明以來，介電層的材料始終是二氧化矽，目前厚度已經降到 1.2 奈米，大約只有 3-4 層分子。因為量子穿隧效應會使得漏電流大幅增加，更薄的介電層不再能視為絕緣層。那麼要如何繼續增加閘極的電容值呢？採用介電係數比二氧化矽高的介電層是唯一的選擇。目前已經有許多種材料在評估中中，包括二氧化鉿、二氧化鋯以及其它化合物，三、五年後應該會有成功的機會。

「圖案可以多細？」

目前使用的 193 奈米波長應該可以用到 65-45 奈米製程節點，接下來的光源還在開發中，波長 157 奈米的氟氣 (F_2) 雷射是可能的選擇。但是尋找更短波長的光源困難度愈來愈高，而且當波長比解析度長，繞射現象以及非線性光學效應就日趨嚴重。根本的解決之道是尋找波長短於十奈米的技術。超紫外光(Extreme UV, EUV)的波長在 10-14 奈米之間，可以從同步輻射儲存環產生，也可以從電漿雷射產生，光學繞射效應是待解決的問題。X 射線的波長在 1 奈米附近，可以從同步輻射儲存環產生，光罩製作以及損耗是最大的困擾。電子束早已應用在電子顯微鏡以及光罩製作上，可以聚焦到 10 奈米左右。電子是粒子，從波的角度來看，一千伏特的電子的物質波波長只有不到 0.4 奈米，幾乎不必考慮繞射問題，但是電子碰撞後的散射問題需要考慮。離子束也是可以考慮的方案，因為質量比電子高，物質波波長比電子還短，但是高電流的離子束以及空間電荷堆積的問題必須解決。整體而言，最有機會的方案將是極紫外光以及電子

束技術，最後何者勝出，且拭目以待。

「系統可以多複雜？」

　　最新的微處理器已經包含上億個電晶體，DRAM 則容納了十億個電晶體。除了這兩種積體電路，還有甚麼應用需要更多的元件或

年代	2001	2004	2007	2010	2016
製程節點(奈米)	130	90	65	45	22
工作電壓（伏特）	1.1	1.0	0.7	0.6	0.4
工作頻率（十億赫茲）	1.684	3.990	6.739	11.511	28.751
DRAM 記憶容量(十億位元/平方公分)	0.512	1	4	8	64
微處理器電晶體數（百萬/平方公分）	89	178	357	714	2854
電晶體通道長度(奈米)	65	37	25	18	9
閘極介電層厚度(奈米)	1.3-1.6	0.9-1.4	0.6-1.1	0.5-0.8	0.4-0.5
導線層數（層）	8	9	10	10	11
導線長度（公里/平方公分）	4.1	6.9	11.2	16.1	33.5

表二　2001 年公佈的「國際半導體技術發展藍圖」中的重要指標

是需要使用奈米技術？這端賴於人們的創意可以多美。比如說，可不可以把電腦主機板的所有積體電路變成只有一個？可不可以把行動電話中的晶片變成只有一個？可不可以把高速運算的電路、高容

量的記憶體、高功率的控制電路、高頻率的通訊電路全部作在一個
小晶片上面？可不可以把光學系統也加到這樣的積體電路中？可不
可以把生化感測功能也加進來？可不可以把機械結構也納入？讓
光、電、機械、生命各式各樣的訊號與能量在一片小小的晶片之中
實現？這樣的東西叫做系統單晶片，在下一小節會介紹系統單晶片
的發展。

　　如果矽電晶體的積體電路技術在未來二十年果真披荊斬棘，一
路向前，二十年後的電晶體會小於十奈米，每平方公分可以容納十
億個電晶體，運算速度可以達到每秒 10^{14} 次。但是現在的電晶體在
工作的時候必須依靠電流，電晶體愈多以及工作頻率愈高，消耗的
功率就愈高，因此功率消耗也逐年攀升，目前一枚微處理器的功率
消耗將近 100W，二十年後的微處理器的功率消耗將達到一百萬瓦，
相當於目前一個城市的能量消耗，和太陽表面的功率密度差不多！
而生產這種積體電路的工廠的造價將超過七兆台幣，是民國九十一
年國家總預算的四倍多！

　　巨大的能量以及昂貴的成本，使得我們在改進積體電路技術的
同時，也積極尋找著新的材料、新的元件結構、新的工作原理，下
一章我們將介紹一些發展中的非矽奈米電子元件。

● 積體電路及晶片系統設計的發展　　　周景揚

積體電路製程的演進及願景

　　三位美國電話電報公司(AT&T)研究員 Bardeen, Brattain 以及
Shockley 於 1947 年發明了世界上第一顆電晶體(Transistor)，從此開
啟了微電子領域的新紀元。爾後這三位研究者也因此傑出成就而獲
得諾貝爾物理獎之殊榮。隨後於 1958 年德州儀器公司(Texas

Instrument)的 Kilby 先生發明了積體電路(Integrated Circuit)， 也就是我們俗稱的 IC，從此微電子的製造技術突飛猛進，而其在我們科技上以及民生上的應用更是無所不在， Kilby 先生也在最近幾年獲得諾貝爾獎的殊榮， 以表彰其對促進人類生活福祉的貢獻。

以目前的半導體技術藍圖來看， 在 2002 年，單顆電晶體已經可以做到 130 奈米(130nm)這麼小了，而晶片上的時脈也已達 2GHz (2×10^9 赫茲)，一個大約 2 公分×2 公分大小的微處理器晶片，裡面可以裝置大約七千六百萬顆電晶體，而動態記憶體的容量也達到了 4Gbit (4×10^9 位元)。以此進度繼續前進，在 2008 年， 根據專家們預測，單顆電晶體的隧道長度(Channel Length)將可縮小到 70 奈米(70nm)，而晶片上的時脈也可達 6GHz (6×10^9 赫茲)，我們知道時鐘速率直接反映了積體電路運作的速度，而單顆微處理器晶片將可容納大約五億兩千萬顆電晶體，動態記憶體的容量也可達 64Gbit (64×10^9 位元)。屆時積體電路製程技術也已進入所謂奈米時代，一般而言，我們稱 1 到 100 奈米尺寸的技術為奈米級的技術。

晶片系統設計的現況及挑戰

由於製程技術的持續進步，使得大量的電路元件可以被製作在單一晶片上， 再加上市場上對複雜度高以及運用功能強的各種民生商品的需求，使得整個電路系統包括微處理器、記憶體等皆有可能被整合到同一晶片上，以達到低功率、高效能、小體積以及高可靠度 等 諸 多 優 點 ， 此 一 技 術 進 展 也 造 成 這 一 波 晶 片 系 統 (System-on-a-Chip, 簡稱 SOC) 的設計趨勢。

以傳統的個人電腦(PC)為例，中央處理器(CPU)、動態記憶體等皆分別設計製造成個別的晶片，最後再藉由 PC 板把個別的晶片整合成一完整系統。其他諸如一些處理週邊輸入輸出之晶片，以及一些

特殊音效處理、 影像處理的晶片，也都分開設計製造。如今欲將製程迥異的邏輯元件，諸如微處理器，以及記憶體元件(如內嵌式記憶體)，製作在同一晶片上；或者將設計方法迥異的數位電路與類比電路整合在晶片上；在製程技術上、設計方法上、 以及測試包裝上均造成相當大的挑戰。

　　首先由製程技術說起，我們知道積體電路製造是一個極度精密的過程，所使用的機器也都相當精密昂貴，也因此才有可能將幾千萬顆電晶體製作在如此小的晶片上。台灣在半導體產業中，積體電路的製造服務在整個世界相關產業上是首屈一指的，為了能用最省的花費以製造最精進的積體電路，也唯有在製程技術上不斷的改進以及推陳出新，才可能在如此激烈的商業競爭中，脫穎而出。一般每一條積體電路生產線，均會依其所生產的積體電路特性作一最佳化的調整，以期能最具競爭力，因此以生產邏輯產品為主的生產線之製程技術和以生產記憶體產品為主的生產線，在製程技術上會相當不同，如果我們想將邏輯元件(如 CPU)以及記憶體元件製作在同一晶片上，則製程技術上必須做相當大的修正改進，生產成本也會相對提高， 而其初期生產的良率也會偏低，如何能真正使得晶片系統生產技術達到期望之經濟上之效益，這在製程技術上是一大挑戰。

　　除了製程技術上的挑戰外，如何充分利用單顆晶片的龐大容量以設計出高複雜度以及高功能性的晶片，在設計方法上更是一大挑戰。晶片系統的設計流程相當複雜，各項工作均仰賴設計自動化(Electronics Design Automation)的軟體方能完成，過去傳統的特殊應用積體電路(Application Specific IC)設計以及驗證流程與工具，已不能直接套用在晶片系統的設計驗證上，畢竟現今複雜的系統，無論是通訊系統、嵌入式系統，都有軟硬體部分。在設計初期必須有一套系統規格語言以便用來描述整個系統的行為，而如今還缺乏一種

全世界統一的系統描述語言。 有了正規的系統描述後,我們便可藉
助於系統模擬器在設計初期即能確認系統的功能是否符合規格。往
下我們還必須有一自動分割程式,以期能最適當的將整個系統分成
軟體以及硬體兩大部分,後續我們亦需一個軟硬體共同模擬平台,
以確認分割完後整個系統仍然合乎原先的規格並且確認後續軟硬體
的實現能夠合乎整個系統在效能上的要求。所以在系統設計之方法
以及自動化工具上都還有相當多挑戰。

　　為了能夠在很短的時間裡設計出高複雜度的系統晶片,矽智產
(Silicon Intellectual Property, 簡稱 SIP) 的 再 利 用 技 術 (Reuse
Technology)因此成為晶片系統合成的核心技術,矽智產亦成為系統
階層整合的基本單元, 基本單元的可重複性與擴充性將影響整合的
效率與彈性。我們都知道個人電腦的心臟(所謂 CPU)在全世界的佔有
率是英代爾第一,也就是英代爾公司提供了最多的個別 CPU 晶片給
全世界 PC 製造公司以生產電腦;然而在嵌入式資訊家電裡所用的晶
片系統, 其中嵌入式 CPU 以英國的 ARM 以及美國的 MIPS 為領導
廠商,他們早在 1990 年代即致力於發展可再利用之 CPU 智產,以
提供晶片系統設計之用。

　　由於晶片系統的電路非常複雜,驗證電路的正確性以及偵測設
計錯誤的源頭已經成為整個設計流程中最嚴重的瓶頸,因此有效的
設計驗證以及錯誤偵測相關電腦輔助設計軟體是迫切需要的,藉此
才可能縮短整個設計流程。

　　晶片系統的製造技術目前已達深次微米層次,由於有較小的元
件形狀(Device Geometry)、較大的晶元尺寸(Die Size)、較高的操作頻
率和較低的操作電壓,這些都使得積體電路設計在許多階段面臨嶄
新的挑戰;尤其在實體設計階段,因為受製程技術影響深遠,有更
多的問題尚待解決。其中諸如電感效應對電路速度的影響、訊號的

完整性(Signal Integrity)以及可靠度(Reliability)都日益重要，使得雜訊的處理以及電磁干擾的防制等等均需深入考慮。

我國在晶片系統設計的發展

自從 1976 年政府推動 CMOS 半導體計畫以及建立新竹科學園區開始，二十多年來已經爲我國造就了一兆元的工業產值與超過十萬個工作機會，其中高效能的製造技術已成爲我國在積體電路製造上核心的國際競爭力，也因而促成我國從過去勞力密集的傳統產業中轉而成爲全球高科技產業的製造重鎮。

然而台灣在半導體產業中，過去均以製造技術見長，相對上對於終端產品的設計創新能力較爲薄弱，值此知識經濟時代，再加上東南亞各國包括大陸挾其衆多低價的勞工人力資源，台灣已經不能依靠過去以低成本，高效率的製造優勢繼續半導體的發展。換句話說，台灣未來在半導體產業的發展，絕不能再只依賴以成本競爭爲主的大規模製造上，而必須儘速建立基礎環境，以鼓勵設計創新、產品創新等高知識密度與高附加價值的積體電路產業。其中重要產業技術包括矽智產設計、軟體以及系統爲核心的創新產品等等，以期在客戶終端產品市場上，諸如光電、網路、資訊、通訊等產業佔一席之地。

最近國家矽導計畫之推動，旨在希望主導台灣產業的第二次躍升，改變過去台灣以製造爲核心的思維，從而成爲以設計創新與知識經濟爲主體之璀璨工業架構，因此其總目標爲建立台灣成爲全球晶片系統(SOC)設計中心。這項計畫政府與民間將共同投資大約 100 億元，期許在 2010 年爲我國創造 10 兆元的產值，發揮千倍的綜合效益。

此計畫包括兩大部分：一爲基礎建設，包括在教育、經濟政策

以及環境建置配合；二為晶片系統國家型科技計畫，藉以建立半導體及積體電路優勢，促成台灣第二次產業躍升。

晶片系統國家型科技計畫中以建立「前瞻人才及技術」與「新興產業開發」為兩大目標，其分項包括人才培育、前瞻平台、前瞻智財、創新產品、新興產業五項開發計畫。計畫完成後，全球客戶即可運用台灣設計平台，從事 SOC 設計，使用台灣矽智產完成積體電路設計，並運用本國晶圓專工廠大量生產，期能將我國晶圓專工(Manufacturing Foundry)為主的半導體產業，順利提升到以設計專工(Design Foundry)為主的半導體產業。

過去三十年來，我國電子資訊產業的蓬勃發展，創造出經濟奇蹟與民生福祉，除了歸功於政府正確產業政策與領導外，我們紮實的高等教育，造就了豐沛的科技人才，乃是我國電子資訊產業發展成功的最重要因素。晶片系統設計產業的快速成長已成為我國此波半導體產業向上提昇的關鍵，積體電路設計人才的需求，與現今大學院校每年培育本科系學生，在人力供需上有相當巨大的差距，為了解決此人才短缺的問題，除了相關教師員額大幅擴增以增加訓練相關之人力外，對非資訊電子電機之學生，輔導其發展積體電路設計第二專長，加強 SOC 設計相關訓練，方能有機會改進人力供需上的差距。目前政府相關單位，配合各大學院校相關系所，正通力合作以解決此一問題。有志於半導體產業的年輕學子，期能投入此一技術領域，共襄盛舉，以造就台灣美麗的未來。

參考資料

[1]　D. Kahng and S. M. Sze, "A Floating Gate and Its Application to Memory Devices," Bell Syst. Tech, J., **46**,1288 (1967). Manuscript received May 16, 1967, published July 1, 1967.

[2]　R.H. Dennard, " Field-Effect Transistor Memory," U.S. Patent 3387286, filed July 14, 1967, granted June 4, 1968.

[3]　S. M. Sze, *Semiconductor Devices: Physics and Technology, 2nd Ed.*, Wiley, New York, 2002, Chapter 1.

[4]　A. Niebel, " Supply and Demand Flash Application-based Five Year Forecast 2001-2006," Web-Feet Research, Inc., Monterey, CA, Dec. 2001.

[5]　S. M. Sze, " Evolution of Nonvolatile Semiconductor Memory－from Floating Gate Concept to Single-Electron Memory," a Chapter in *Future Trends in Microelectronics*, Eds., S. Luryi, et al., Wiley, New York, 1999.

[6]　IEEE Spectrum, Vol. 5, 2002.

[7]　Physics World, September 1998.

[8]　IOP publishing Ltd.

[9]　Physical Review, vol71, pp.230, 1948.

[10]　Semiconductor Devices – Physics and Technology, 2nd Edition, pp.5, S. M. Sze.

[11]　Semiconductor Integrated Circuit Processing Technology, pp.3, W. R. Runyan and K. E. Bean, Addison Wesley.

[12]　Semiconductor Integrated Circuit Processing Technology, pp.5, W. R. Runyan and K. E. Bean, Addison Wesley.

[13]　Semiconductor Integrated Circuit Processing Technology, pp.7, W.

R. Runyan and K. E. Bean, Addison Wesley.

[14] Semiconductor Integrated Circuit Processing Technology, pp.10, W. R. Runyan and K. E. Bean, Addison Wesley.

[15] Semiconductor Integrated Circuit Processing Technology, pp.11, W. R. Runyan and K. E. Bean, Addison Wesley.

[16] Semiconductor Devices – Physics and Technology, 2nd Edition, pp.5, S. M. Sze.

[17] Electronics, vol.38, No.8, 1965.

[18] MEMC Web Site

第三章　非矽奈米電子元件與製造技術

● 非矽奈米電子元件及積體電路介紹　　崔秉鉞

　　矽半導體技術在過去半個世紀的發展帶來第一波電子產業革命，大幅改變了人類的生活形態。但是如前一章所談的，矽半導體的微細加工技術取決於影像微縮技術以及結構微刻技術，電子元件的工作原理則需要數以百萬計的電子共同參與。即使結構可以繼續微小化，從巨觀結構出發的加工技術很難精確控制微觀的結構，電子元件的電子數量也不足以支持穩定的電流。現行積體電路的另一個問題是發熱，現行的積體電路是靠電流工作，當電子元件密度愈高，單位面積的功率消耗就愈大，現在的中央處理器如果不加散熱裝置，溫度已經高到可以煎蛋，如果依照現有的方式繼續發展下去，二十年後晶片消耗的功率將和太陽表面一樣高！

　　近十幾年來，科學家們持續在尋找可以替代矽半導體的元件，希望達到更小、更快、更冷的目標。這不只是將電子元件做得更小，工作原理也要有突破性的改變。由上個世紀量子力學的基礎以及近年奈米技術之賜，科學家們已經發展出全新的材料、全新的工作方式、全新的製作技術，雖然大部分還在實驗室階段，但是部分成果已經透露出令人振奮的消息。在這一節，我們將介紹四種類型的非矽奈米電子元件 – 碳奈米管元件、電子自旋元件、單電子元件、分子電子元件。希望透過這些概略性的描述，可以讓大家瞭解他們與目前常見的電子元件有何不同。有些事情似乎離實用還很遙遠，但是在 1947 年剛發明電晶體的年代，要把幾千萬個電晶體放在一個小晶片上，不也是同樣難以想像嗎？

碳奈米管元件

起自十九世紀，愛迪生用碳纖維當電燈泡的燈絲，碳元素在工業上的應用已經有上百年的歷史，但是直到 1950 年代，因爲航太工業需要質輕堅固的纖維，才有長足的發展。1960 年，Roger Bacon 成功的製作出細長的石墨線，也就是一般所說的碳纖維。碳纖維的寬度約在 5 微米左右，長度可達 3 公分以上。由於碳纖維質量輕、結構強、彈性好的特性，很快的被應用在軍事、太空、民生等領域。長久以來，純由碳原子構成的晶體只有鑽石以及石墨兩種，從 1960 到 1990 年之間，科學家們曾經在形成碳纖維的時候發現過極微細的碳結構，但是並沒有引起太多的注意。一直到 1991 年，日本 NEC 公司的飯島澄男（S. Iijima）用高解析度穿透式電子顯微鏡直接觀測到碳奈米管的結構，才確認了它的存在。

我們可以從石墨的分子結構來解釋碳奈米管的結構。石墨是碳原子以六角形排列組成的分子，厚度只有一個碳原子的大小，如圖一左上角，是一個兩度空間的結構，我們可以把它想像成一張紙。就像把紙張捲成紙筒一樣，我們也可以把這層碳膜捲起來變成一根管子，這樣的管子的直徑只有一奈米到數十奈米，因此稱爲碳奈米管。碳奈米管的長度一般可以從數十奈米到數微米，中國科學院甚至有長達 0.3 公分的紀錄。從石墨分子捲起來的角度不同，可以使碳奈米管呈現半導體性質或是金屬性質，圖一示範了幾種可能的角度，其中「單臂形(armchair)」是金屬性的，「鋸齒形(zigzag)」和「對掌形(chiral)」則可能是金屬性或是半導體性的。碳奈米管的管壁可以只有一層碳原子，這稱爲單層奈米管(single wall nano-tube, SWNT)，也可以有很多層碳原子，稱爲多層奈米管(multi-wall nano-tube, MWNT)。這些結構上的變化，使得碳奈米管擁有許多種應用的潛力。圖二是 1991 年飯島澄男用高解析度穿透式電子顯微鏡

所觀察到的碳奈米管的剖面照片，側壁有五層，每層就是一層碳原子，這是多層碳奈米管。1993 年，IBM 和 NEC 的科學家分別發現單層碳奈米管，圖三是 IBM 研究群發表在當年的「自然」雜誌上的照片。最近更發現直徑只有 0.4 奈米的單層碳奈米管。

將碳膜捲起來變成一根管子

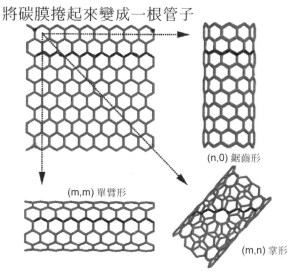

(n,0) 鋸齒形

(m,m) 單臂形

(m,n) 掌形

圖一　左上角是一層石墨分子，往不同的方向捲起來，可以形成不同結構與性質的碳奈米管。

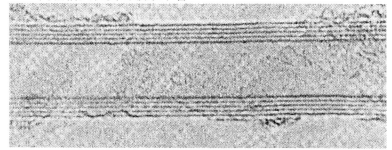

圖二　飯島澄男在 1991 年用高倍率穿透式電子顯微鏡觀察到的多層碳奈米管，管壁由五層碳原子組成。[1]

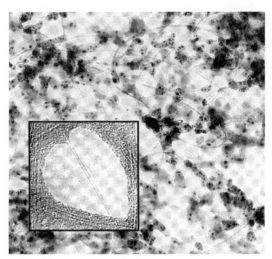

圖三　IBM 的研究群在 1993 年用高倍率穿透式電子顯微鏡觀察到的
　　　單層碳奈米管，直徑約 1.2 奈米。[2]

　　碳奈米管擁有許多極為優異的性質。在機械強度方面，碳奈米
管的楊氏係數高達 1.8×10^{12} Pa，和鑽石一樣堅固，比碳纖維的 7×10^{11}
Pa 還高，更比鋁高出數十倍。因為碳奈米管是中空的，質量比實心
的碳纖維輕得多，強度與質量的比例比碳纖維高出十倍，比鋁高出
500 倍，也比其它金屬高出數百倍以上，有非常好的承重能力。它的
彈性比其它物質好 10%-30%，甚至可以彎曲到九十度角。像碳奈米
管這樣的細導線稱為量子線，電子在量子線中移動不會受到碰撞，
所以電阻會和長度無關！碳奈米管的導電係數比銅高一百萬倍，導
熱係數約 6000 W/mK，也比一般金屬高。因為管徑僅有數奈米，比
傳統方式所能製作的針還細很多，很低的電壓就可以造成管末端很
強的尖端電場，可以作為分析奈米結構的探針，也可以作為效率極
高的電子發射源，甚至可以製作可攜帶式的 X-光分析儀器。這些性

質使得碳奈米管可以應用在基礎科學、生化感測、能源轉換、奈米機械、奈米電子等等領域。

　　在電子元件的應用上，金屬性的碳奈米管可以作為元件之間的導線。超強的機械性質，可以做成機械式的奈米開關，當積體電路的一部份暫時不工作的時候，可以與電源完全切斷，以降低功率消耗。我們知道碳原子排列方式決定了碳奈米管是金屬性或半導體性，如果把不同排列方式的碳奈米管接到一起，就可以形成金屬-半導體接面，這是一種二極體。

　　單純半導體性質的碳奈米管則可以製作成二極體以及電晶體等電子元件。剛成長出來的半導體性質碳奈米管是接近 p-型半導體，如果在真空中加熱會轉變成 n-型，接觸氧氣會再轉變成 p-型。添加鉀原子也可以增加導電電子的數量而轉變變成 n-型。利用這些性質，可以製作類似矽半導體的 p-n 接面二極體。利用 p 型與 n 型碳奈米管，許多研究單位已經製作出 n 通道以及 p 通道的場效應電晶體，導通與關閉狀態的電流比例可以達到十萬倍。圖四是 1998 年以單層碳奈米管製作的電晶體的原子力顯微鏡影像以及示意圖。2001 年，IBM 的研究群更進一步用碳奈米管製作成圖五的基本邏輯單元-反相器，可以將訊號反轉，使得未來碳奈米管積體電路的可行性大幅提高。由於碳奈米管非常細小，除了製作和傳統的矽半導體電子元件類似的元件外，也可以用來製作單電子元件。

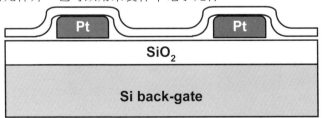

圖四　以單層奈米管製作的電晶體的意圖。[3]

　　初期製作碳奈米管電晶體的方式相當辛苦，首先在矽晶片上成長一層二氧化矽，然後以鉑金屬做成電極，再將碳奈米管灑在晶片上，最後用掃瞄探針將碳奈米管推移到適當的電極上面。因為碳奈米管非常細小，在推移的時候必須小心翼翼，一邊推動一邊監視它的位置，通常需要好幾個小時才能完成一根碳奈米管的推移動作。最近幾年有一些新的製作技術，比如說先將碳奈米管灑在晶片上，經由電子顯微鏡定出座標，再用電子束掃瞄方式在碳奈米管上製作電極。也有研究單位先在特定位置製作觸媒，再讓碳奈米管在觸媒之間成長。利用電場控制碳奈米管的成長方向也是可能的方式。

　　碳奈米管電子元件雖然已經有一些基礎的成果，但是如何製作高品質的碳奈米管仍是一個研究中的主題。目前碳奈米管的製作方式可以利用兩根石墨電極，在氦氣或氬氣的環境中，以直流電場放電而產生。也可以利用聚焦的高能雷射使石墨揮發而生成。另外也可以在高溫環境中，以鐵、鈷、鎳等金屬做為觸媒，裂解乙炔或甲烷來製造。但是如何控制純度、長度、方向、位置都還有待研究，成本高、產量低也是需要改善的問題，目前一公克的售價約在數百美金，比黃金還貴好幾倍。但是它令人驚豔的特性，必然可以開創出全新的應用領域。

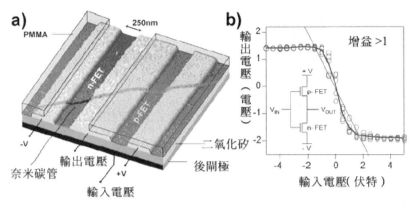

圖五　IBM 的研究群用碳奈米管製作的基本邏輯單元-反相器，左邊
　　　是 p-型電晶體，右邊是 n-型電晶體。右圖是輸入與輸出訊號
　　　的關係。[4]

電子自旋元件

　　1897 年 Joseph John Thomson 發現電子的存在，1921 年 Stern
Gelache 提出電子旋轉的理論，稱為電子自旋。之後大半個世紀，電
子自旋只是物理學家才能夠欣賞的自然現象，直到 1988 年，科學家
終於開啓了利用電子自旋現象的希望之窗，而電子自旋元件就是利
用電子自旋的現象操作的元件。

　　電子自旋就像地球的自轉一樣，繞著一條軸線旋轉。如圖六畫
的，當電子逆時針旋轉時，轉軸斜指向上，稱之為左旋電子或上旋
電子，反之稱為右旋電子或下旋電子。電子旋轉造成磁場，事實上
自旋的電子就是一個非常微小的磁鐵，上旋電子的上方是北極，下
方是南極；下旋電子的下方是北極，上方是南極。大部分的材料中
含有等量的上旋電子與下旋電子，所造成的磁場互相抵銷，所以不
帶有磁性。有些材料內部有許多小區域含有不等量的上旋電子或下
旋電子，我們稱之為鐵磁性材料，比如鐵、鈷、鎳等。如果外加磁

場，可以使各個小區域的電子自旋方向趨向一致，成為永久磁鐵。
利用電子自旋造成的磁性，我們可以製造出類似矽元件的記憶單
元、二極體以及電晶體等電子自旋元件。

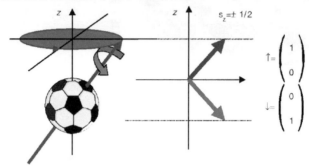

圖六 電子繞著轉軸旋轉。電子逆時針旋轉時，轉軸斜指向上，稱
之為左旋電子或上旋電子，反之稱為右旋電子或下旋電子。[5]

1970 年代中期，法國物理學家 M. Julliere 首先示範了一種稱為
磁穿遂接面(Magnetic Tunnel Junction)的元件。這是由兩層磁性材料
中間夾一層非常薄的絕緣材料所構成的三明治結構。我們用圖七來
說明這個元件的結構與工作方式。首先假設兩側的磁性材料的電子
自旋方向是一致的，施加電壓後，外界電子進入磁性材料之後的自
旋方向會與磁性材料一致(稱為自旋極化 spin polarization)，電子只要
穿透中間的非磁性材料，就會造成電流。如果我們把兩邊的電子自
旋方向調整成相反，從右側進入的電子自旋極化之後，要穿透中間

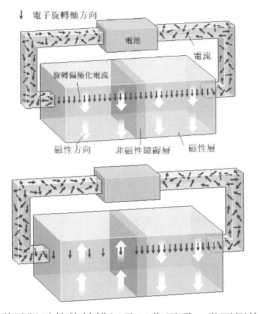

圖七　穿隧磁電阻元件的結構以及工作原理。當兩側的電子自旋方
　　　向一致的時候，電流比較容易通過，如果兩側的電子自旋方
　　　向相反，電流比較不亦通過。[6]

的非磁性材料進入左側，自旋方向必須再改變，這使得電子比較不
容易傳導過去，電流會比較小。從電阻的角度來說，兩側自旋方向
一致的時候，電阻比較小，反之電阻比較大，這稱之爲穿隧磁電阻
現象(Tunneling Magnetoresistance，TMR)。磁性材料的自旋方向可以
經由電流流經鄰近的導線所產生的磁場加以改變，我們可以藉由電
阻的大小區分爲邏輯訊號的「零」與「一」。另一種改變電阻的方式
是巨磁電阻現象(Giant Megnetoresistance, GMR)，這是把一層低電阻
的非磁性金屬(例如銅)夾在兩層磁性材料中間(鐵、鈷、鎳)，電流主
要是在非磁性金屬中傳導。當上下兩層磁性材料的電子自旋方向一

致,中間層有相同自旋方向的電子移動的時候遇到的阻力較小,整體電阻較低。如果上下兩層的電子自旋方向相反,中間層的電子一定與其中一個方向不一致,受到的阻力會較大,整體電阻也較高。

利用前面這兩種性質,可以製作磁性隨機存取記憶體(Magnetic RAM, MRAM)。MRAM 和現有的動態隨機存取記憶體(Dynamic RAM, DRAM)相較,有更小的面積、更高的密度、更低的工作電壓,而且可以無限制次數使用並永久保存訊號,如果順利,可能在 2004 到 2005 年就會有產品問世。目前的 DRAM 技術持續發展下去,最終可望將每個晶片的記憶容量提高到 256GB 左右,至於更高的記憶容量,MRAM 是目前最被看好的選擇。

電子自旋元件除了當作記憶體之外,也可以有電晶體的特性。科學家已經提出許多種利用電子自旋現象實現電晶體特性的構想。美國 Purdue 大學的 Supriyo Datta 以及 Biswajit A. Das 兩位教授在 1990 年提出將傳統金氧半場效應電晶體的源極與汲極改用電子自旋方向相同的磁性材料。在圖八的結構中,當外界電子注入源極的時候,電子自旋方向會被極化成和源極電子一樣,當電子繼續從源極往汲極移動的時候,可以很容易的進入汲極,這稱為導通狀態。如果在閘極加上適當的電場,可以把電子自旋方向反轉過來,於是在抵達汲極的時候,電子自旋方向變成和汲極電子相反,不容易進入汲極,電流就會大幅降低,成為關閉狀態。這種元件的好處是控制電晶體開或關只需要改變電子自旋方向,需要的能量非常低。另外是我們也可以控制源極與汲極的電子自旋方向,如此一來,電晶體和記憶單元就可以合而為一。

另外一種方式是利用量子穿隧現象。我們可以將磁性材料製做得非常薄,當厚度只有幾個奈米的時候,兩側形成兩道能量的高牆(能障),我們稱之為量子井。根據量子力學,量子井中的電子可能有的

能量會分離呈不連續狀態(能階)，當外加電壓使得量子井中的能階與
量子井外的能階一致的時候，電子就有機會穿過能障，這稱為穿隧
現象。一般來說，電子上旋或下旋的能量是一樣的，但是科學家們
已經發展出一些方法可以改變不同自旋方向的電子的能量，比如說
施加磁場。這樣一來，不同自旋方向的電子要穿越量子井所需要的
能量就不一樣了，在某個電壓下，較高能量的自旋方向的電子開始
穿隧通過量子井，在另一個電壓下，較低能量的自旋方向的電子才
能穿隧通過量子井。圖九是這種元件的一個例子。我們可以把工作
條件設定在這兩個電壓之間，然後用一個很小的調變電流來改變量
子井中的電子自旋方向，於是很小的電流的變化，就會造成很大的
穿隧電流的變化。把小幅度的電流變化轉換成大幅度的電流變化，
這就類似傳統電晶體的訊號放大的功能。

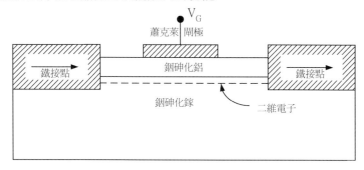

圖八　電子自旋電晶體的一種結構。源極將電子自旋方向極化，利
　　　用閘極電場控制通道中的電子自旋方向，來決定電流進入汲
　　　極的難易程度。[7]

　　電子自旋的基本理論已經問世數十年，但是必須到發展出可以
製作奈米尺度的結構，才開啟了利用電子自旋現象的契機。前面所
提到的應用，MRAM 最接近實用階段，目前已經有樣品問世，IBM,

Motorolla, Honeywell 等廠商都投入商品化研究，國內也有廠商開始進行技術開發。至於電子自旋電晶體還在理論與實驗的階段，距離應用還有很多的基礎理論與操控技術有待開發。傳統的電子元件依靠電子移動來工作就產生現在千變萬化的電子產品，未來再增加電子旋轉方向這個因素，電子元件可以有的性能，將有更寬廣的創意空間，這裡面所蘊含的發展潛力實在讓人嚮往不已。

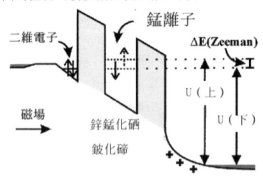

圖九　電子自旋電晶體的另一種結構。不同能帶結構的材料結合形成量子井。外加磁場之後可以使量子井中不同自旋方向的電子能量不同，因此穿隧電流可以是上旋電子，也可以是下旋電子。[8]

單電子元件

傳統的電子元件是偵測電流，需要的電子數量至少是百萬個以上。單電子元件乍看之下，似乎是只靠單一個電子操作的電子元件，其實廣義的來說，應該是可以感應到一個電子的電荷變化的電子元件，但是整個參與動作的電子數量可以從一個電子到數千個電子。電子的數量很少，元件的體積自然不大，所以可以達到非常高的密度。由於參與動作的電子數量遠少於傳統元件，能量的消耗也很低。

寥寥幾個電子的移動就可以改變元件狀態，需要的時間可以很短。這些都是單電子元件可能擁有的優點。

　要瞭解單電子元件的基本原理，我們可以想像一個微小的金屬球，金屬球有許多帶負電的電子，但是與原子核的正電互相抵銷，所以是電中性的。如果在這個小金屬球上加入一個電子，這個負電荷會在金屬球外圍形成電場，排斥其它電子靠近。假設金屬球的半徑是 1 奈米，在真空環境下將產生 14MV/cm 的電場，這個電場比使空氣解離的電場還強 50 倍。這個因為一個電子的電量就阻止其它電子的效應稱為庫倫阻障(Coulomb blockade)效應。要發生庫倫阻障效應的要件是電能要高於動能，也就是 $\dfrac{e^2}{2C} > k_B T$，e 是電子電量，C 是小金屬球的電容，k_B 是波茲曼常數，T 是絕對溫度。如果要在室溫觀察到庫倫阻障效應，電容要小於 3×10^{-18} 庫倫，也就是金屬球的直徑要小於 5 奈米。在這麼小的空間，電子的能量會因為量子化而不連續，因此也稱為量子點(Quantum dot)。

　庫倫阻障的理論早在數十年前就已知道，但是因為無法製作奈米級的結構，因此相關的研究只能在極低溫環境進行。1969 年，Lambe 以及 Jaklevic 就探討了單電子結構的量子效應。1980 年代中期，Averin 以及 Likharev 提出單電子電晶體的觀念。1991 年，Fulton 等人製作出可以判讀電子狀態的單電子元件。1993 年，Nakazato 等人製作出可以讀寫的單電子記憶體。同一年，日本日立公司的 Yano 等人利用複晶矽的微小晶粒製作出可以在室溫下工作的單電子記憶體。

　單電子電晶體的工作原理可以用圖十解釋。上圖是基本的構造，中間是奈米尺度的量子點，和左邊的源極電極之間有一層薄絕緣層做為電子穿隧的障礙層，最右邊是控制閘極。當閘極加上正電壓之後，量子點的負電荷被吸引到右邊，在左邊引起等量的正電荷。

如果電場夠強，源極電極的電子會穿過絕緣層進入量子點，帶負電的量子點所產生的強大電場會使得其它電子無法再進來，如下圖所示。這樣的單元稱為單電子盒(single electron box)。

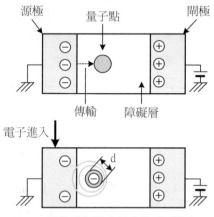

圖十　單電子盒的基本構造。中間是奈米尺度的量子點，和左邊的源極電極之間有一層薄絕緣層做為電子穿隧的障礙層，最右邊是控制閘極。當閘極電壓夠大，電子穿隧進入量子點，庫倫電場會阻止其它電子再進入。[9]

　　如果把傳統金氧半場效應電晶體的通道部份用量子點取代，然後在與源極、汲極之間加上電子穿隧障礙層，就像圖十一的結構。當汲極電壓增加，電子注入量子點之後，因為庫倫阻障效應，其它電子無法再進入量子點，所以不會有電流，直到汲極電壓克服庫倫阻障能量，才會有電流流過。閘極提供了另一種控制電流的機制。當閘極電壓增加，庫倫阻障能量降低，電流開始增加。從另一個角度來說，原來量子點容納的電子數目是 N 個，閘極電壓增加使量子點穩定狀態容納的電子數量增加，如果穩定狀態的電子數目可以是 N

個或 N＋1 個，當源極一個電子進入量子點，電子數量成為 N+1 個，
當電子再從汲極離開，電子數量回到 N 個。這樣的程序不斷進行，
就形成連續的電流。當閘極電壓持續增加，庫倫阻障能量會再增加，
使得電流降低，也就是當穩定的電子數量只能是 N+1 個的時候，其
它的電子又無法進入量子點了。隨著閘極電壓增加，電流會呈現週
期性的增加與降低。因為同一個電晶體就會有電流增加與降低兩種
狀態，可以視為邏輯電路的「零」與「一」。

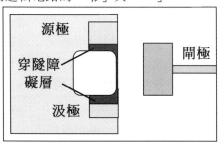

圖十一　單電子電晶體的一種結構。把傳統場效應電晶體的通道部
　　　　份用量子點取代，然後再與源極、汲極之間加上電子穿隧障
　　　　礙層，利用閘極電壓改變電子是否通過量子點。[10]

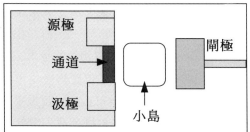

圖十二　單電子電晶體的另一種結構。把量子點埋在傳統場效應電晶
　　　　體的絕緣層中間，利用量子點的庫倫電場改變通道的電阻。
　　　　[10]

單電子電晶體的另一種結構是像圖十二把量子點埋在絕緣層中間。當閘極電壓增加，電子從通道穿隧進入量子點，庫倫阻障電場改變了通道的電位，使得電流降低。這樣的現象也可以作為記憶體，只要一個電子的進出，就可以區分訊號是「零」或「一」。事實上已經有廠商展示了單電子記憶體製作的記憶體晶片，記憶容量可以達到 128Mb，和目前市面上的 DRAM 容量相當。用單電子電晶體也可以達成邏輯運算功能，甚至可以製作多數值的邏輯電路，這使得單電子元件的未來應用充滿潛力。

單電子元件的另一種類形是將四個量子點組合成稱為量子包(quantum cellular automata)的單元。克雷格蘭特（Craig Lent）將四個量子點放成正方形，然後加入兩個額外的電子。因為電子互斥，兩個電子會落在對角的量子點上，可以有圖十三(a)的兩種方式，其中一種定義為邏輯上的「零」，另一種定義為「一」。當兩個量子包靠在一起，兩個量子包的電子互相排斥，會穩定在同一種邏輯狀態。在圖十三(b)，第一個量子包是在「一」的狀態，連續排列的量子包都會是「一」，這就好像導線把訊號從做邊傳遞到右邊一樣，但是整個過程卻完全不需要電流！如果把量子包安排成圖十三(c)的結構，就是一個反相器。最左邊的量子包是「一」，直接相鄰的量子包都會是「一」，右邊數來第三個量子包沒有和那些是「一」的量子包直接相鄰，錯開一個位置的結果使得電子位置轉變成「零」的狀態。在圖十三(d)把量子包排列成 T 形，就可以把訊號幾乎不費力的傳送到不同的地方。圖十三(e)把五個量子包排列成十字形，上、下、左邊的的量子包當成訊號輸入，右邊的量子包當成訊號輸出，當三個輸入訊號都是「一」，輸出訊號也是「一」。在圖十三(f)，有兩個輸入訊號是「零」，輸出訊號就變成「零」。我們把下方的輸入端當成邏輯選擇端，當它是「一」的時候，這個十字結構的輸出訊號是另外

兩個訊號的交集，當邏輯選擇端是「零」的時候，這個結構的輸出訊號是另兩個訊號的聯集。從這個基礎，我們可以設計出各式各樣複雜的邏輯運算功能。

　　單電子元件的核心是奈米尺度的導體，因此不限於金屬球，半導體如矽、砷化鎵等材料都可以。前一小節提到的碳奈米管也已經成功的作爲單電子電晶體，導電分子也可以作爲量子點。單電子元件的優點爲不需要大電流，但是這也是它的缺點-無法產生大電流，這對單電子元件電路與外界溝通是一個困擾。我們期待奈米技術持續發展，可以提高單電子元件的工作溫度，精確控制量子點的大小與位置，也希望能發展出更有創意的訊號處理方式。果眞如此，單電子元件的應用將會非常寬廣。

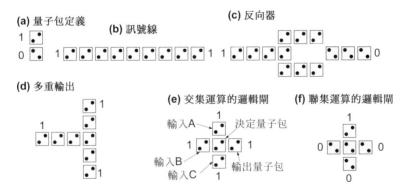

圖十三　由量子包構成的電子元件。(a)邏輯「零」與「一」；(b)訊號線；(c)反相器；(d)多重輸出；(e)交集運算的邏輯閘；(f)聯集運算的邏輯閘。[10]

分子電子元件

　　截至目前爲止，我們所探討的電子元件都是用無機材料製作的，近年的另一個發展是利用有機分子製作奈米電子元件。在第一

個小節介紹的碳奈米管就可以視為一種分子電子元件，但是在最近十年，科學家們還發展出許許多多的分子電子元件，他們具有當作開關、電晶體、記憶體的功能。有機分子的小體積以及可以大量合成的性質，使得分子電子元件有發展成為大型系統的潛力。

　　分子元件的想法最早是在 1974 年由 Aviram 以及 Ratner 提出的分子整流器。1976 年，Fujihira 實際製作出分子發光二極體。1982年，Carter 正式提出分子電子元件的觀念。但是因為矽半導體持續發展，加上缺乏可以分析與控制單一分子的技術，分子電子元件的發展受到非常大的限制。一直到 1990 年代，掃瞄穿隧顯微技術提供了可以操縱單一分子的能力，加上人們開始正視矽半導體元件的極限問題，分子電子元件才受到較多的重視。

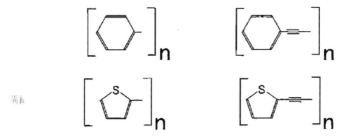

圖十四　　常用來作分子電子元件的苯環分子或是一硫二烯五環分子。[11]

　　分子電子元件是利用在分子結構中加入其它原子、改變分子中的鍵結、或是改變分子鏈的結構等方法來控制分子的電性或磁性的元件。最常見的分子單元是圖十四的苯環分子或是一硫二烯五環分子。要利用分子當電子元件的第一個問題是這樣的單分子會導電嗎？單獨的五環或苯環分子是不會導電的，但是加上一些變化之後，就可以導電了。圖十五以苯環分子為例，苯環分子由六個氫原

子和六個碳原子組成，化學式是 C_6H_6。拿掉一個氫原子之後稱為苯基，可以與其它原子或分子連結。如果拿掉兩個氫原子，成為不飽和苯基，可以連結成很長的分子鏈，這類的分子稱為芳香族。1999年，美國耶魯大學的教授 M. A. Reed 以及他指導的研究生 C. W. Zhou 發現如果苯基之間用碳≡碳三鍵連結，這樣的分子鏈就具有導電能力。實驗發現這個單分子導線的電流密度可以比銅線高一百萬倍！另一方面，RCH_2-CH_2R 形成的分子鏈稱為脂肪族，是不導電的分子，可以作為絕緣體或是電阻器。

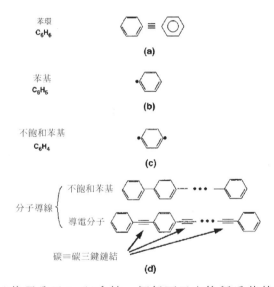

圖十五　(a)苯環分子；　(b)拿掉一個氫原子之後稱為苯基；(c)拿掉兩個氫原子，成為不飽和苯基；(d)苯基之間用碳≡碳三鍵連結成為導電分子。[12]

有了分子導線，如何製作分子二極體呢？經由量子力學的分子

軌域計算，分子學家發現在苯環中加上-NH$_2$, -OH, -CH$_3$等鍵結可以釋放出電子，如果加上-NO$_2$, -CN, -CHO 等鍵結可以釋放出電洞，將這兩種苯環用脂肪族分子連結在一起就可以形成二極體，圖十六是其中一個例子。如果把五個苯環分子用 CH$_2$ 連結成如圖十七的結構，CH$_2$形成電子穿隧的障礙，中間的苯環成為量子點，這樣的結構成為穿隧二極體，其實也是一種單電子元件。

N≡C

C≡N

CH$_2$CH$_2$

H$_3$CO

OCH$_3$

圖十六　分子二極體的一個例子。

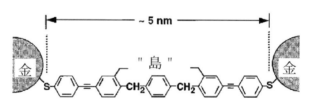

~ 5 nm

"島"

金

金

S—　　—CH$_2$—　　—CH$_2$—　　—S

圖十七　分子穿隧二極體的一個例子。[12]

單分子記憶體的概念是很簡單的，先製作奈米尺度的分子，可以利用電荷儲存、機械形變、化學反應、結構轉變等方式儲存訊號。一個發展中的方法是利用掃瞄探針將電荷注入奈米單分子，電荷將可以在分子中保存數年之久。這樣的記憶容量可以比現有的方法高出一萬倍以上。為了提高訊號存取的速度，可以將探針做成陣列，估計每秒可以讀取十億個資料。我們也可以把奈米分子當成量子點，做成像前一小節介紹的單電子記憶體，就可以結合到分子電路

之中了。

分子電晶體最簡單的形式就是做成單電子電晶體。圖十八是一個例子，元件的中央是用導電分子構成的量子點，源極與汲極也是導電分子，但是和量子點用絕緣分子隔開，絕緣分子扮演穿隧障礙層的角色，閘極和量子點也用絕緣分子隔開，這是不是和圖十一的結構一樣，只是全部是用分子構成的。要用分子元件做成開關也可以利用分子的運動。圖十九是一個分子繼電器的示意圖，利用分子閘極的電場轉動中間的分子，來控制導通的分子導線，這個結構的動作速度可以比現在的中央處理器快一千倍。

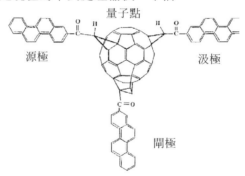

圖十八　分子的單電子電晶體是分子電晶體的一種形式。[11]

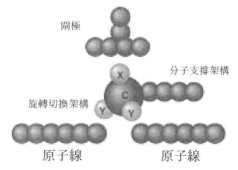

圖十九　分子繼電器的示意圖。[11]

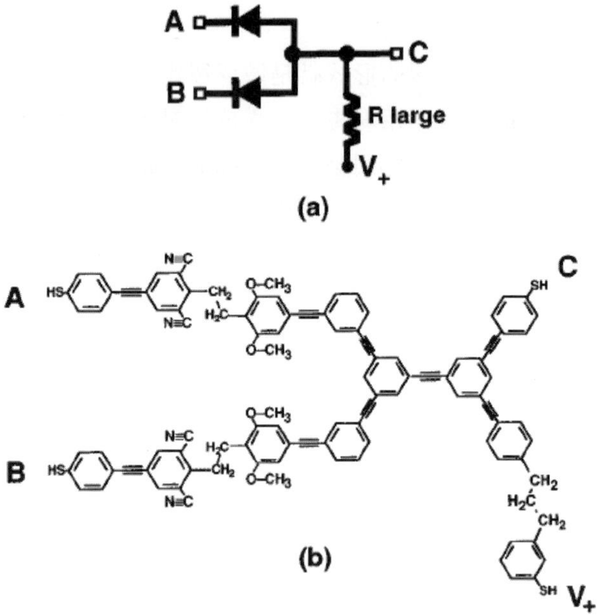

圖二十　一個做聯集運算的分子電路，輸出與輸入端可以用金屬性
　　　　的碳奈米管連接。[12]

　　過去幾年的發展，分子學家也發現了製作磁性分子的技術，這
使得分子元件也可以用電子自旋元件的原理工作。光偵測分子元
件、發光分子元件、單分子感測元件、分子機械元件這些不同種類
的分子元件在過去幾年都陸續被發展出來。隨著奈米操控技術的日
益精進，人類愈來愈可以操縱分子結構以及分子中的原子鍵結，未
來將有更多樣的分子電子元件會出現在我們面前。圖二十是一個做
聯集運算的分子電路，這樣的分子電路可以透過金屬性的碳奈米管
與外界溝通。有點不可思議吧，但是它真的會計算！

● 奈米製造技術介紹
—量測、材料、製造　　　　　　　　林登松

觀察奈米小物體的顯微術---以掃瞄探針式顯微鏡為例

　　在研究奈米尺度的小物體時,當然須要使用極高倍率的顯微鏡來觀察奈米大小的分子、元件。先進的傳統穿透式電子顯微鏡(Transmission Electron Microscope),掃描電子顯微鏡(Scanning Electron Microscope)等也已經可以達到奈米級或奈米以下的解析度。這些電子顯微鏡和光學顯微鏡成像原理相近,光學顯微鏡如要看清楚奈米大小的物體,其使用光波波長就要比奈米短,這麼短波長的光波就是X-光,高強度X-光的產生、其使用的鏡片、對人體安全等都存在許多不易克服的困難。而電子顯微鏡使用電子束的物質波,電子束因為帶電,因此控制電子束的方式就容易很多。這些及其他非常多種顯微鏡技術極為專門,它們的適用對象、時機、與解析度等也須專書才能細說分明,並非本書之重點,因此就不在此贅述。

　　掃瞄探針式顯微鏡(Scanning Probe Microscope)是另一類非常有用的較新型顯微鏡,其原理是使用製成奈米尺寸的微小物性探測器,將探測器裝置在可以精密移動(位移可以控制到遠小於 1 奈米)的三維掃瞄器上,以壓電管製作的掃瞄器帶著這些探針在物體表面上移動,測出表面上(XY平面)各點的物性(比如電子雲密度、磁場大小、靜電荷分佈等),在螢幕上以亮度表示出影像來。掃瞄探針式顯微鏡包含掃瞄磁力顯微鏡、掃瞄原子力顯微鏡、掃瞄電子穿隧效應顯微鏡、掃瞄電位顯微鏡等,應用廣泛,解析度又最高,以下以掃瞄式電子穿隧效應顯微鏡為例說明這類顯微鏡之原理及應用。

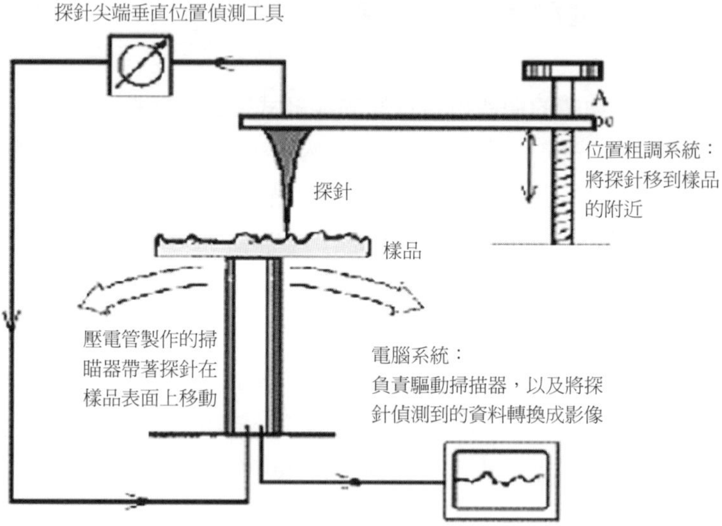

探針尖端垂直位置偵測工具

探針

樣品

位置粗調系統：
將探針移到樣品
的附近

壓電管製作的掃
瞄器帶著探針在
樣品表面上移動

電腦系統：
負責驅動掃描器，以及將探
針偵測到的資料轉換成影像

A

圖二十一　　掃描探針式顯微鏡基本原理

圖二十二　　STM 原子影像圖。圖中每個圓亮球對應一個氯原子，較
　　　　　　亮的球表示氯原子下方是鍺原子，較暗的球下是矽原
　　　　　　子。原子間距是 0.38 奈米。

　　記得在我們唸國中、高中時，物理、化學課裡說我們週遭的任一物質不能無窮盡地分割成無限小，而是由週期表中自然存在的 88 種不能再分割的原子所組成，而原子大小是以埃，即百億分之一米 $(10^{-10}\,m)$ 或十分之一奈米，為單位的。現在，當利用 1982 年 Binnig 和 Rohrer (1986 諾貝爾物理獎得主)發明的掃瞄式電子穿隧效應顯微鏡(Scanning Tunneling Microscope, 以下簡稱 STM)，在實驗室中晶體表面的原子已可以在掃瞄中的細鎢絲探針下清清楚楚地、一顆、一顆地，整齊排列地、真實地顯示在電腦螢幕上，如圖二十二。

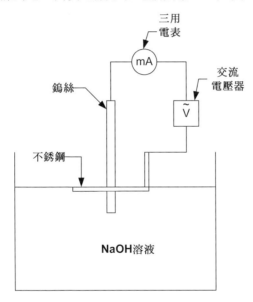

圖二十三　以電解法製作探針頭的裝置

　　STM 顯微鏡使用細金屬針做為原子影像取得的探針頭，為了可以看到原子，探針頭就須要細到一個原子大小，製作這種探針通常使用電解法。首先將直徑約 0.5 mm 的鎢絲截成約 10 mm 的長度，並

且將一不鏽鋼線圈完全沒入濃度為 10%的氫氧化鈉溶液 (NaOH)。其裝置如圖二十三，探針與不鏽鋼線圈是通以約 5 伏特的交流電壓，探針沒入液面下約 1 mm，而不鏽鋼圈的直徑是使用 10cm。剛開始通電壓時，可量測到電流約為 200~300 mA (此電流與溶液濃度和液面下的探針面積有關) 之後液面下的鎢絲尖端就會越來越細，而電流也會越來越小，當電流小到只剩下幾十毫安 (mA) 時，將鎢絲取出並截取適當的長度之後，探針就完成了。

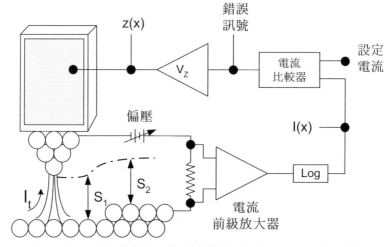

圖二十四　掃瞄式電子穿隧效應顯微鏡 STM 原理示意圖

　　STM 取得原子影像的原理是將裝於壓電管上的細探針靠近導電晶體表面至數個原子距離，當探針與晶體間加上小電壓(小於 3 伏特)時，電子就會越過探針與晶體間的間隙形成所謂的穿隧效應電流，因為這種量子穿隧效應電流大小和探針與晶體間的間隙大小很有關係，比如間隙變大 0.1 nm，穿隧效應電流可以變小達十倍，因此，利用穿隧效應電流為迴饋控制探針位置訊號，就可以將表面上的電

子雲密度高低掃瞄取得,如圖二十四所示。穿隧效應電流 I_t 與探針與晶體間的間隙大小之自然指數成正比,當探針由 x_1 移動到 x_2 位置時,穿隧效應電流因間隙 s_1 減小而增加,迴饋線路因此移動探針往後(z 方向)使穿隧效應電流保持固定。記錄探針在晶體平面上各點(x,y)時之對應 z 方向位置,即可得表面三維原子影像。探針在三維空間中(x,y,z)位置由壓電管上的電壓控制,精確度可達千分之一奈米。

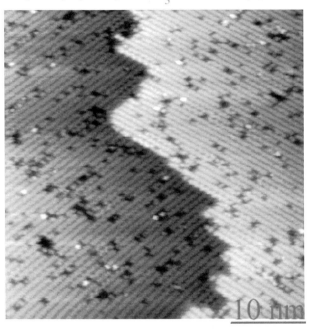

圖二十五　STM 原子影像圖。圖中晶面為 Si(100)-2x1,圖中左右各
　　　　　有一個原子平台,台階高度差為 0.14 nm。局部亮點為
　　　　　PH₃ 分子吸附處,顏色較暗處為原子缺處。

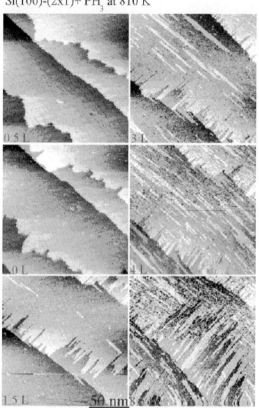

Si(100)-(2x1)+ PH₃ at 810 K

圖二十六　STM 影像集(總共歷時約 30 分鐘)，顯示在 810 K 溫度
　　　　下，矽(100)面暴露於 PH_3 氣時表面生長一層磷原子層的
　　　　過程。

　　目前，我們實驗室較有經驗的領域是氣體分子在表面的吸附與
晶體生長過程。如圖四中 STM 影像顯示一個矽晶體(100)面上原子成
對地排成雙原子排，排間格為 7.84 埃(0.784 nm)，這個晶面的特點
是空格缺陷(相對深色區)很多。這表面在曝露於少量三氫化磷(PH_3)

氣後出現一些在矽雙原子排正上方的亮點，我們由此知道一個 PH_3 分子的吸附鍵結位置。圖二十六影像集(總共歷時約 30 分鐘)則顯示在 810 K 溫度下，矽(100)面暴露於 PH_3 氣時，隨磷原子沉積生長於表面(氫因熱而蒸發)，下緣較不平直的原子層台階(稱 B-類台階) (台階間高度差為一原子大小 0.14 埃)首先向前推進，在 A-類台階(下緣較平直)幾乎被蓋住後，細長原子島開始出現。

STM 也可以用來制作奈米結構，其中一個常用的技術是以在 Si(100)-2×1 矽晶面上曝滿一層氫原子層做為類似一般光阻層的作用，然後在探針上加約 -8 伏特之電壓，使用適當之回饋電流和掃描速度，即可使得針下 Si、H 之間的鍵結受到穿隧電子擊斷，而使氫分子脫附。在圖二十七左邊，所表示的就是 2.7×10^{-13} 比例的台灣全圖；在圖二十七右邊，就是靈活控制探針位置的變化，所"寫"出"交通大學"四個字，每個字約為 40 奈米大小。

(a) (b)

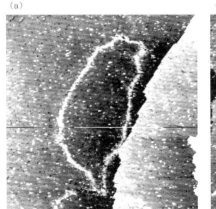 

圖二十七　STM 影像圖，圖中顯示 STM 探針可以在以氫原子層為遮罩的矽晶面上製作線寬在兩奈米左右的任意曲線。

● 奈米材料的製造　　　　　　　　　　曾俊元

　　二十一世紀被認爲是資訊、生物及奈米科技的世紀，而奈米科技是資訊和生物技術進一步發展的基礎。對於新世紀社會經濟和國家安全均有重大的影響，奈米科技已成爲科學與工程上最熱門的研究領域。於 2000 年 1 月美國前總統柯林頓發表的「國家奈米技術計畫」- 領導下一次工業革命。此計畫被列爲美國聯邦政府科技研發的第一優先計畫，爲了加速美國奈米材料和技術的研究，把經費補助由 2.5 億美元增加到 5 億美元，來宣示美國要在二十一世紀初在奈米科技保持或取得領先地位的決心。對於奈米技術的前途和地位問題，美國政府的結論是「積體電路的發現創造了電子資訊時代而奈米技術在整體上對社會的衝擊將超過矽積體電路，因爲它不僅應用在電子科技方面，且可應用到其他很多方面。於產品性能的改進和製造兩方面的發展，將在新世紀引起許多產業革命。另一方面來說，奈米材料和技術領域是知識創新和技術創新的源泉，新定律新原理的發現和新理論的建立給相關基礎科學提供新機會，美國打算在奈米領域的基礎科學研究中獨占"龍頭"地位。」

　　國際上其它如日本與歐洲各工業國亦投下大量資金在奈米材料和科技研究發展上。日本政府在其"二００一年度科學技術振興重點指南"中，把奈米技術列爲研發重點並成立了專門機構，這新設機構主要負責研究和制定日本今後奈米技術研究發展的重點課題以及實行"產官學"聯合推動的具體方針政策；並設立「奈米材料研究中心」，研究課題集中在製造新型電子元件和能源方面。歐洲至少有五十所大學和一百個國家級研究機構進行奈米科技相關研究，而在台灣，目前也積極開始發展奈米科技，政府推動奈米科技成爲我國未來五年高科技產業發展的重點之一，並於今年進行國家型奈米科技計

劃，建構奈米科技的研究環境。根據"自然"雜誌的報導美國已在奈米結構組裝體系和高比表面積奈米顆粒製備與合成領導世界的潮流，在奈米功能塗層設計特性及奈米材料在生物技術方面的應用與歐洲共同體並列世界第一，奈米尺度的元件和奈米固體則與日本不相上下。我國正以六年一百九十二億元新臺幣的經費跨部會的推動奈米科技，期望能提昇我國在這方面的競爭力與影響力。

奈米材料的定義在於材料特徵長度在 100 奈米以下，此長度可以是粒子直徑，晶粒尺寸，鍍層厚度或電子元件中導線的寬度。除了尺寸的限制之外，奈米材料在結構上可以區分為：零維結構(如奈米球形粒子或量子點)，一維結構(如奈米線或奈米棒)和二維結構(如薄膜)三種形式，如圖二十八所示。

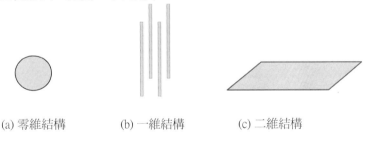

(a) 零維結構　　　　(b) 一維結構　　　　(c) 二維結構

圖二十八　奈米材料的 (a) 零維結構； (b) 一維結構； (c)二維結構

奈米材料可區分為三大類，適當製造方法的選擇依所希望得到的形狀結構而定，第一類的奈米材料包括獨立、基板支持或內崁的奈米粒子，可用物理氣相沉積法、化學氣相沉積法、氣相冷凝、溶凝膠法及沉積法等不同的方法來製造，這些方法各有其缺點與優點，一般來說氣相沉積法可藉反應器中氣體壓力的調整來控制顆粒的形成，可得粒度範圍窄的粒子，但成本高，不適合量產，水熱法合成奈米粒子的優點在於可直接形成氧化物，避免一般液相合成法

需要經過煅燒轉化成氧化物之步驟，且可避免硬結團粉體的產生，但要小心的從高壓釜中解除壓力並要有關於前驅物溶解度之認知。溶膠凝膠法經由水解反應生成溶膠再經聚合反應生成凝膠，可藉簡單的設備得到高純度、超細且粒度大小均勻的奈米粒子，但是前驅物則十分昂貴，交大電子工程系所電子材料實驗室利用此方法成功製作出球形單一大小的二氧化矽奈米粒子(圖二十九所示)和鉍系高溫超導體的奈米粒子(圖三十所示)。熱裂解法可製備成份複雜的多元氧化物且可製造複合物粒子，但生產率相當低且製造成本高。高能球磨法能在低成本下製造大量的奈米粒子，在低溫下可多晶化，但製程時間長且球磨法會帶來污染的問題。

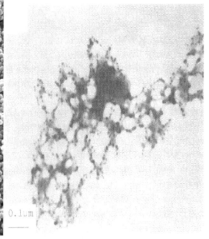

圖二十九　球形單一大小　　　圖三十　鉍系高溫超導體的奈
　　　　　二氧化矽奈米粒子　　　　　　　米粒子

　　氧化物奈米粒子的潛在應用的領域如表一所列，在電子、光電、能源、環保、結構和生物各方面都有廣範圍的應用。

電子、磁性和光電應用	能源、催化和結構應用	生物應用
資料儲存元件	燃料電池	藥物運送
單電子傳輸元件	陶瓷載體	生物磁性阻隔物
化學機械研磨的懸浮液	汽、機車的觸媒擔體	生物偵測與標記
	光觸媒	抗菌
積層陶瓷電容器	推進體	微生物去毒
電導薄層	抗痕薄膜	磁振造影
磁液流體封合	結構陶瓷	對照劑
量子光學元件	熱噴塗層	整形外科

表一　氧化物奈米粒子的可能應用領域

　　第二類的奈米材料為奈米棒或奈米管，主要的製備方法有電弧法，催化裂解法和雷射蒸發法，採用石墨電弧法放電可製作碳奈米管，其成本低但是得到的碳管純度不高。催化裂解法可成功合成多壁碳奈米管，垂直或平行於基板平面的碳管都可以製作出來，催化劑材料的選用對於碳管的成長、缺陷的形成和石墨化的程度有顯著的影響，此法可得高產率、高純度的單壁碳奈米管，但缺點是成本高，前處理步驟複雜，製備溫度高且條件苛刻。雷射蒸發法在室溫可製備單壁碳奈米管，但所得碳管純度低易纏結。由於碳奈米管具有高韌度，高強度，質量輕，可折曲及高導電度等獨特的特性，已嘗試開發應用在微波元件，高儲能性電池，儲氫材料，化學和遺傳學探針，超靈敏感測器和電子元件，場發射顯示器。碳管的重量是銅的六分之一，但是強度卻是一百倍，是超級纖維材料，可用來製作性能優異的複合材料。交通大學電子工程系所電子材料實驗室探

用氣液固相法，在適當的催化金屬奈米粒的使用下，成功的長出氧化鋅奈米棒，如圖三十一所示爲採用自製奈米棒自行組裝成有趣的機器人，這種奈米棒有優良的光學性質，在紫外光的波長範圍有很強的放射光譜，可作爲短波長雷射之用。

圖三十一　交通大學電子工程系所電子材料實驗室採用自製奈米棒自行組裝成有趣的機器人。

　　經設備和製程條件的調控有許多方法可以用來製備第三類的奈米薄膜，主要有物理氣相沉積法，化學氣相沉積法和溶膠凝膠法三大類方法，表二列出這些方法主要的優點與缺點。

　　薄膜的性能與結構和所採用的製備方法與製備過程中的各種製程參數有密切的關係，必須嚴密的控制各種參數，才能獲得期望的性能與結構，達成應用的效果。近年來薄膜製程技術快速的發展，能一層一層或控制組成相的成分梯度來成長積層薄膜，達到厚度，當量化成份和晶粒大小精準控制的目的。

製程	優點	缺點
濺鍍法	在合理的價格下採用多靶的組合，可製備多元複雜材料	不同的濺鍍產出率導致成份變化，步階敷蓋性差
雷射蒸鍍法	有效且快速的薄膜製備方法	有些組成成份的易揮發性導致不均勻的物質流通量，不適用於大面積基板的鍍膜
分子束磊晶	利於製造超晶格的薄膜	設備非常昂貴
有機金屬氣相沉積法	薄膜緻密且有優良的步階敷蓋性，可從事選擇性區域的低溫沉積	反應腔中的化學反應複雜會影響沉積膜的品質
原子有機金屬氣相沉積法	可依晶格的原子排列做層狀沉積排列	個別的原料源的分解機構會影響沉積過程
有機金屬分子束磊晶	適宜超晶格的製作	化學反應複雜，設備昂貴
溶膠凝膠法	便宜可低溫製程，成份易控制，可從事大面積沉積	難於達成優良及均勻步階敷蓋性和選擇性沉積，會因凝膠中難於熱分解成分造成污染

表二　主要奈米薄膜製備法的優缺點

(a)光阻當作沉積材料的模版

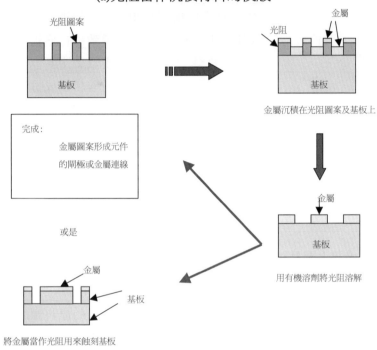

光阻圖案

基板

金屬

光阻

金屬沉積在光阻圖案及基板上

完成:

金屬圖案形成元件
的閘極或金屬連線

金屬

基板

用有機溶劑將光阻溶解

或是

金屬

基板

將金屬當作光阻用來蝕刻基板

(b) 光阻當作蝕刻的光罩

光阻圖案   選擇層

基板

乾式蝕刻

光阻圖案   蝕刻層

基板

圖三十二　(a)採用光阻作為沉積材料的模板；(b)採用光阻當作蝕刻
　　　　　的光罩。

　　奈米領域的材料，元件與系統之製作可分爲二大類，其一爲由上而下(top down)的方式，例如高功能，高記憶密度與高速度的電子元件之奈米線路結構，是利用超高解析度的微影蝕刻製程(包括有上光阻，曝光及顯影，圖形轉移三部分)來形成。圖三十二(a)與(b)分別說明採用光阻作爲沉積材料的模板和光阻當作蝕刻的光罩的由上而下的元件製作過程。另一爲由下而上(bottom up)的製作方式是從原子、分子開始自我排列組裝或使用掃描穿隧式顯微鏡來使原子一個一個的移動，製備出奈米級結構，進而由奈米結構建構出微米結構或再延伸至更大的結構。

　　世界各先進國家，正如火如荼地推展奈米科技，對於奈米材料的製備技術和其新性能的研究和應用發展十分迅速，給相關的基礎與應用科學，如物理、化學、材料、能源、電子、光電、生物和醫藥等，帶來日新月異的進展和重大的影響。隨著奈米科技的發展，產業界也致力於其在傳統產業上的應用，提升傳統產業的附加價值，增加產業競爭力，改善人民的生活。顯而易見，奈米科技將是第四次工業革命的先鋒，對人類社會的發展具有關鍵性影響。

參考文獻

[1]　S. Iijima, Nature, Vol.354, pp.56, 1991.

[2]　D. S. Bethune, et al., Nature, Vol.363, pp.605, 1993.

[3]　S. J. Tans, et al., Nature, Vol.**393**, pp.49, 1998.

[4]　V. Derycke, et al., Nano Lett., Vol.1, No.9, pp.453, 2001.

[5]　G. E.W.Bauer, et al., IEEE Potentials, Feb., pp.6, 2002.

[6]　G. Zorpette, IEEE Spectrum, No.12, pp.30, 2001.

[7]　S. Datta, Appl. Phy. Lett., Vol.56, No.7, pp.665, 1990.

[8]   Th. Gruber, et al., Appl. Phy. Lett., Vol.78, No.8, pp.19, 2001.

[9]   K. Yano, et al., Proceedings of the IEEE, Vol.84, No.4, pp.633, 1999.

[10] Geppert, IEEE Spectrum, No.9, pp.46, 2000.

[11] Y. Wada, Proceedings of the IEEE, Vol.89, No.8, pp.1147, 2001.

[12] J. C. Ellenbogen and J. C. Love, Proceeedings of the IEEE, Vol.88, No.3, pp. 386, 2000.

第四章　奈米資訊通訊控制及光電科技

● 奈米技術於家電產品的發展概觀　　　　謝續平

　　由於奈米科技的發展使得我們能研發更多於不同以往的材料，進而可以將這些材料應用於家電產品上，改善現有傳統的，或非傳統的產品以求突破日前的技術瓶頸，或提供更新穎的功能。簡而言之，奈米科技是在奈米微度上探討物質（例如操縱原子及分子）特性，以及如何去延伸交叉運用這些材料物性或化性的科學技術，以奈米的尺度去操作物體的組成成份，透過這層技術，將為我們帶來更多改變，以及新造物質材料的可能性，但空有新式的奈米材料是不夠的，重要的是許許多多顛覆傳統的創意，才能附與奈米技術更多更新的活力。以下，便介紹一些現今已具相當成熟度的奈米元件及其應用於家電等產品中的發展：

光觸媒（TiO2）

　　觸媒是一種化學物質，當它被激發生活化能量時，即可增進化學反應的加速或延緩達到平衡狀態，光觸媒以波長 300～380nm 的紫外線光作為光化學反應的激發光源，光觸媒利用光提供的能量進行催化反應，使觸媒周圍的水分子及氧氣被轉換成活性的氫氧自由基，藉由氫氧自由基來氧化分解對人類或環境有害的有機物質或淨化水中的無機物質，太陽光是自然界中最好的催化劑、殺菌劑，人造光源被利用為人類日常照明使用，紫外線光被利用在光化學反應上，工業發展上以具有強烈氧化能力，波長為 254nm 的紫外線光作為醫療、生化實驗上的殺菌光源，而二氧化鈦光觸媒可輕易分解有害物質和大氣污染物質，已被做為淨化材料大量使用中。但過去，

如果照不到紫外線則效率大打折扣，因此在室內的用途也因而受到限制。新開發的光觸媒可在白色螢光燈下使用，也提昇了室內使用性的可能。

　　光觸媒的應用很多，例如以高科技奈米微粒熔膠技術，成功開發 TiO2 Anatase 奈米微粒熔膠應用於光觸媒 (TiO2)相關家電產品，如光觸媒環保燈管、光觸媒健康扇、光觸媒冷氣機等，光觸媒環保燈管是利用光觸煤氧化分解的特性，來消除空氣中有害物質，而光觸媒健康扇裝設光觸媒燈管，利用 365 波長 (nm) 的短紫外線光照射於表面鍍上 TiO2 Anatase 奈米微粒熔膠的玻纖套管上，再配合涼風扇能帶動空氣快速循環對流原理，產生直接且快速除臭、殺菌、抑菌的效果。光觸媒燈管具有高廢氣處理能力、殺菌抑菌能力，在清淨空氣安全性比臭氧高，在殺菌安全性上，比 UV 254 高，而光觸媒的應用還不只這樣，因爲具有自我清理特性，應用於室內清潔，飲用水的淨化，醫療院所的殺菌上，可發揮相當的助益。

奈米級陶磁粉末

　　即是把遠紅外線磁石燒解後，利用奈米技術，將之微化成"奈米級遠紅外線陶瓷粉末"，多應用於奈米複合材料的合成焠取，例如在纖維抽絲的過程中，加入能放射遠紅外線的礦石微粒，製造出具有遠紅外線幅射的機能纖維，可以做成促進血液循環，又極具保暖功能的內衣及禦寒外套，而如現在極爲熱門的奈米冰箱，即利用此種纖維混合其它材料織成"遠紅外線襯墊"，將之置於冰箱蔬果保鮮室內，遠紅外線讓水分子產生共振運動，分解水分子，使蔬果維持水分及鮮度。

　　日前引起一番廣大討論的奈米馬桶，便是傳統工業運用奈米科技提昇企業價值最爲成功的一個例子，原理是在製造過程中，於衛

浴設備塗上奈米級釉藥粉末，因其中內含銀離子，而粒子大小只有５０奈，如此釉藥會在設備表面形成一層光滑無比的釉面，而污垢也因附著不住在設備的表面，來達到容易沖洗潔淨的目的，更因添增了銀離子的關係後，而有了高溫抗菌劑的功效。

奈米碳管

奈米碳管(Carbon Nanotube) (CNT)是由 1991 年飯島澄男敎授(Prof. S. Iijima)在 1991 年研究碳 60 結構時所偶然發現的，其爲直徑只有數個到數十奈米(nm)的多層管狀碳材，奈米碳管的分子結構是由二維石墨片捲成三維分子圓管，依合成的技術不同，其直徑範圍在 1 到數百奈米之間，奈米碳管長度可由數百奈米到數百微米，由於具有微小、高強度、高導熱度、高導電度、低消耗功率等特性，除了應用在平面顯示器，電子燈等產品外，在電子元件，光電元件的應用上，潛力無窮，而且進展迅速。

在目前顯示器的發展，由於奈米碳管導電性奇佳，因而被使用來發展更輕，更薄的顯示器，以取代傳統體積龐大的陰極射線管電視，且奈米碳管可將傳統電視或監視器的映像管電子鎗厚度，由目前的 40 公分大大短縮至 3mm 至 4mm，是映像管製程「扁平化」的革命性技術，未來大有取代電子鎗的地位，也是顯示器面板今後一項的主流。

奈米碳管場發射顯示器的原理跟傳統電視的陰極射線管比較接近，簡單來說就是利用無數個奈米碳管尖端放電，以取代傳統陰極射線管中的電子槍，而用來製作顯示器面板的主要元件，奈米碳管發光元件陣列，也具有亮度高、穩定性好、壽命長、功耗低、反應速度快和全彩顯示等優點，是一種非常優秀的大螢幕顯示新技術。

另一項奈米碳管的應用，在於研發高效能的電池，此種電池材

料的關鍵在於使用奈米技術所製造出奈米碳管(Carbon nana tube)的電極,比過去用石墨或一般碳材的電極多了 20%的電力,因奈米碳材的構造比一般碳材更細緻,可大大提高電池化學反應的效率,奈米級碳粉其導電特性優越,在常溫下的內阻幾乎為零,用來取代鋰離子電池內的材料,可突破許多目前電池發展的瓶頸。

奈米級複合材料

奈米級複合材料(Nanocomposites)是複合無基層狀材料與高分子（尼龍、聚苯乙稀、環氧樹脂）材料,將無基層狀材料分散於高分子材料中,當無基層材料顆粒層級愈小,發揮效用愈大,而目前研發的奈米級複合材料分散顆粒徑介於 1nm-100nm,充份發揮分子層級結構特性。

我們可經由調合不同的元素,混合來組成擁有許多特性的奈米複合材料,如此便可應用於不同的需求上,例如奈米級黏土擁有抗高溫的特性,不僅可以經由加工作成防火建材,因其和 ABS 塑鋼材料混合以後,耐火度,遠比傳統 ABS 要高出３０％,應用於家庭電器,更能增強其安全性,運用於汽車的部份鋼板等結構,也能兼顧輕巧與耐度,至於家庭使用的容器,奈米級分子結構的密度,更可使得在容器的飲料有效阻隔空氣防止氧化,進而常保新鮮,在捏合製程的奈米複材,未來將可應用於、耐磨材、汽車資訊家電零組件等,如工研院化工所的奈米複合材料團隊,曾協助南亞塑膠公司電子材料事業部開發低吸濕、高耐熱與尺寸安定性的 Epoxy/Clay Nanocomposite,應用於輕薄短小的銅箔基板,如 PDA 及大哥大手機的應用等,奈米級複合材料的用途廣泛,在此可見一斑。

結語

　　奈米科技是創意與智慧的結晶，而利用奈米科技與生技、資訊、微機電、醫學，通訊業技術結合，則為產業所帶來的新一波工業革命，藉由著奈米材料研發創新與人類創意的結合，勢必將為未來的生活模式帶來更多的可能性。

● 奈米科技在資訊產品上的發展與應用　　謝續平

　　一般使用者對資訊產品的要求不外乎是體積小、處理速度快、儲存容量大以及顯示器的厚度小等等，而利用奈米科技則可完全達到這些使用者的需求，它不但可以把設備的體積縮小，又可以把處理速度和儲存容量提升。奈米科技就是指如何控制與操作奈米尺寸等級的物質，以呈現出新的特性以及其優越的特質，它影響的不只是資訊科技，其他如工程材料、化學、醫學、生物科技、環境、能源、機械、測量、電子科技…等也都受其影響頗深；而奈米科技到底是何如何影響資訊科技的呢？以下我們就會從體積、處理速度和儲存容量三方面來介紹，並提出一些相關的技術。

體積

　　除了奈米碳管外，其他如 DNA 生物技術、量子、分子甚至是原子的技術都被用在晶片的製作上，而這些東西的大小都是屬於奈米等級，因此奈米科技可帶來體積更小的產品是無庸置疑的；除了晶片外，顯示器也隨著奈米碳管的發現而有了進一步的發展，現在最具發展潛力的就屬奈米碳管場發射顯示器 (Carbon Nanotube Field Emission Display；CNT-FED)了，它結合了場發射顯示器（FED）技術和奈米碳管低導通電場、高發射電流密度的特性，讓新一代的顯示器就像是 CRT 扁平化一樣，如此不僅可以保留 CRT 的影像品質，

又同時具有省電及體積薄小之優點，而奈米碳管的低導通電場、高發射電流密度、高穩定性等特性也讓這一種顯示器具成為具低驅動電壓、高發光效率、無視角問題、省電…等優點的新一代平面顯示器。

處理速度

在處理速度方面，單位面積上晶體管的個數可以代表電腦晶片的處理速度，晶體管數量越多則處理速度就越快；1993 年 英代爾公司的 Pentium 處理器使用的是 0.35 微米技術，也就是 350 奈米，一直到 2000 年末，英代爾公司 公布將用最新奈米技術研製 30 奈米晶體管晶片，這稱得上是一個大改變，它將使電腦晶片的處理速度在往後 5 到 10 年內提高到 2000 年的 10 倍，也使得矽晶片的製造技術更趨近於極限，以後是否矽晶片技術會停止成長，而用其他更微小，有更好特性的材料來取代矽，奈米科技扮演者一個非常重要的角色。

儲存容量

在儲存容量上，拿用微米技術生產的光碟片來說，每片光碟儲存容量約為 640MB，而每個儲存光點大小是 0.5 微米，也就是 500 奈米，如果可以將光點直徑縮小為原來的十分之一，50 奈米，那麼密度將可增大 100 倍，一片光碟的容量就可以達到 64GB，若是光點可以小到 5 奈米，甚至是 0.5 奈米，一片光碟的容量就可以有 6.4TB 或是 640TB；而 DVD 光碟片的儲存容量是普通光碟片的 8~16 倍，若能再將光點縮小，儲存容量更是驚人。

相關技術

既然奈米科技是指在奈米尺寸等級的微小世界裏操作、控制物

質，因此各個領域也用不同的微小物質來嘗試其是否也有運算以及儲存的效果，以下就簡單介紹一些相關的技術：

DNA 晶片：DNA 的大小約為 1 奈米，本身就可以是一個運算單元，而且 DNA 的運算速度是很快的，又可以有非常好的平行處理效果，在同一時間可進行數萬億次運算，另外，DNA 也有很大的儲存容量，但目前最難的地方是如何將 DNA 的運算結果及儲存內容數位化輸出。

生物電腦：用蛋白質製造的電腦晶片的儲容量可達到普通電腦的 10 億倍，因為它的一個儲存點只有一個分子大小，屬於奈米等級，在 1mm^2 的晶片裡可以有數億個電路，用蛋白質製成的的晶片大小約是矽晶片的十萬分之一，而且運算速度更快，預計生物電腦裡的元件密度可以達到人類大腦神經元的 100 萬倍，訊息的傳遞速度也會快 100 萬倍。

光子電腦：這個構想主要是想用光子取代電子，做為電腦中的元件，它的優點是速度快，因為用的幾乎就是光速，約可以比矽元件快 1000 倍，而且又不會受電磁場干擾。1900 年美國的貝爾實驗室推出了一台光電腦的雛形，它是靠激光束進入由反射鏡和透鏡組成的陣列來進行資料的處理。光子不需要像電子一樣在導線中流動，而且光線交會時，也不會互相影響，這個特性可以讓光電腦在很小的空間裡就可以有很多的資訊通道，可以大幅縮小電腦的體積。

量子電腦：量子電腦的原理是一種基於原子所具有的特殊物理性質，可以跳脫目前電腦的二位元運算，量子運算可以容忍同時有 0

和 1，而不是傳統的非 0 即 1，它利用了一個原子可以處於不同的能量狀態來代表不同的資訊，這種新的運算組合，稱爲「量子位元」，若有人做出一台 32 量子位元的電腦，那麼運算速度就是目前電腦的 2^{32} 倍。另外也可以用處於量子狀態的粒子的向上和向下自旋來分別代表 0 和 1，與傳統電子計算機不用的是它是同時完成加法，而不是一個個按順序相加，所以可以有強大的運算功能，使用數百個串接原子組成的量子計算機，可以同時進行幾十億次運算，這將適用在許多領域。

單電子電晶體：利用電子的量子效應原理製成的電子晶體稱爲單電子電晶體，主要的特色是只要控制一個電子的運動就可以完成特定的功能，而一般的電晶體約需要 10 萬個電子，控制的是電流的運動，但目前單電子電晶體只能在低溫下工作。

結語

　　隨著奈米科技的發展，我們可以想像以後我們所用的資訊周邊產品體積將變得更小，但速度卻更快，也更省電，或許個人電腦的顯示器會變得只有如護目鏡一般的厚度，而主機只有目前光碟的大小，有了這麼小的體積，要將電腦植入各種日常用品中的可能性也大得多了。

　　然而，奈米技術不只是縮減物體的尺寸，製造出極小的零件而已。一旦物質尺寸小到 1nm~100nm 範圍，古典的物理理論已不再適用，量子效應成爲不可忽視的要素，再加上總表面積因元件縮小而大增，故常會有新的特性產生，例如金的顆粒在 5nm 時熔點從 1063℃下降至 730℃，顏色也由金黃色變成紅色、蓮花表面之奈米結構使污泥無法沾附、與鉛筆筆芯結構類似的奈米碳管強度可以遠高於鋼

鐵，奈米級 TiO_2 導電性數倍於微米級 TiO_2 等等。若這些現象能加以操控、製造及應用，將會對現有技術產生革命性的改變，例如可以做出 0.1μm 以下之半導體、記憶磁性材料尺寸在 30nm 時，每平方釐米記憶容量達 7,000Mbit，為目前的 1,000 倍、可幾近無數次重複使用之鋰電池材料、運算速度達 100,000GHz 以上之電腦等。

　　奈米時代的來臨帶給了我們很大的方便，也解決了不少的問題，但也因為如此，卻也帶來了一些問題，從資訊的角度來看最明顯的就是安全問題了，目前電腦的隱私安全問題大都建立在密碼學之上，一旦電腦的速度大幅提升後，以往即使用超級電腦也要算上幾百萬年的問題，在幾秒中內就可以被算出來，這或許只要加長編碼的長度就可以解決，但也有可能不是那麼容易，所以也會帶動密碼學的進一步發展；總之，奈米科技的興起，影響的可以說是全面的，可以帶來全人類的進步也是肯定的。

● 奈米科技在通訊技術上的應用與發展　　謝續平

　　在資訊通訊的發展這方面，我們追求的目標是通訊的速度愈快、通訊品質愈好、相關產品的功能愈強大、愈多樣化，而且也希望在這些訴求的條件下，能以消費者能接受的低廉花費之內推出在市場上，如此的要求乍看之下似乎很難達到，但由於奈米科技的進展，利用物質縮小到奈米尺寸時所產生的特性，而使資訊通訊的發展產生重大的突破，進而降低了要達到以上所提的目標的困難度。以目前奈米技術對通訊科技的影響來看，奈米光通訊的發展主要可解決網路頻寬不足的問題，奈米電子的發展可加強行動通訊的服務功能，而奈米材料的發展對於改善相關通訊產品的服務品質上則可提供相當大的助益。以下我們就從這三個領域來探討奈米科技對資

訊通訊所帶來的好處。

奈米光通訊

在網路服務愈來愈普及，功能愈來愈強大的情況下，我們需要更大量的頻寬，而發展奈米光通訊就是一個很好的解決之道。隨著線上遊戲、線上會議、隨選視訊(Video on demand)，數位影音傳輸、寬頻無線區域網路(Broadband Wireless LAN)等技術應用迅速發展，提供了許多更方便快速的多媒體服務，使得現今的網路愈來愈不足以提供與日俱增的頻寬需求，因此，需要一種新的方法與技術來解決頻寬不足的問題，而奈米光通訊的技術就符合這樣的需求。光纖網路目前主要用在骨幹網路，然而，若想用光通訊來取代目前常用的寬頻網路技術(cable modem，XDSL 等)，提供一般用戶的寬頻上網，現階段是很難達成的，主要是因為元件的成本太昂貴，因而無法普及。由於奈米級的光子晶體可利用大規模製成，可同時縮小光元件的體積及降低製作成本，因此為光通訊提供了一個可行的方法。

由於使用光子晶體所造出的光通訊元件適合用積體電路的方法來製造且可集成光電元件，如此可大幅降低光通訊元件高昂的成本，光纖通訊將可由現有的長距電信網路、有線電視幹線網路，逐漸擴展至短距離區域資訊網路及用戶迴路端上，讓每一用戶享受到光通訊所帶來巨大頻寬，對於近年內頻寬需求呈現急速的成長提供了一個低成本、快速建置擴充與易於維護之寬頻到家（Fiber to the Home）的方案，解決企業、社區、學校、都會目前頻寬擴充瓶頸的問題，目前已有一些相關技術之研發成果可應用於光纖乙太網路(Optical Ethernet)、同步光網路(Synchronous Optical Network)與光纖通道(Fiber Channel)等光纖網路系統。

奈米電子

　　個人行動通訊所提供的服務愈來愈多，功能愈來愈強大，我們需要發展小巧、功能強大的且價格具有競爭力的晶片，來迎接下一代的手機通訊(3G)的到來，而奈米級晶片就符合這個需求。為了尋求更微小、更快且省能源的電晶體以及因為傳統 IC 細微化逐漸逼近極限，必須尋找新材料、新結構與發展新的製造技術，奈米技術在半導體上的應用發展將可提供重大的突破。以國內目前的發展情況來看，晶片製程是 0.13 微米，未來將導入 90 奈米(0.09 微米)，正式進入奈米級的世界。全新奈米級的新材料，有許多技術方面的問題需面對，但經濟因素才是要克服的難題，90 奈米的技術複雜，成本高不容易在短期間降低價格。

　　美國目前已在計劃用矽鍺電晶體開發通訊晶片，希望能在 90 奈米製程中也加入通訊的功能，功能包括運用高速矽鍺(silicon-germanium)電晶體與「混合訊號」(mixed-signal)電路，可發展出成本更低、速度更快的通訊晶片。

　　矽鍺技術主要做法是把微量的鍺摻入矽中，使元件速度變快，結合了砷化鎵高頻、低功率消耗及矽晶片低成本的優點，結合了矽、鍺的電氣特性，使電路交換速度最多增至四倍，同時享有傳統矽晶低成本和高整合優點。利用矽鍺技術，能大幅提升高速通訊設備的速度並降低電晶體的雜訊。

　　另外，藉由變更類比功能在數位 CMOS 電晶體中的建置模式，可讓通訊晶片發揮摩爾定律在效能、功率、整合度、以及成本上的優勢。這些晶片將有助於發展出單晶片型手持裝置，提供行動電話、無線資料網路、以及「個人區域網路(PAN)」等類型的服務，以及開發出體積更小、成本更低的網路基礎建設設備。

奈米電池與通訊

奈米材料的發明，不僅對傳統產業有著極大的衝擊，如奈米馬桶、奈米衣、奈米化妝品…等，對於資訊通訊產業也有影響，如燃料電池的奈米化。早在 1960 年代燃料電池是用來做為太空艙的電力，近來主要是用在建築物的電力，但由於奈米科技的發展，我們利用一些奈米特性，如奈米級儲能材料的高活性、大表面積(200-2000m2/g)、自我組裝(1~3nm 活性觸媒)、超晶粒特性(10~30 nano structure)及特殊光電效應等特性，提供優於目前電池能量數倍之高能量密度儲電系統，這將是 21 世紀版的大容量電池。

至於要如何利用奈米特性來製作奈米燃料電池呢?燃料電池產生電的主要原理，是燃料和觸媒起化學變化，產生氫離子放出電子產生電流，我們要用的就是這個電流。只是，目前的燃料電池效率很低，如果要供應相同的電流，體積會比目前使用的電池大上三、五倍，所以，在體積不增加的情況下，燃料電池必須要放更多的觸媒，才能產生更多的電流。因為它裡面的觸媒效率不夠，無法讓燃料的效率百分之百發揮，現在的效率只發揮到五%，如果效率能增加到三十%、四十%，那體積就可以縮到現在的三分之一、四分之一，那就可以放到手機裡。這涉及到奈米的超微小技術。如果可以把奈米碳管編織成一張立體的大網，讓更多觸媒散佈在這張網子上，這樣，觸媒的表面積就會大上好幾倍。

奈米燃料電池可使得手機可連續一個月以上不需充電，或者使用筆記型電腦一整天，如此帶來的便利性可想而知，不必再擔心手機何時要充電，講重要事情時又沒電了，出外工作或旅遊要帶著充電器，而且可能因為電壓不同或根本沒有插座，連充電都不行。而且在未來 3G 的手機市場，需要更高的電力來傳送更多資料，大家可能會花更多時間在上面找餐廳或是商店資訊，甚至是下載資料。

　　不只奈米燃料電池，由於奈米材料的發展，對通訊產品還有許多多的應用。例如國內也發展出奈米氧化鋅材料，供應無線通訊產品的電感零件做應用，以節省原有的成本及增加其電感值，使無線通訊避免訊號衰竭、雜訊干擾的問題產生；還有把奈米技術加上光觸媒原理、抗靜電原理可製成防電磁波手機外殼，讓在乎電磁波對身體健康帶來的影響的手機使用者也能放心地使用手機等，都是奈米材料在資訊通訊方面很好的應用。

結語

　　我們可以了解奈米科技對於資訊通訊控制的發展有許多重大的影響，不論是通訊的速度、通訊的品質、相關產品的功能各方面，都已有相當的研究成果，且難得的是能應用在實際生活中。隨著奈米科技不斷的發展，在光電、電子、材料等領域未來也會產生了許多新的技術，以及人們發揮想像力，把一些新的技術應用在實際生活中通訊產品上，增加了通訊的便利性，也拉近了人的距離，天涯若比鄰的情況指日可待。

● 奈米機器人與奈米機電工程　　　　林進燈

　　奈米機器人學（Nanorobotics）之研究主題包括（1）建立奈米尺寸的機器人或由奈米元件所組成的微米尺寸機器人，（2）一群大量奈米機器人的協調控制，及（3）奈米機器人或一般奈米裝置（Nanodevice）的操控與組裝。近年來世界各地對於奈米機器人的研究興趣急速上升，有不少研究報告及成果在國際會議中發表。這股研究熱潮加上目前許多奈米科技的創新成果已顯示奈米機器人將不再只是存在科幻小說中了。由於奈米機器人的整體大小與生物細胞

及細胞器官相當，使得它在生物醫學及微組織環境監測有很大的應用潛力。例如一群奈米機器人可以進入人體內部，在人體的血液、淋巴液等循環系統中遊走巡邏以隨時偵測並消滅群聚的病原體。這類的應用將產生所謂的可程式化免疫系統，而使得目前以治療為主的醫療方式將轉為以預防為主，這將是人類醫療體系的時代轉變。另外，奈米機器人也可以進入細胞進行細胞修護工作，監視空氣中或水裡的有害微組織，或組成可程式化控制的智慧型表面以使得物體（如衣服）可隨時改變粗糙度、摩擦力等。至於微米級大小的機器人感知及致動器更可促進與實體世界中各種大小尺寸之物體藕合的智慧資訊網絡（Physically-Coupled Scalable Information Infrastructure---PSCII）的建構。很多研究者相信這種 PSCII 網絡將是目前影響全人類生活巨大的網際網路的下一代進展。這種新一代的智慧資訊網際網路將串接散佈於各地，成千上萬的奈米機器人，以感測、處理資訊並隨即採取行動。奈米機器人是奈米機電（nanoelectromechanical systems---NEMS）的一個重要領域。奈米機電將更超越目前已有龐大工業產值之微機電（microelectromechanical systems---MEMS），而成為微細化工程的尖兵。

奈米機器人之基本功能、單元

各種尺寸大小的機器人，包括大如目前汽車裝配廠使用的機器臂，家用機器人及小如本文所介紹的奈米機器人之一系列共同主要功能單元包括感測、控制、致動、能量、通訊及程式協調監管等。事實上，自然演化已使得微小生物體（如細胞）具備這些功能。以下我們將藉由這些微小生物體的觀察來瞭解奈米機器人在上述各功能單元的設計及將遭遇的問題。

感知器

一般的大型機器人常利用如超音波、影像視覺等感知器來協助其瞭解周遭的環境。這些感知器通常不需要與被測物體接觸。而在生物世界中，一些細菌使用可以感受磁場或光刺激的感知器，但更通常它們利用分子轉換機構來感測化學物濃度。這種化學感知器需要細菌的感受單元與化學物質的直接接觸。在奈米機器人的研究中，利用顯微鏡懸臂（microscopic cantilever）的化學奈米感知器及利用掃瞄探針顯微鏡（Scanning Probe Microscopes---SPM）原理的力奈米感知器已有初步成果。另外，亦有奈米感知器可以偵測奈米碳管於一種特殊氣體中導電性的變化。我們將於後面再介紹這種奈米機器人的基本組成元件---奈米碳管。

致動器

致動器或可稱為「奈米馬達」。在過去數年中，「分子機器（molecular machine）」的設計與化學合成技術已有顯著的進展，其大小約數奈米。這些機器有些是單分子，有些是多個分子互連形成，且都能達到原子定位精度。當電能、光能或化學能加入分子機器後，便會造成它們的運動。然而化學能量較不方便，由於其不易控制開或關，而導致機器一直運轉直到「化學燃料」消耗殆盡，並產生許多不需要的物質必須被排除。目前分子機器的二個成功雛形為由光能驅動的微小有機分子：分子線性馬達及分子旋轉馬達。當適當可見光波長的光粒子照射在這些分子馬達上時，其轉子將會繞著或沿著其定子進行旋轉或直線運動。另外一類奈米致動器為生物馬達（biological motor---Biomotor）。生物馬達的大小約數十奈米，較前述的分子馬達稍大些。生物馬達採用生物物質為材料，例如利用二種不同型態的 DNA 間的轉換或利用當特定 DNA 引入液體中所產生

的開、關現象作爲動力源。由於生物馬達已成功的附著在物體表面，目前它們較分子馬達更接近於實際應用。除了分子馬達與生物馬達外，還有一些基於微機電技術製造的較大（約數百奈米）致動器被成功研發，但嚴格來說，這些都不是奈米元件。

推進器

　　奈米機器人在流體（液體或空氣）中游動或飛行似乎比在平面上行走或爬行更有趣，由於流體中較易存在奈米大小的物體。大部分的細菌即存在於流體中。當細菌或奈米機器人在流體中活動時，與魚兒在水中游行的情況大爲不同，而有許多與人類直觀相反的情況。例如，在這種場合中，慣量幾乎可忽略而所有動量皆由摩擦力控制，動量是可逆的，「沿岸航行」是不可能的，無法利用對稱划行來進行推進動作，噴射推動亦不可行等等。在這"黏稠"的流體中，細菌是靠纖毛或鞭毛來運動的。事實上，在室溫下很細微的物體在流體中會產生熱擾動或摩擦碰撞，因而產生隨機運動或擴散。換言之，奈米級的物體，如用於傳遞化學訊號的分子，並非是被推進器推動，而是靠擴散的。已有研究顯示，尺寸小於 600 奈米的物體無法用推進器驅動。嘗試推動或拉動如此細小的物體都非常沒效率，而常受制於各種摩擦力所導致的隨機路徑變化。在這種情況下，擴散是最佳的策略。從另一角度而言，利用推進器驅動的奈米機器人其大小應在"微米級"。如此大小的機器人正好是目前研究者所鎖定由許多奈米元件組裝成複雜多功能奈米機器人的尺寸。

控制器

　　在如於汽車裝配廠的大型機器人內，其控制器大多爲複雜的電腦。明顯的，在最近的將來中，我們不太可能在奈米機器人中裝置

如此複雜度相當的電腦系統。然而我們可以利用目前發展迅速的奈米電子（nanoelectronic）技術來設計相當基礎的控制系統以讓奈米機器人產生有趣的行為。例如在一個光導引的機器人中有二個光感知器及二個馬達直接控制機器人的輪子；左邊的光感知器連到右輪的馬達而右邊的光感知器連到左輪的馬達。如此，當左邊光感知器感測到較強的光線，則右側的輪子將被驅動得快轉些，使得機器人往光強的方向前進。細菌的運動模式則為奈米機器人提供另一種簡單的行為控制系統架構。例如大腸菌的運動是由一系列的「前進」及「滾動」構成。「前進」呈現一種近似直線的運動，而「滾動」則是細菌本體的隨機轉向。一個大腸菌通常會前進一段時間後停下並滾動，而隨機轉到另一個方向後再繼續前進。大腸菌有一套控制機制驅使它們移向營養物密集的地方。細菌內有能感知營養物的化學感知器，藉此大腸菌在每一個「前進」運動中會同時參考幾次的營養物感測值以瞭解周遭營養物濃度的變化狀況。若是濃度增加，則細菌進行一次「前進」的時間會比一般長一些，反之則會縮短「前進」時間，而令「滾動」頻繁些。由於細菌的「滾動」皆是隨機，而其本身並不知道正確的方向，所以「滾動」的頻率高低只是用於引導隨機行走的趨勢，而如此即足夠促使大腸菌移往營養物密度高的地方。隨機「滾動」確實使得大腸菌遠離營養貧乏區，甚或跳離營養物密度的區域最小點。像大腸菌般僅利用區域資訊進行隨機行進的微細控制，很值得奈米機器人的運動控制參考。

通訊

　　由於收發天線尺寸的限制，一般如聲、光、電之通訊界面很難被利用於奈米機器人間的資訊交換。在自然界裡，蜜蜂是藉由跳舞進行通訊，螞蟻藉由釋放化學物以改變環境而進行通訊，而細菌亦

是藉由釋放化學物來通知附近同類細菌的數量。舉例而言，細菌的「法定人數」通報系統是採取一個非常簡單的策略。即是每一個細菌散發出定量的化學物，藉由探測化學物濃度即可輕易的彼此知道鄰近區域內同類細菌的個數。另外，許多如細胞之微小物體間的通訊皆是利用化學程序，經由分子辨識機制所完成的。這些生物界的通訊方式都很值得奈米機器人群間的通訊模式參考。

程式協調機制

　　單一個奈米機器人的能力相當有限，但若結聚一群奈米機器人將可產生所期望的系統層次能力。因此一群奈米機器人系統的整體協調機制是一個重要的研究課題。可以瞭解的是由於奈米機器人系統的尺寸、數量及動態模式的奇特性，一般的中央協調機制及所有系統狀態統一掌控的協調機制在奈米機器人的系統中將無法適用。相反的，在奈米機器人的世界中，分散式及僅基於區域性（週遭）資訊的協調控管機制將是必需的。在自然界中，我們發現大量細胞或微生物間有許多有效的協調機制。例如細菌展示非常簡單、有限的協調行為，螞蟻利用非常精巧的「程式」（螞蟻演算法），而人類的免疫系統更採用一種極度複雜的協調及化學信號通報模式。這當中還有許多機制是人類目前尚未瞭解，而有待進一步研究的。因此程式化奈米機器人系統之協調操控是一個橫跨電腦資訊、感知／致動網絡（PCSII），分散式機器人及生物群聚智慧的研究領域。

奈米機器人之元件加工

　　奈米機器人是一種智慧型的奈米裝置（nanodevice），其基礎組成原料為奈米碳管（carbon nanotube---CNT）。經過操控奈米等級的原子生產出來的新原料，最有可能取代矽在半導體地位的，當推奈

米碳管。奈米碳管是一個奈米尺寸的圓筒型碳管，特性是抗拉強度是不銹鋼的一百倍，彈性極佳，變折九十度仍不會斷（一般碳纖維管折九十度即會斷裂），導電性、導熱性都強。利用奈米碳管將可製作每條電線將只有單一分子的微小電路。這些小小電路格網將可替代矽晶片，製造出威力更強大、外形更精巧的電腦和記憶體設備。該格網都是由碳奈米管組成，而且格網幾乎都是自行建構而成，只要施加微弱的電場，就能讓它們立定就位。他們將碳管分散在有機溶液之中。每單一分子的碳管都多少與其他碳管相連，形成一條碳奈米管索。單一繩索有 6~20 奈米厚，2 萬奈米長，並且充滿了電。對矽晶圓施加電場，研究人員就能讓碳奈米管以平行電場的方向吸附在晶圓表面。接著，在垂直於先前電場的方向施加另一電場，就能產生另一個垂直於先前碳管的繩索。這些繩索之間會維持固定的距離，因其所帶的電荷會讓彼此排斥而產生平衡。研究人員就是利用這個斥力來調整網格的間隙。

　　奈米碳管除了可用於製作奈米電路外，更可以用於建構複雜的奈米裝置進而建立奈米機電系統（NEMS）。要達到這個目標，我們必需能掌握單獨操控（如定位）個別奈米碳管並對其精確加工的技術，進而進行奈米裝置（如奈米機器人）的組裝，就如同組裝一部汽車。由於如掃瞄探針顯微鏡（SPM）及原子力探針顯微鏡（Atomic Force Microscope---AFM）的發明，如此奈米加工及組裝技術已是相當可行。一個奈米裝置操控系統通常需包含（1）奈米操控器以為定位裝置，（2）某種顯微鏡以為「眼睛」，（3）各種如奈米懸臂或奈米鑷子的終端抓取器以為「手指」，及（4）各式各樣的力、位移、觸感、張力等感知器來協助操控器或協助瞭解被加工物件的特色。

　　我們首先介紹奈米碳管的二維操控。如圖一所示，如此的操控可利用原子力探針（Probe）顯微鏡（AFM）原理直接接觸並擠壓置

於基體（substrate）表面上的奈米碳管來達成。從圖一（a）所示的起始狀態開始，利用奈米探針以不同力量推擠奈米碳管的不同點將可產生如圖一（b）及（c）的不同變形，或是如圖（d）將奈米碳管切斷為二，或如圖一（d）及（e）所示的令奈米碳管滾動或滑動。

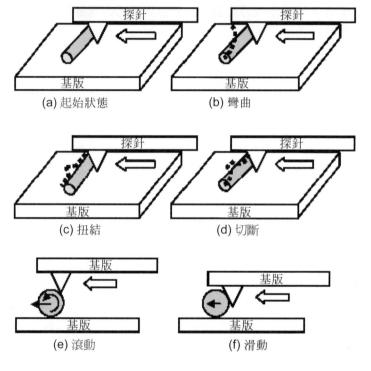

(a) 起始狀態 　　(b) 彎曲

(c) 扭結 　　(d) 切斷

(e) 滾動 　　(f) 滑動

圖一　奈米碳管的二維操控與加工([1])

　　奈米碳管的三維操控及加工技術對於組裝奈米機構（如奈米機器人）將非常重要。基本步驟是從奈米碳管堆（soot）中撿取一根根單一奈米碳管，這可由在奈米探針（Probe）及基體（substrate）間建立一個非均勻電場來達成。如此針對奈米碳管在垂直面的不同程度

施力將可導致奈米碳管呈現如圖二（a）及（b）所示之不同程度變形，甚至如圖二（c）所示的拉長/折斷，或如圖二（d）所示之兩根奈米碳管的垂直擠壓及連接。如圖一及圖二所示的二維或三維奈米碳管掌控與加工將是利用奈米碳管建構奈米裝置及奈米機器人的根基。

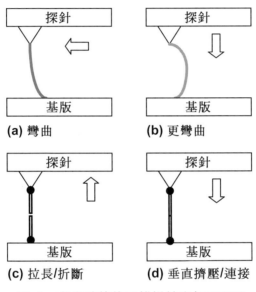

圖二　奈米碳管的三維操控與加工([1])

奈米機器人操控及組裝系統實例

　　日本名古屋大學的微系統工程系 Fukuda 教授實驗室已研發出一個奈米機器人操控與組裝雛形系統。以下我們將對該系統及其初期實驗成果做一簡介。圖三所示為一個奈米機器人的操控及組裝器。這個系統包括一個奈米級的定位機制（解析度達次奈米級）、共16個自由度、7個奈米馬達、4個原子力探針顯微鏡（AFM）懸臂、及相對夠大的工作空間（18毫米×18毫米×12毫米×360度）。當

中的 AFM 懸臂可作爲末端抓取器，亦可作爲感測器。圖三所示的系
統可用於前面所述的奈米碳管之二維及三維操控及組裝，可視爲奈
米裝置及奈米機器人的組配工廠。

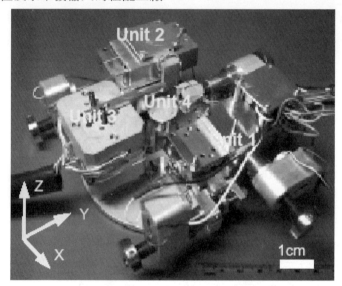

圖三　日本名古屋大學微系統實驗室之奈米機器人操控及組裝系統
　　　實體

結語

　　奈米機器人學是一個剛興起及橫跨電腦、化學、物理、材料、
生物、控制、電子等多重領域的研究領域。很少有人可以同時精通
這些領域，因此不同領域之合作團隊組合對奈米機器人研發是絕對
必要的。奈米機器人及奈米機電（NAME）系統的建立，目前仍在
其嬰兒期。然而由於近幾年生物馬達及奈米機器技術的突飛猛進，
在不久的將來我們將目睹高複雜度之完整奈米機器人從實驗室被製
造出來。同時如何連接奈米機器人與巨觀世界的奈米合成系統亦將

是未來在奈米機器人研究的重要挑戰。

● 生物晶片—蛋白質記憶體　　　　　　施育全

　　生物晶片是近幾年來相當受到矚目的一個研究領域，不過何謂生物晶片到目前為止似乎還沒有一個非常明確的定義。目前所謂的生物晶片大多是指已經廣泛使用在微陣列晶片(microarray)以及應用在檢測方面的蛋白質晶片等生物感測器(biosensor)，其實和一般晶片所指的矽晶片並沒有太大的直接性關連。而我們研究生物晶片的目標，則是希望從不同的角度切入，設計出將生物性物質和矽晶片直接結合的生物電子元件(bioelectronics device)。

　　利用生物與電子元件的結合，是當今的世界潮流。然而生物性物質會遭到目前矽晶片技術製造技術的破壞，欲使兩者結合在一起，透過導線直接連結的方式目前仍不可行，因此必須藉由一些物理方式來傳遞。我們曾經考慮過光、熱、酸鹼性變化等等的方法，經過評估後，透過光來傳遞資訊是較可行的方式。在資料蒐集的過程中，我們發現細菌視紫紅質(bacteriorhodopsin)[11]這種蛋白質具有吸收光能後會改變構型的特性，而且除了構型的改變外，它的吸收光譜也會因此而變化。由此特性，我們可以藉由光線改變它的構型、並從吸收光譜確認它的狀態。這代表著我們可以利用光線對細菌視紫紅質做寫入、讀取的動作。而且這種蛋白質有著穩定的性質，所利用的兩種狀態，皆可長時間存在。若是能利用這種性質將資料寫入蛋白質，即使遭遇斷電等情形，資料也不會因此而消失，這種性質表示這將是一種非揮發性記憶體(non-volatile memory)。經過大略的估計，以這樣的方式在每單位面積上可達成的記憶密度將高於現有的動態存取記憶體(DRAM)，因此可以利用它做出高容量密度的記

憶體。

　　由於過去幾乎完全沒有在這一方面的經驗，因此在一開始我們就遭遇到了不少問題。究竟該選擇什麼樣的生物性物質？而所選擇的生物物質和矽晶片兩者之間如何交互作用？在半導體製程中的高溫以及極端的 pH 值環境下，生物性物質和矽晶片(silicon chip)又如何結合？以及設計出來的元件的功能？以上種種的問題都並不是那麼容易回答。因此研究開始的那段時期，我們花了相當多的時間在尋找資料。從去氧核塘核酸計算(DNA computing)、去氧核糖核酸偵測(DNA detector)、蛋白質生物感測器(protein biosensor)等各個主題我們都收集了不少的資料，而在其中引起我們的注意的則是關於細菌視紫紅質方面的研究。

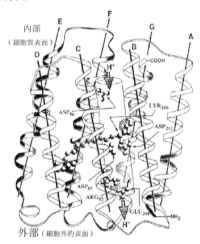

圖四　細菌視紫紅質結構圖[11]

　　細菌視紫紅質如圖四所示，是在嗜鹽細菌(Halobacterium Salinarium)細胞膜上的一種膜蛋白。其功能是以光能為動力，將氫離子轉移至細胞膜外，造成細胞膜內外之間的質子變化度(proton

gradient)，並以此做為將 ADP 轉換為 ATP 的動能，使得嗜鹽細菌在
缺氧環境無法行呼吸作用的情況下，依然能以日光作為能量來源。
過去三十年中，在生化方面的研究，對於細菌視紫紅質已經有了相
當程度的瞭解。其結構類似人類眼球網膜內之視紫紅質(rhodopsin)，
一共由 248 個氨基酸組成，分子量為 26000 道耳吞（Dalton）左右，
大小約 40Å×40Å×50Å (Å = 10^{-10}m)。而細菌視紫紅質最獨特的性質，
就是受到光線照射之後所進行的光週期(photocycle)。

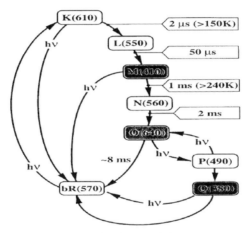

圖五　細菌視紫紅質狀態圖[11]

　　一般的狀態下，細菌視紫紅質是處於稱為 bR 的穩定態(stable
state)，此時細菌視紫紅質裡的視網膜群(retinal group)為 trans 構型。
在受到綠光波段 (550nm, 1nm=10^{-9}m)光線的刺激後，細菌視紫紅質
中的視網膜群的 C_{11} 會產生 trans-to-cis 的構型改變，讓細菌視紫紅質
從 bR 轉換至 K 狀態。而在 K 狀態時，cis 構型的能量較高，較為不
安定，因此視網膜會再次產生構型上的改變。經由熱驅動(thermally

driven)的放鬆過程(relaxation process)，細菌視紫紅質會繼續轉換至
L、M、O 等中間狀態(intermediate state)，直到重新回到能量低點的
bR 狀態如圖五所示。

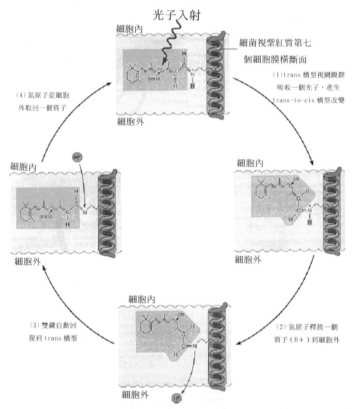

圖六　細菌視紫紅質再次被紅光波段(625nm)的光線所照射的狀態
　　　圖[12]

　而從 bR 狀態轉換至 K 狀態，最後再次回到 bR 狀態，這樣的過

程即被稱爲光週期(photocycle)。而整個放鬆(relaxation)的的週期大約爲 8ms (1m=10^{-3})。值得注意的是，如果在 O 狀態的階段，細菌視紫紅質再次被紅光波段(625nm)的光線所照射，則細菌視紫紅質將不會回到 bR 狀態，而是經由光週期的分支，進入另一稱爲 Q 的穩定狀態如圖六所示。

我們可將 bR 狀態設爲邏輯(logic) 0、Q 狀態設爲邏輯 1。先以 550nm 的綠光照射，將細菌視紫紅質從 bR 狀態激發至 K 狀態，2ms 左右之後細菌視紫紅質就會進入在光週期分支點上的 O 狀態。在此時若不照射紅光，則細菌視紫紅質將會再次循著主週期回到 bR 狀態 (logic 0)；若在 O 狀態時以 625nm 的紅光照射，則細菌視紫紅質將被再次激發，最後進入 Q 狀態 (logic 1)。因此在 O 狀態時是否照射紅光，即爲決定是否寫入資料的步驟。

簡而言之,利用細菌視紫紅質的光週期性質以及 bR 和 Q 兩個穩定狀態，並藉由控制紅綠兩光源的照射，使細菌視紫紅質在 bR 與 Q 兩個穩定狀態之間轉換，就可達到寫入資料的效果。

由於細菌視紫紅質在各個狀態上構型皆不同，因此細菌視紫紅質在每個狀態上皆有不同的吸收光譜。BR 狀態在吸收光譜上的最大值是 570nm 左右，而 Q 狀態之吸收光譜上的最大值則是在 380nm。相較之下，Q 狀態在吸收光譜的最大值上有相當大的 blue 反應。因此，藉由吸收光譜的不同，我們即可讀出細菌視紫紅質所在的狀態。

由之前的研究報告指出，倘若能提供細菌視紫紅質一個適合且不變的環境，它將能保持在 Q 狀態相當久的時間。再加上有了「寫

入」,「清除」,「讀取」的功能之後,這樣的蛋白質就具備了記憶體
的性質了如圖七所示。

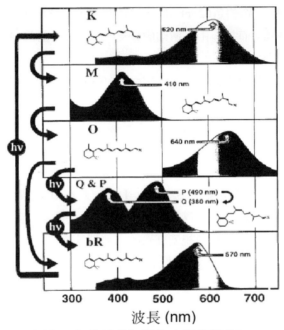

波長 (nm)

圖七　細菌視紫紅質的光週期變化[11]

　　而 Q 狀態之所以如此的穩定,主要原因是其結構上的 9-*cis* 視網
膜群,和 bR 狀態(all-*trans*)有著高達 40 kcal/mole 的能量障礙(energy
barrier)。因此倘若要進行消除(Erase)的動作,必須用很強之藍光照射
蛋白質,使其跨過能障,回到 bR 狀態。

　　細菌視紫紅質單一分子可進行 10^6 次以上的光週期,而狀態之間
轉換的量子效率(quantum efficiency)也相當高(>0.65)。同時細菌視紫
紅質也相當的穩定,在 80℃以下,pH 值在 3 到 10 之間這樣的環境
下皆可維持活性。而這些性質,也進一步的讓細菌視紫紅質記憶體

元件(bacteriorhodopsin-based memory device)實現的可能性大為提高。目前細菌視紫紅質在光記憶體(optical memory)這方面已經有了部份的研究,但尚未進入到實用的階段。同時目前的研究仍然使用氦氖雷射並配合一些透鏡來照射細菌視紫紅質,在整體的體積上仍然十分龐大。未來的目標則是希望結合半導體雷射等電光技術(electro-optics technology),設計出以細菌視紫紅質為主的記憶體晶片(memory chip)。

● 後奈米時代的通訊:量子通訊　呂忠津、蘇育德

通訊工程的任務在於資訊(Information)的傳輸、儲存與讀取[13]。將資訊(語音、影像、數據等等)從一點傳到另一點,資訊若是不動產,無法移動、傳輸、存取,就再也不成為資訊了。我們希望傳輸的速度愈快愈好,同時,我們也要求收到的資訊失真的程度愈小愈好,而且儘量讓不應該收到的人不能收到或收到的資訊是不正確的。一個通訊系統用到電腦,因為我們必須將要傳送的資訊加以適當的前置處理,也要將收到的信號(資訊)做整理、分類……等等。因此,電腦工作速度愈快,我們的通訊速度也會跟著加快。另一方面,我們要將資訊在某種物理環境(光纖、電線、電纜、太空或空氣)中傳遞,必須將這資訊轉換成可以在這些環境中行進的物理形式;要將資訊轉換成適當的物理量,我們通常需要一些電子電路來實現。這些電子電路目前都是用積體電路的形式來製造,積體電路的元件愈小,單位面積所能容納的元件愈多,我們就能從事愈複雜、愈快速的資訊處理,也能產生愈快速、愈大量的資訊信號。

工程科學都是基礎物理理論的應用,通訊工程也不例外。二十世紀的通訊主要是奠基於偉大的十九世紀蘇格蘭物理學家詹姆士麥

克斯威爾（James Clerk Maxwell）所創立的電磁理論。目前的主要通訊方式無論是無線、有線或光通訊，皆是利用不同型式的電磁波來攜帶資訊，因此我們需要「電」路、「電」晶體來實現，通訊工程也因此又叫「電」機通「信」工程。二十世紀最重要的科學成就之一，量子力學在通訊、資訊上的應用，主要是間接的透過半導體，雷射等元件。這些元件或者負責將資訊轉換成光、電的形式，或者負責資訊的處理、計算，量子效應是集體的、巨觀的。將量子力學應用到個別的原子、電子等的可能性，則是近十年來才逐漸興起的研究領域。這些年來的研究，我們發現了量子力學、相對論跟二十世紀的另一項偉大的成就-消息論（Information Theory）—即探討通訊工程極限的理論—之結合將會對現有通訊型態產生基本的改變。所謂的量子通訊、量子編碼、量子密碼與量子計算若能實現，人類的社會將完全改觀（你能想像全台灣所有圖書館的所有藏書內容能在一秒鐘之內傳送完畢，可以儲存在你的手機型電腦上的結果嗎？）。

　　量子通訊的另一動力來自於半導體元件的進步（微小化），元件不斷縮小，使得計算、通訊的能力一直在增加，奈米的技術能將基本的電晶體縮小到次微米（小於百萬分之一米），但是不久就會到達極限，當電晶體的尺寸小到只有幾十個奈米時，量子效應將起明顯的作用，使得電晶體無法運作。在這樣的尺寸下基本電子元件的架構將與現有的架構完全不同，但我們預期它們應用在通訊或資訊的方式跟目前相差不會太大，可稱為奈米（古典）通訊或奈米（古典）計算。但是，就如前段所提到的，科學家發現，假如我們完全拋棄古典（即非量子的）的架構，重新採用量子理論來設計通訊與計算的機制，我們會有更根本的革命性改變。

量子通訊與古典通訊

　　前面談到，通訊的本質在訊息的傳遞。目前（古典）通訊的技術是先將訊息數位化，變成一串（二進位的）位元(bit)，稱爲訊源編碼。一個位元的值可爲 1 或 0。經由傳送電路之處理，將數位化訊息（亦即位元串列）調制於通道介質（如電磁波、聲波）的某些物理特徵之中。通道介質帶著被數位化訊息調制的物理特徵，從訊息傳送端到達訊息接收端。再經由接收電路的處理，將被調制於通道介質物理特徵中的數位化訊息抽取出來，以還原訊息。

　　以現在一般的光纖通訊爲例來說，通道爲光纖，介質爲光波。採用光的強度爲被數位化訊息調制的物理特徵，例如值爲 1 的位元調制光的強度爲 I，而值爲 0 的位元調制光的強度爲 0。因此光纖通訊系統的傳送電路就相當於以訊息位元串列爲開關控制訊號的光源（雷射發光二極體），而接收電路就相當於一個光強度檢測器以便將光源開關控制訊號檢測出來還原。這樣光源的開或關的狀態便可用來代表（或儲存）一個位元的資訊。狀態數越多可代表的資訊量便越多，N 個開關的組合有 2^N 個不同的狀態，便可代表 N 個位元的資訊量或 2^N 整數。但是，一個含有 N 個量子位元(Quantum bits, Qubits)的系統狀態，數學上卻必須以 2^N 維的複數向量來表示（空間裡的所有點也只不過只要用三維的實數向量就可代表），因此它至少夠代表 2^N（傳統）位元以上的資訊量。這也是費曼(Feynman)氏在 1982 年質疑傳統的電腦無法有效的模擬量子系統的原因。這項質疑導致許多人想到：爲什麼不直接運用量子效應於電腦或通訊？

　　在量子通訊中，訊息將先被編碼成爲一串量子位元。量子通訊系統的傳送電路將量子位元串列（的狀態）調制於作爲通訊通道介質的量子物理系統（的狀態）之中，例如以光量子作爲通訊通道介質並以光量子的極性作爲可被調制的量子狀態。量子介質帶著被（量子）訊息調制後的量子狀態，從訊息傳送端到達訊息接收端。再經

由量子接收電路的處理，將被調制於量子介質的量子狀態中的（量子）訊息抽取出來，以還原訊息。由以上描述可知，在量子通訊系統中，訊息的表現、處理與傳輸皆是藉由依量子力學法則規範的微觀的物理系統來進行。這與現行的通訊系統，其訊息的表現、處理與傳輸皆是藉由較巨觀的物理系統來進行，有極大的差別。若以一個光量子的極性來攜帶一個量子位元的狀態，那麼想像一束功率為 1 mW 的藍綠光（波長為 500 nm，每一光量子的能量為 4.0×10^{-19} J）中每秒可傳送 2.5×10^{15} 個量子位元，是為當今最為快速每秒可傳送 2.5×10^{10} 位元（即 25 Gbps）的光纖通訊系統傳輸速率的十萬倍，這是一個多麼快速的通訊系統！

既然訊息是以量子系統的狀態來表現與傳遞，量子系統的兩個迥異於傳統古典物理系統的特性：量子量測造成量子系統狀態的潰疊(collapse)與量子系統糾纏態(entanglement state)的存在。第一個特性是說我們無法去量測量子系統的狀態而不改變它原來的狀態，第二特性則告訴我們描述個別的量子變化過程是不可能的，有兩個光量子的量子系統裡，個別光量子的狀態（譬如它的極化方向）會受到另一個光量子的影響。這兩項跟古典物理的直覺抵觸的量子現象粗看起來是不利於訊息的傳遞，不過後來卻證明這擋路石事實上是墊腳石。

在說明這兩項特性在通訊上的應用之前，我們要強調，量測在這裡應該做廣義的物理解釋。通訊系統的接收機，就是一個量測傳送端送過來資訊的儀器，手機可看成是一種量測儀器，它要量測使用者的語音、要量測空中電磁波信號、抽取出有用的數位（位元）資訊並把它轉換我們聽的到聲音，事實上，透過手機的通話過程中包含了千萬個細微的量測動作。

量子量測所造成的量子系統狀態的潰疊引申出（非正交的，或

說不垂直的）量子系統狀態的不可辨別性。而（非正交的）量子系統狀態的不可辨別性則可作爲建立許多量子密碼協定的基礎，以達到完全保密通訊的目的。比如說，某甲將資訊以量子的方式（見下一段說明）送到某乙途中若遭到某丙的竊聽，因丙必須做（量子）測量因此不但改變原有的狀態，其測量到的狀態也很可能錯誤，另外乙也會知道資訊傳輸過程中被動了手腳（有人竊聽）。

　　量子系統糾纏態的存在則提供一個迥異於當今通訊的模式。首先將量子通訊系統的傳送電路的量子狀態與接收電路的量子狀態設計成量子糾纏態。當以欲傳遞之（量子）訊息局部改變傳送電路端的量子狀態時，由於量子糾纏效應，接收電路端的量子狀態也會跟著改變。若能對接收電路端的量子狀態做適當的處理，便可抽取出原先的（量子）訊息，因而達成（量子）訊息的傳遞。這種通訊的模式似乎不需藉由有形的通訊介質，或者只需最少的有形通訊。這種以糾纏態的轉換來傳遞訊息的方式，仍有許多我們尚無法瞭解的機制。目前看起來比較實際可行仍限制在光量子通道，但是光量子使用在長距離的通訊上，由於通道雜訊及吸收等因素會有嚴重的糾纏狀態(Entanglement) 衰減現像。不過，這個難題已在最近因新型的量子中繼器(Quantum Repeater)[14]的發明得到初步的解決。

　　量子通訊以量子系統的狀態來表現、處理與傳遞（量子）訊息，此外，藉由各種量子系統資源的開發與利用，我們還可以製造量子元件、量子電腦，從事量子（通訊的）錯誤更正。結合量子理論、相對論與消息論的量子消息論(Quantum Information Theory)提供了未來似乎無可限量的應用及想像空間。

非傳統通訊工程的展望

　　除了量子通訊或奈米（古典）通訊外，通訊工程也不斷的在擴

張領域，除了工程或科學上的應用外也有助於我們對物理、生物醫學甚至化學的瞭解。現有多數的生醫儀器都是通訊理論的應用，胃鏡、大腸鏡要傳遞胃跟大腸的（彩色）影像，X 光、超音波、電腦斷層掃瞄、核磁共振機等這些所謂的「醫學影像處理」都是利用相似的基本通訊原理，將信號傳送到接收底片或電腦儀器，將接受到的信號加以處理以判斷信號的傳遞過程受到什麼（人體）結構的影響（阻礙）而用影像顯現出來。這裡重點不是在收到正確的信號，而是在傳輸的過程，我們要的資訊是信號傳輸過程中某些介質的結構、特性。

更進一步，我們會問：腦神經或一般的細胞間或細胞內的資訊如何流通？如何處理（接收、放大、轉換及整合不同來源信號）？如何儲存資訊？傳遞的介質為何？這些問題的解答將有助於我們對對疾病的成因的瞭解，長期來看更可幫助找到正確治療的方法，而這正是美國加州大學柏克萊分校的分子科學研究所基因實驗與計算中心（Molecular Sciences Institute Center for Genomic Experimentation and Computation (CGEC)目前最主要的研究計畫—阿發計畫（Alpha Project）—所要探討的主題。解決這一類的問題，除了需要跨領域的整合、建立新的模型外，也需要新的元件，譬如美國加州理工學院應用物理系教授最近發展出來的大型積體微流體(Microfluidics)系統[15]就可適用在生化系統。我們可以看到通訊的意涵一直在演化，在擴張，在滲透到不同的領域。有一天，通訊工程所要研究的主要對象不再是藉由電磁波的通訊方式，或許電信工程就要正名了。

● 奈米生物電子系統

－從生物微電子到奈米生物電子　　　　　楊裕雄

應用半導體感測生化反應－半導體生化反應感測之重要性

　　生物科技與電子資訊及半導體產業的融合可以開發出許多先進的技術與儀器，對於解決多變化的近代生物學問題有相當大的幫助，因此這些產品在生物科技與醫學應用上會有很大的需求。在後基因時代，基因的功能成為生物科技研究的主軸，為了能夠了解生物分子之間複雜的交互作用，我們需要發展新的分子偵測與訊號處理的系統。這樣的系統必須要能夠有大量篩選、準確偵測、快速回應、並且容易操作等特質，而應用半導體所能提供的製程與 IC 整合就是其中最好的解決方法。例如交通大學近年來，研究互補式金氧半導體晶片與酵素的結合所發展出來的酵素晶片，可達成在生物分析檢測器所需要具有準確性、可攜帶性、價錢低廉與使用方便等特性。而且可以與電子資訊相關技術結合，將重要的生化訊號同時加以分析、儲存或轉換成為即使非專業人士都能解讀的資訊。近年來，奈米級的半導體電子原件的研發更提供了預測生物分子革命性的新方法。

　　應用半導體晶片來感測生化訊號，可發展出許多種不同的生化感測器。以物理現象來區分，生物訊號有質量的變化，電子的轉移，光學現象的改變（如冷光、螢光、吸收光線），導電度或離子濃度的變化，及熱量的產生等，這些生物物理的變化可以應用不同的半導體感應器來偵測(表一)。生物訊號與電子裝置相互溝通是從事生物電子研究的第一步，目前這是一典型需要跨領域的研究題目。交通大學已經規劃了生物電子學程，這些課程包括了近代生物與電子相關的必修課，在以前，可能很少人會想到這兩個學們會有這麼密切的關係，現在卻即將成為交大最熱門的跨領域學程。交大生科系約有 20% 的學生已進入這尖端的領域，我們期待在不久後，以半導體之應用為主的新興生物電子學門將由交大的畢業生領導，就像現在的

半導體元件	訊號轉換的物理特性	生物上的應用(舉例說明)
感光元件 (光電二極體陣列、光轉換元件、偶電荷元件)	光→電流、電壓	任何可以產生冷光、螢光、吸收光的生物反應。 （這是生化實驗室最常用的酵素活性檢驗方法）
電化學感測器 (電流感測器)	電子的轉移→電流	產生電子轉移的氧化還原酵素(去氫酵素, 氧化酵素)
石英震盪微天杯	質量的變化→電壓電流震盪頻率的改變	專一性的蛋白質與蛋白質交互作用或其它專一性的分子結合反應
表面電漿共振元件	質量變化→吸收暗帶之偏移	
表面彈性波感測元件	質量變化→波形之變化	
離子選擇場效電晶體（電場感測元件）	電場的變化→電流的變化	產生電荷變化的生化反應（各種水解酵素，如蛋白酶）
溫度感測計	溫度的改變→電阻質的變化	許多生化反應是放熱或吸熱的（ Catalase, urease, oxalic acid oxidase, uric acid oxidase 這些酵素催化的生物反應有較明顯的熱量改變）

表一　半導體元件做爲生物訊息的接收器

電子半導體一樣有蓬勃的發展。電子與資訊的另一個突破性的發展將很可能在於與生物科技之結合。未來發展生物電子的方向，除了充分與積體電路的結合外，還有微型化，應用奈米級生化反應半導體晶片，將生化反應平臺建構於奈米級電子原件上。因為催化生物反應的生物巨分子大小就相當於數個奈米，奈米大小的半導體感測器也可以成為研究單一生物催化反應的工具。奈米級的半導體製程，不僅對於近代電子資訊產業造成革命性的衝擊。對於生物電子的研究也提供了前所未有的機會。

生物分子與電子裝置如何互通訊息

　　生物的許多功能，以往常被當作是生命的神秘力量，現在都可以用物理化學的方法來偵測及解釋。近代生物學之所以突飛猛進的原因，也是因為使用了許多以往只應用在物理化學領域的儀器，例如今年諾貝爾化學獎的三位得主即是應用了三種不同的方法，X 光繞射、核磁共振及質譜儀，來研究生物巨分子的結構。因為引入的新的研究方法，許多以往無法去觀測與研究的生物現象才逐漸的現出原形。那什麼樣的半導體元件可以用來偵測生物功能或是生化反應呢？

　　生物訊號換能器的基本架構示意圖如圖七，半導體感測元件可以將生化的訊號，例如：受質濃度、致病基因表現、病毒入侵、細菌感染…等等生化訊號轉換成為電子數位訊號，如此我們便可以輕易的收集、處理、分析這些生化訊號。如能充分應用近代電子資訊產業所能提供的科技，如此的生物換能器將能夠成為很有效率的生命科學研究工具，尤其在生物的功能與蛋白質體學的研究帶來嶄新的視野；對於疾病診斷與監測，提供了最理想的解決方法，他可以讓病人在家中對於自己的身體狀況給予及時和持續偵測的監測。以

下我們將舉出一些有潛力成爲生物訊號換能器的半導體元件，並且說明其應用原理。

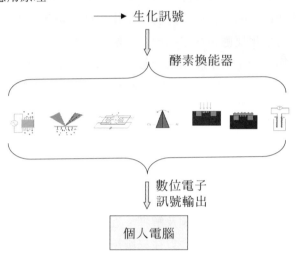

圖七　生物訊號換能器的基本構想

石英晶體震盪（圖八）

當石英晶體受到一個固定震盪頻率的電壓時，他會相對應產生一個固定頻率的機械性震盪。所以我們只需要將我們的酵素或抗體等生物分子固定在石英晶體的表面，而當酵素受質與酵素結合；或抗體與抗原結合時，由於生物分子質量的變化，石英晶體的機械震盪會改變，同時電壓震盪頻率也會改變。所以透過監測電壓震盪頻率的改變，我們就可以即時持續的偵測酵素反應，以及抗原抗體的結合。由於生物分子有很高的專一性，由這些偵測出來的訊號，我們可以很準確地測出待測物，這無論在分子檢驗或是研究生物分子相互關係都是很有用的工具。以下兩個元件（圖九及圖十）應用不同的原理，可以更靈敏地偵測生物分子的相互作用。

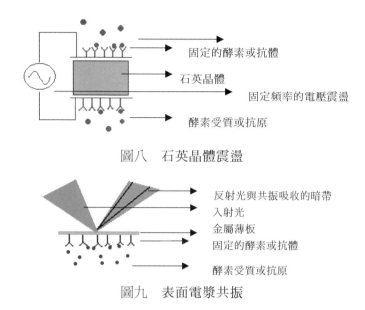

圖八　石英晶體震盪

圖九　表面電漿共振

表面電漿共振 （圖九）

　　表面電漿共振會發生在金屬與液體接觸的表面，當我們將一道入射光打再金屬的表面上時，因為表面電漿共振的關係，所以反射光將會有某一個角度的光被吸收而產生暗帶。我們將酵素或或其他生物分子抗體固定在金屬的表面，當與這些分子含有相互作用的物質存在於我們要測試的檢體中時，將造成表面折射係數的改變，進而改變表面電漿共振訊號，我們因而可以精確的量測所發生的反應。因為電漿共振所吸收的暗帶將會發生偏移，我們只要觀測暗帶偏移的角度，我們就可以精確的定量發生的反應。

表面彈性波元件（圖十）

　　表面彈性波元件基本上要有一個訊號發射器，以及一個訊號接

收器。發射器發射一彈性波,經過晶片的表面而由接收器接收。如同上述表面電漿與石英震盪的測量方法,當我們把酵素或抗原固定在晶片的表面上,而這些生物分子與其他特定物質結合之後接收器所接收的波形會與反應之前的波形產生改變。所以我們只需要觀測波形的改變,我們就能監測反應的發生。

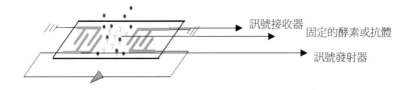

訊號接收器
固定的酵素或抗體
訊號發射器

圖十　表面彈性波元件

感光二極體(圖十一)

　　感光二極體受到光的照射之後,會在半導體的空乏區中產生自由電子,而這自由電子流到外接的導線中,就形成了電流。所以我們透過電流的量測,可以定量冷光反應、螢光反應、或可見光之吸收,來觀測生物的反應情況。目前有許多生物的研究都應用光當作標籤,來了解各種反應的進行或重要生物物質在細胞中的分佈等。因此對於光的感測器,將日趨重要,尤其是在於可攜帶型的微小化的光感測裝置。

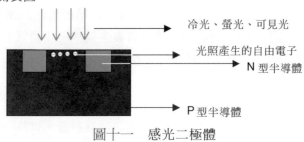

冷光、螢光、可見光
光照產生的自由電子
N 型半導體
P 型半導體

圖十一　感光二極體

場效電晶體（圖十二）

　　場效電晶體是半導體元件中最常用的一個元件，他是透過電場的大小來控制元件內電流的導通與不導通。許多的生物分子都帶有正或負電，如蛋白質有許多正負離子而 DNA 則帶有定量的負電。我們若將酵素抗體或 DNA 固定在元件的表面，當這些帶電離子的生物分子結合後，其表面電荷會產生變化，元件表面的電場就不再一樣了，如此元件內部的電流也會發生改變，所以只要監測元件電流的改變，就可以定量酵素反應或抗原抗體結合等變化。

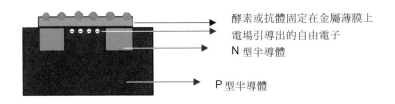

　　酵素或抗體固定在金屬薄膜上
　　電場引導出的自由電子
　　N 型半導體

　　P 型半導體

圖十二　場效電晶體

溫度計（圖十三）

　　不同的金屬其溫度的膨脹係數也一定不一樣，所以可以利用半導體的製程製造出毫米級的溫度計。而當生物反應產生溫度的改變時，我們就能利用溫度計來定量酵素反應。大部分的生化反應都會產生能量的變化，許多的變化都轉換成熱能，因此現在的毫米級溫度計及未來的奈米級溫度計，可以成爲很好的生物感測器。但由於溫度或熱量的變化可能很小，周圍環境的背景值會影響到生物反應所產生的能量變化之測量。因此在能以溫度作爲生物感測之前，除了需要有高靈敏度的溫度計外，還須有隔絕外在溫度干擾的方法。

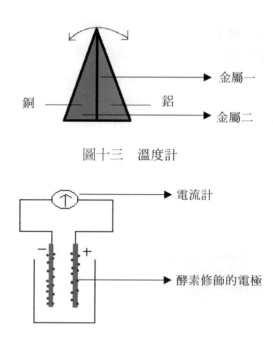

圖十三　溫度計

圖十四　電極

電極（圖十四）

　　許多的酵素反應牽涉到電子的轉移，稱之為氧化還原酵素。當我們將酵素固定在電極的表面，並且透過適當的介質將電子轉移到電極上的時候，電流就產生了，透過觀測電流的變化，就可以定量酵素的反應。而利用半導體的製程技術，可以將酵素修飾電極做的很小，這將可以大大的減少樣品的需要量。

　　酵素電極是最早的生物感測器，這個觀念早在四十年前就已經實現了，但現在的酵素電極可以比那時候小了千倍。最近就有科學家應用相同的原理，製作出毫米級的酵素電池，可以應用生物分子（如葡萄糖）當作能源，未來植入生物體的微型生物反應器所需要

的電源就可以直接由酵素能源電池來供應。

　　接下來我們將介紹這些可以與半導體感測器相互結合的分子。生物巨分子的大小剛好是奈米級，也就是未來或有些已開發出來的奈米級半導體感測器可以直接偵測單一分子，或極少量是分子所產生的生化反應，這些對於生物反應的了解將會有很大的幫助。

奈米生物半導體晶片－生物的奈米世界

　　當我們在討論奈米科技時，DNA、RNA、酵素、蛋白質等這些奈米大小的生物巨分子，也正在他們的奈米世界裡努力地工作，以延續我們的生命。

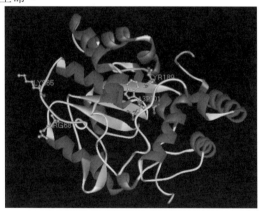

圖十五　蛋白質的分子模型示意圖

　　圖十五是蛋白質的分子模型示意圖，我們以此為例來說明生物巨分子有多大。蛋白質主要由兩種較固定的結構所組成，分別是以紅色來表示的 α-helix 及藍色的 β-sheet。由 α-helix 我們就可以推算出這個蛋白質分子有多大，因為每一圈的 α-helix 平均由 3.6 個胺基酸所繞成，全長相當於 0.54 奈米，由此推算 α-helix 的上下圈的距離

爲 0.15 奈米，如圖十五最右邊的 α-helix 就差不多長 0.6 奈米（4 圈 α-helix）。因此我們可以估算出這個蛋白質的大小大約有 2 個奈米。現在要解出許多蛋白質的結構，先要有蛋白質的結晶，圖十六是一個酵素（imidase）的蛋白質的結晶，其大小約爲 1 微米。應用 X-光在蛋白質晶體的繞射光譜，物理學家可以推算出蛋白質分子的的原子密度分布，從而得到蛋白質的結構。

圖十六　一個酵素的蛋白質的結晶

奈米生物半導體晶片－奈米生物感測

　　除了應用生物分子的專一性與微電子或奈米電子的靈敏度作爲生物感測器外，基礎的生物研究仍然是現在與未來重要的課題之一，應用奈米科技也可以分析奈米大小的生物巨分子。想要直接看到奈米大小的物質，就得使用電子顯微鏡了。圖十七是生化反應中最重要的酵素之一（Pyruvate Dehydrogenase Complex，PDH Complex）的電子顯微鏡照片（Scanning Transmission Electron Microscope，STEM）。我們只能看出其大小（約 50 奈米）及表面的質量分佈，如果想要看到這個酵素的重要官能基的分佈情形，我們必須應用奈米大小的標的物，如圖十八之的奈米金叢。

　　奈米金叢的尺寸約只有一個奈米，可以直接以共價鍵連接於蛋白質上，如圖十九是我們將奈米金叢置於 PDH complex 的 STEM 的相片。圖二十則是應用電腦分析影像的結果。而目前生物巨分子結構與生物功能的關係，是解開許多生物反應如何進行的關鍵。能夠

直接用電子顯微鏡觀察生物巨分子重要官能機的分布情形對於酵素與蛋白質之結構與功能的研究將是一很有用的工具。

圖十七　一個酵素（PDH complex）的電子顯微鏡照片，這個酵素由60個蛋白質組成一立方體。

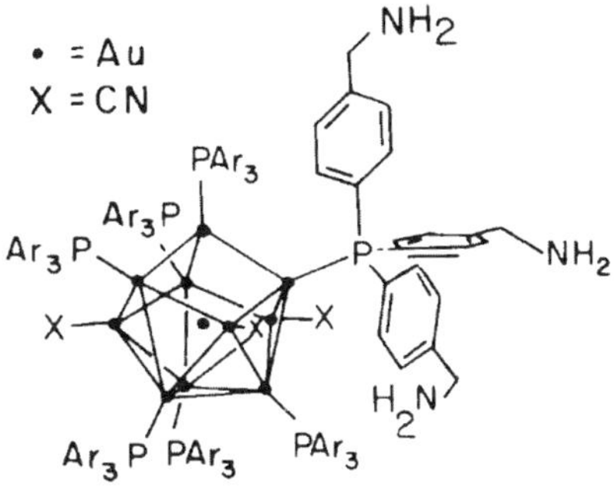

圖十八　奈米金叢的結構，這是由 11 個金所組成的核心（ Udecagold cluster ）直徑只有 0.8 奈米，外接有機分子的官能基，可以有選擇性的與生物巨分子形成共價鍵，因而標誌在特定的蛋白質上。

　　以上的例子在說明生物分子有多大，並舉例說明要如何去研究這些奈米大小的生物巨分子，這也同時提供了以後生物奈米電子研

究與應用的許多可能性。例如已經有科學家將奈米金屬叢連到蛋白
質晶片上。另外也有科學家將奈米金叢與 DNA 連接後結晶，這在未
來可以應用生物分子與奈米金叢的特性，做為奈米半導體晶片上的
導線，開關或邏輯閘等功能。

圖十九　PDH complex 經過奈米金叢標誌後的電顯圖片。

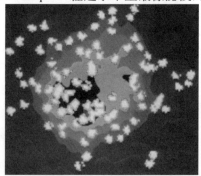

圖二十　圖十九照片經電腦分析，將 PDH complex 的密度以不同顏
　　　　色表示

奈米生物半導體晶片－生物感測與奈米級半導體感測器
　　電子相關技術是近代生物科技發展中不可缺少的，例如定序

DNA 序列的儀器，使得人類基因體計劃快速完成。有人認為，生物晶片是二十一世紀最重大的發明，因為複雜的生物系統，到了現在總算有了一個方法，可以同時去偵測數千甚至是數萬種的變化，尤其是各種整合性的晶片與微型化之生物感測器的研發，這可能是未來我們要能夠繼續探討生物的奧秘，不可缺少的工具。

　　雖然近代生物的發展與半導體產業並沒有直接相互依存的關連，但當我們分析這兩種不同領域的研發過程時，卻可以發現一個很有趣，與奈米尺寸直接相關的共同點，那就是近代分子生物學研究的對象，從細胞的層次（毫米大小，10^{-6}m），進到奈米大小的巨分子如蛋白質或 DNA。正如同近代半導體製程，將要從毫米製程進入奈米的大小。因為近二十年來分子生物學的進展，使得生物科技有重大的突破，現在我們也期待未來半導體進入奈米製程後，對於整個電子資訊產業與每個人的生活造成重大的影響。

　　將奈米大小的生物分子放到奈米級的半導體感測器上能夠產生哪些前所未有的現象？首先我們先舉例看看奈米金叢，在研究生物分子上有什麼幫助。圖十八的中心結構是由 11 個金原子所組成的，其大小為 0.82 奈米，周圍則加上了一些有機分子，這些有機物上的官能機可以和蛋白質上特定胺基酸或附在蛋白質的其他分子形成共價鍵，如果我們想要研究蛋白質的結構，或某些重要分子在蛋白內的分佈情形，以了解酵素的反應過程，以奈米金叢的大小及其高密度，是一個很好的標誌。圖十九是將奈米金叢連結到一個酵素上的特定位置，一個與酵素共價連接的輔酶（Lipoic acid），這樣一來，經由掃瞄穿透式電子顯微鏡（STEM），我們就可以很清楚地看到這些輔酶在酵素上分布的情形。這個酵素的大小約有 50 奈米的寬度，由於奈米金叢的密度非常高，在電子顯微鏡下無所遁形，圖二十是將電子顯微鏡得到的酵素影像將密度的高低以不同顏色來呈現，其

中金黃色表示密度最高的部分，如此一來，標誌在酵素上的奈米金叢，就很明顯的看出來了。這個結果告訴我們，Lipoic acid 這個輔酶可以分佈在 PDH complex 這個酵素的每個地方，由於 Lipoic acid 在催化反應中，負責運送反應中間物，知道它在於酵素上的分佈，可以幫助我們了解生化反應是如何進行的。在這一個酵素分子中總共有 48 個 Lipoicacid，每一個 Lipoic acid 可以連上一對奈米金叢，算一算圖二十上的金黃色奈米金叢，我們可以很準確的算出每一個金叢。

奈米金叢也可以標誌到不同的生物分子，而有不同的功能，例如將之連結於 DNA 上，加了這些金屬後，DNA 的特性就可以加以改變。如有人想應用 DNA 當作奈米電子元件的導線，但又擔心 DNA 的導電性質可能不夠好，加入這些優良導體後，DNA 在奈米電子的應用範圍就更寬廣了。

近代半導體感測器已引進了奈米科技。場電效應感測器常應用在生物感測器上，如前述酵素場電效應感測器。現在奈米級的場電效應感測器已經被製造出來了，有人應用奈米線（Nano wire）或奈米碳管（Carbon nano tube）做為感應的部分，並將有機分子連到奈米線上，做成了一奈米場電效感測器，可以靈敏地量出外在環境的酸鹼值。我們也可以將酵素或蛋白質，或 DNA 生物巨分子連結到這奈米級的感測器上，而偵測生物分子間的相互作用或酵素的催化反應。奈米感測器不論在於應用或生物反應的理論探討上都可以有很大的貢獻，如果我們有了足夠小的生物感測器，那許多生物的現象，例如每個人的健康狀況都可以隨時監控，這對於醫療的方式將會有革命性的影響。在近代生物的研究上，現在我們能夠觀察到反應多是許多分子同時反應後，所共同表現出來的現象，應用這樣的資訊，我們無法了解到，許多反應的機制及各分子之間的差異性，但奈米

級的感測器，可以只連接上一或數個生物巨分子，我們也就可以觀察到單一或少數分子的反應，這些資訊對於我們更深入了解，生物反應是如何進行的會有很大的幫助。另外，光的感測上經常會使用到光纖，而現在也有人做出了奈米級的光纖。研究人員就可以直接將奈米大小的光纖直接插入約爲微米大小的細胞，而觀察細胞內的狀況。在極高密度的生物晶片矩陣上，奈米級的光纖將可以直接傳送每一點的反應結果，這表示在更小的面積上，我們可以同時測量更多的生化反應。許多以前想像不到的生物現象，將隨著奈米科技的發展陸續被揭露出來。生物仍然存在著無限的奧秘，當人類基因庫的 DNA 被定序後，生物的問題不但無法就此一併了解反而是發現了更多的問題。過去，生物科技的發展，倚賴了其他領域的工具，才得以發展至今，未來，奈米科技將毫無疑問扮演另一關鍵角色。

生物半導體晶片之整合與應用

　　爲了能夠了解蛋白質與蛋白質、蛋白質與基因、基因與基因之間複雜的交互作用我們需要發展一可以快速與大量篩選的分子偵測與訊號處理的系統。因爲基因的功能已成爲生物科技研究的主軸，蛋白質體學的研究，在後基因時代就顯得更加重要。目前，在分子生物學有了重大的進步之後，醫藥的研究進入了分子層次，一場世界性的生物與醫藥革命正在展開。過去二、三十年來，許多人見證了近代分子生物學的快速發展，許多人都發現現在的生物學已經不是十幾年前在學校所學的生物學了。加上了微電子、資訊與奈米科技，我們也可以預見，十年後的生物醫學，也與現在的狀況有革命性的變化。在醫藥與近代生物相關研究方面我們極需要一些新的技術與儀器來幫助我們更精確的診斷與治療。生物感測器與生物晶片，便是可以充分結合現代醫藥產業與電子資訊產業的產物。發展

一種量測精確、可攜帶式、便宜並且使用簡單的醫療用生物感測器
是全世界醫藥產業的首要的目標之一；同時，即時且直接的檢測也
是全世界共同的趨勢，例如：直接在家中或辦公室自己檢測，並且
可以快速的得到檢驗結果。上述的需求，正是半導體晶片最能夠提
供的發展方向也是現在所有相關科技中最能達成這些需要的解決途
徑。

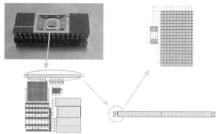

圖二十一　交通大學所設計的 CMOS 製程的感光二極體，用來感測
　　　　　生化反應。

圖二十二　半導體感測器封裝後之放大圖

　　圖二十一是 CMOS 感光二極體組成之圖示，圖二十二是半導體
感測器封裝後之放大圖。圖二十三是應用此 CMOS 感測晶片測量生
化反應的結果，與實驗室大型儀器測量的結果之比較。

　　如何將生物訊號傳遞到電子元件，並應用以半導體製程所能生產的元件與近代電子領域所能提供的整合技術，建構一個獨立系統之生化反應平臺是交通大學生物電子的研究方向之一。如圖二十四之 CMOS 晶片已裝配成為一個標準檢測生化反應的電子裝置，可重複在半導體晶片執行生化實驗。圖二十四以圖二十一所設計的 CMOS 光感測晶片所整合而成的一可攜帶生化反應測試儀器。

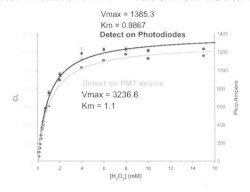

圖二十三　　此 CMOS 感測晶片測量生化反應的結果

圖二十四　　用圖二十一之晶片設計的標準檢測生化反應的電子裝置

第一個應用 CMOS 製程的生化感測晶片

　　如圖二十一～二十四，目前我們已經成功的應用 CMOS 感應晶片來測量酵素的反應，CMOS 晶片可以應用半導體製程大量製造，並且可以做成微距陣列（micro array），未來在於檢測上的應用將不可限量。

　　生物晶片是當今生物科技最熱門的話題之一，而且其應用的範圍與影響力仍然在持續擴大中。但有趣的是，這個大家耳熟能詳的名詞，可能也包括了許多大家對它不同的解讀方式。生物晶片這個名詞首先用在於 DNA 或基因晶片上，所以，有時生物晶片成爲了 DNA 晶片的代名詞。其實大部分的 DNA 或基因晶片都與半導體晶片無關，而後基因時代的研究方向，已由 DNA，延伸到蛋白質酵素的生物晶片。由於一般 DNA 與基因晶片的生物晶片已有許多報導，我們在此，將舉例說明應用半導體製程與生物分子，共同作用的半導體生物晶片。

　　酵素具有高專一性與高選擇性之特質，再加上幾乎所有生化反應皆可以找到相對應的酵素來催化。酵素與蛋白質於生物晶片的應用十分的廣泛，與 DNA 或基因晶片比較，應用酵素與蛋白質除了所需的技術較多樣性，並且能夠以功能爲導向而發展出許多用途。開發新的酵素反應檢測機制，酵素在醫療生化檢驗上亦深具實用價值，例如苯丙胺酸水解酵素的應用於苯丙酮酸尿症之檢測，對遺傳或代謝失調疾病患者的居家生理監測有極大的助益；類固醇異構酵素之於類固醇類藥物之檢測，對目前藥物濫用情形有絕佳的監測與阻遏效果；乳酸氧化酵素可用於肝功能異常與循環機能喪失之監測上；生物胺氧化酵素已廣泛的用於癌症、微生物感染與食品品質上的檢驗上等。酵素活性測定不只是在診斷上非常重要，對於監測治療之後的效果或者手術之後的復原也極爲重要。

如何設計半導體生化感測晶片

　　應用半導體製程所設計出來的生物感測器或生物晶片需要多重跨領域的整合，目前生物電子尚在起步中，也許不久的將來，將獨立成為一重要的學門，正如同現在生物科技的基礎，生物化學與分子生物學，當初也是跨領域學門，而如今已經是近代生物學的主流。

　　依製作的流程，我們將半導體生物晶片的幾個重要部分依感測晶片之設計，生化反應之設計與訊號及系統整合來加以討論。

一、感測晶片之設計

　　許多電子原料稍加修改，讓可以感測生物訊號的部分能與生化反應直接溝通就可以成為一很好的半導體感測器，如圖七，與表一所描述的半導體感測器，都可以從原本的電子元件修改而成。這裡我們以設計互補式金屬半導體晶片為例設計出感應生化冷光的二極體。為了將所開發出來的生化感測晶片與相關電子資訊整合，並且能應用現有半導體製程大量生產，我們採用以標準互補式金氧半導體邏輯 IC 或 DRAM 製程，開發出特殊 CMOS 光感測晶片，做為酵素與蛋白質反應之偵測器。我們擬利用標準 CMOS 積體電路之技術，設計適當的光感測晶片以用來支援各類酵素反應之檢測。另外亦將運用新型電路設計來克服困難，以提升檢測的靈敏度。

　　我們的光檢測晶片系統在實驗架構上曾經做過兩次改良，第一代的晶片是將半導體元件設計成為半導體生化感測器，在測試成功後，再將產生電流的訊號。改成電壓的訊號，以便由普通的電表即可測出，第三代晶片則預計增加其他電路已加強其功能，例如提高靈敏度或增加運算功能配合各種生化反應之需求。由於半導體晶片以往的 IC 設計並不需要考慮到生物反應的特性，如何在 IC 設計上重新改良以適合生物反應的需求，將是生物電子 IC 設計的一個新的方向。

　　由兩個經晶片系統和螢光儀上所做的過氧化氫的標準曲線比較
來看，我們發現趨勢是完全相同的(圖二十三)。這證明了晶片確實可
以用來作爲化學冷光檢測的工具。這項技術若是成熟，將是臨床檢
測的一項突破，因爲他大大降低了檢測的成本與儀器的限制，並且
可能可以使病人在家中就可以進行多項的檢測。

二、生化反應之設計與訊號及系統整合

　　無論我們要將各種生化反應在晶片進行或觀察，或者將酵素做
爲晶片的一部分，先得選擇適當的酵素。酵素是所有生化反應的催
化劑，若能掌控或了解酵素的活性，就相當於對於生命的各種現象
可以有不同層次的了解或進行必要的修復。生化反應的設計，主要
是將生物的訊號，轉爲電子訊號，例如氧化還原酵素催化作用時，
就會產生電子訊號。除了偵測反應，酵素電池，也可以是酵素晶片
的應用之一。許多酵素催化氧化還原的反應，產生了電子的流動，
因此將之連結到電極上，即可製造出應用有機物質當作燃料的酵素
電池。另外產生離子的生化反應，可以降低電阻或增加導電度。可
以產生這種訊號的酵素也很多，例如水解酵素催化各種水解反應，
水解反應的結果是產生了額外的離子。產生光的生化反應，不只是
令人覺得有趣，在生物科學的研究與應用上也極有價值。這些酵素
催化的生化反應，並不是在各種情況都可以產生的，相反的，很多
的生化應對於所需的條件有很嚴格的限制。生化相關反應常常需要
特殊的反應條件，我們也就應用這些特性，可以很準確地分別出待
測物的種類與濃度等重要資訊。生物分子的特異性除了針對所進行
的反應外，對於酸鹼值、溫度、離子濃度、反應物的濃度或其他抑
制或增強分子之存在與否等等，都會受到很大的影響，因此在設計
生化反應時，必須考慮到許多的相關因素，由於許多生化反應已經
有了標準的實驗室流程，我們可以先在生化實驗室中，先行測試，

再轉移到晶片上。但當生化晶片研發成功後，以後的做法，可能就是先在晶片上進行生化測試，因為實驗室的儀器通常沒有辦法到處移動。

　　現在已經有許多的生物分子及其他生物產品是藉由基因工程與蛋白質工程的方法來生產及改良。除了原有大自然產生的，我們也已經可以藉由近代生物科技，生產可應用於各種不同反應條件需求酵素或蛋白質。另外經由多種酵素之連續反應，可以開發出一連串反應流程之生化晶片。我們也可以將生物分子之分離、製備與反應在同一個晶片中進行。我們會需要生化反應微流道系統，可藉此操控生化反應的進行，使其在一晶片平台上完成樣品與試劑的輸送、混合與反應，如進一步與檢測晶片結合，即可組成一微全分析系統，未來許多的酵素分析反應即可在此微系統上完成。晶片上的微流道系統，可以電動效應來操控反應試劑，因電動效應在微小化的流道系統提供了一個有效且方便的幫浦系統，亦可利用壓力來推動反應試劑。微晶片電泳即利用電壓及電動效應，分離不同的化合物，因此以微晶片電泳進行生化反應，於單管道或多管道的不同設計中，應可達到多酵素反應同時分析的可行性。

　　最後，我們需要將生物的訊號轉換成有意義的數據，提供使用者參考，或者將這些訊號直接傳輸到，其他的裝置。例如可能是一個電腦的資料庫，用來分析及儲存，或者是一個藥物的傳送系統，可以依據病人實際的生理即應釋放所需的藥劑。應用積體電路技術設計控制電路，可以減少人為操作的複雜度，並減少人為誤失，同時使感測晶片更具攜帶性及微小化、自動化與即時測定與反應的功能。

結論

　　若從第一隻酵素電極算起，生物電子的發展也有超過三十年的歷史了。這三十年間無論在於近代生物或微電子的發展都是當初大家所難以想像的。從生物學進入分子生物，電子學進入微電子而到現在的奈米世界，我們非常幸運可以見證即將來臨的另一波生物電子的科技革命。奈米科技在於生物電子的應用才剛開始，不論在理論的探討或實際的應用上，都將造成生物與電子這兩個領域更大的發展，人類未來的生活也將受到這波科技發展的影響。對於正在尋找研究方向的年輕學子，這是可以慎重考慮的。

參考文獻

[1]　T. Fukuda, F. Arai, L. Dong, "Assembly of Nanodevices with Carbon Nanotubes through Nanorobotics Manipulations" to appear in special Issue on "Nanoelectronics and Nanoscale Processing" for *2003 Proceedings of IEEE*.

[2]　A.A.G. Requicha, "Nanorobots, NEMS, and Nanoassembly," to appear in special Issue on "Nanoelectronics and Nanoscale Processing" for *2003 Proceedings of IEEE*.

[3]　鄭天佐, "觀察和操縱固體表面原子," Newton, June, 2002, pp.86-99.

[4]　T.T. Tsong, et al., *Journal phys. Chem. Solids*, No. 62, pp. 1689, 2001.

[5]　A. G. Requicha, "Massively parallel nanorobotics for lithography and data storage," *Int'l J. Robotics Research*, Vol. 18, No. 3, pp. 344-350, March 1999.

[6]　A. G. Requicha, A. Meltzer, R. Resch, D. Lewis, B. E. Koel, and M. E. Thompson, "Layered nanoassembly of three-dimensional

structures," *Proc. IEEE Int'l Conf. on Robotics & Automation*, Seoul, S. Korea, pp. 3408-3411, May 21-26, 2001.

[7] A. G. Requicha, S. Meltzer, P. F. Terán Arce, J. H. Makaliwe, H. Sikén, S. Hsieh, D. Lewis, B. E. Koel and M. E. Thompson, "Manipulation of nanoscale components with the AFM: principles and applications," *Proc. IEEE Int'l Conf. on Nanotechnology, Maui, HI*, pp. 81-86, October 28-30, 2001.

[8] L.X. Dong, F. Arai, and T. Fukuda, "3-D nanorobotic manipulations of nanometer scale objects," *J. of Robotics and Mechatronics*, vol. 13, pp.146-153, 2001.

[9] L.X. Dong, F. Arai, and T. Fukuda,"Three-dimensional nanorobotic manipulations of carbon nanotubes," *J. of Robotics and Mechatronics (JSME)*, vol. 14, No. 3, pp. 245-252, 2002.

[10] T. Fukuda, F. Arai, and L.X. Dong, "Fabrication and property analysis of MWNT junctions through nanorobotic manipulations," *Int'l J. of Nonlinear Sciences and Numerical Simulation*, vol. 3, pp. 753-758, 2002.

[11] E. J. Schmidt, J. A. Stuart, D. Singh, and R. R. Birge, "Bacteriorhodopsin-based volumetric optical memory," *IEEE Nonvolatile Memory Technology Conference*, pp. 84-90, 1998.

[12] W. M. Becker, L. J. Kleinsmith, and J. Hardin, "The world of the cell," pp. 224, 2000.

[13] http://www.cm.nctu.edu.tw/chinese/seni/senior_story.htm

[14] L.-M. Duan, M. D. Lukin, J. I. Cirac and P. Zoller, "Long-distance quantum communication with atomic ensembles and linear optics," *Nature*, vol. 414, pp. 413-418, Nov. 2001.

[15] T. Thorsen, S. J. Maerkl, and S. R. Quake, "Microfludic Large-Scale Integration," *Science*, vol. 298, pp. 580-584, Oct. 2002.

[16] http://www.qubit.org/

[17] http://www.iqi.caltech.edu/index.html

[18] http://qso.lanl.gov/qc/

[19] http://www.research.ibm.com/quantuminfo/

[20] http://www.nsf.gov/pubs/2000/nsf00101/nsf00101.htm#b1

[21] http://www.magniel.com/qcc/

[22] http://www.molsci.org/Dispatch

[23] Yang, Y.-S., Lu, U. and. Hu, B.C.P (2002) Prescription Chips: Toward the Development of Enzyme and Biochemical CMOS Chips, *IEEE Circuits & Devices*, **18**, 8-16.

[24] Vo-Dinh, T., Cullum, B.M. and Stokes, D.L. (2001) Nanosensors and biochips:frontiers in biomolecular diagnostics, *Sensors and Actuators B* **74**, 2-11.

[25] Yang, Y.-S., Datta, A. Funiya, F.R., Hainfeld, J.F. Hainfeld, Wall, J.S., and Frey, P.A. (1994) Mapping the Lipoyl Groups of the Pyruvate Dehydrogenase Complex by the Use of Undecagold Clusters and Scanning Transmission Electron Microscopy, *Biochemistry* **33**, 9428-9437.

[26] 袁俊傑, 楊裕雄, "酵素晶片", 科學月刊, 第 33 卷, 第 9 期, 733-738 頁, 1999.

[27] 交大生物諮詢網 http://biotech.life.nctu.edu.tw/

第五章　奈米世界的管理與經營

● 智慧財產權　　　　　　　　劉尚志、鮑家慶

什麼是「智慧財產權」？

我們每次聽到「智慧財產權」這五個字，通常都不是什麼好事。因為講到智慧財產權，就是這裡一個不可以，那裡又一個不可以。不可以亂燒光碟，不可以交換 MP3，不可以影印整本別人的書。智慧財產權是什麼東西？為什麼管那麼多？

在科學不太發達的時代，交易行為也比較簡單。我有一輛腳踏車，而你向我買車。我們說好兩千元成交時，彼此便成立「債權」關係：你欠我兩千元，我也欠你一輛車。為了履行兩個人相互的債務，就要一手交錢一手交貨。原來腳踏車是我的，我擁有所有權。賣給你以後，腳踏車的所有權就變成你的。這種什麼東西是誰的關係，法律上叫做「物權」。

雖然法律系的學生要花很多時間學物權和債權，這兩種權利的基本概念並不複雜，一般人不懂法律也知道個大概。隨著科技進步，人們發現知識也可以拿來賺錢。以前的財產觀念就變得相當複雜，而且非常麻煩了。

好比我發明了一種新式的省力腳踏車。剛開始賣得很好，不久東村就出現仿冒品，接著西村也開始仿冒，很快的全世界到處是冒牌貨。我投資一百萬元研究開發，只賺回一半不到。大家都知道偷腳踏車是不對的。但是仿冒我的發明的人沒有偷我的腳踏車啊，他們只是買一輛我的腳踏車，然後照著生產同樣的產品，還貼上我的商標。因為他們仿冒的技術太爛，很多人的腳踏車騎幾天就四分五

裂。全世界都有人到法院告我，我從此身敗名裂。

於是我忍著眼淚，寫了一本文情並茂的好書，叫做《千萬別當發明家》。這本書前三天還是暢銷書，到了第四天，街頭巷尾跑出一堆三折賤賣的盜印版。這次不但我賺不到版稅，連出版社老闆都只好倒閉。從此我們兩個人只能在路邊撿拾掉落的腳踏車零件跟收舊書為生。

所謂的「智慧財產權」，要想弄清楚真的需要很多智慧。不過簡單說，我們最常見到的智慧財產權大概是四種權利：專利權、營業秘密、商標，以及著作權。我發明新式腳踏車，可以申請專利權；我的腳踏車用了一種特別的潤滑油，配方不想讓人知道，這是營業秘密；我成立腳踏車公司，可以申請商標。如果我的腳踏車賠錢，寫一本書向大家哭訴，當我寫好這本書的時候，法律就免費賦予我這本書的著作權。有了這四種權利，別人就不能仿冒我的專利與商標，也不能竊取我的營業秘密，更不能盜印我的書。否則我有權訴諸法律解決。如果我還是賠錢，算我活該。法律已經對我很照顧了。

這四種權利都很複雜。不過值得慶幸的是，在奈米科技的世界裡，初學的人只要曉得發明的專利權和營業秘密應該就夠了。

專利權對誰有好處？

往好的地方想，專利權是一種損人利己的權利；往壞的地方想，專利權有時候不但損人還不利己。想想看真是讓人不寒而慄。

簡單的說，專利權是種不准別人做什麼事的權利。更簡單講，就是霸道。我發明一種新型腳踏車，結果被人仿冒。只要我有專利權保護，就可以到法院告那個人。雖然那個人沒偷我的專利品，照樣可以告他侵犯專利。因為專利權保護的不是我製造的腳踏車，而是我的腳踏車的某些獨特概念。我的腳踏車也許百分之九十九和普

通腳踏車相同，只要其中一個零件是我的發明，而且得到專利權，我就可以不准別人仿冒那個零件。因為專利權保障概念，即使別人的零件和我的有點差別，甚至根本不用在腳踏車上，只要侵犯了我的概念，還是侵犯我的專利權。

不准別人仿冒對我有什麼好處？首先我的腳踏車可以賣貴一點。我還可以把專利權授權給別人收取費用。如果別人發明了另一種腳踏車的改良專利，我可以跟那個人談交互授權，就是說我准他用我的專利，他也要准我用他的專利，兩個人都得到好處。

那些依法不准仿冒的人還是可以繼續製造普通的腳踏車，他們沒什麼損失。唯一可能損失的是消費者，因為我的腳踏車價格真的比較貴。但是他們也得到好處，至少騎我的腳踏車比較省力。如果他們不想多花錢，他們可以買普通腳踏車。如果我的車子賣太貴，生意太糟，我自然會打折促銷。法律只保護專利權，不保證我一定能賺錢。如果我想賺錢，還是得讓消費者滿意。否則就是損人又不利己。

事情就這麼簡單嗎？當然不是。我還少說了幾個對消費者有利的重點。首先專利權是有期限的。專利權通常不會超過二十年，而且經常還更短。因為審查專利的時間也算在裡面。專利權到期後，受保護的概念就成為社會大眾的財產。也就是說最多忍受二十年的專利保護，消費者就能買到自由競爭的低價產品。有些東西玩個幾年就沒人有興趣了，像是電子雞。但是很多東西卻有長遠的價值，例如電話和電燈泡。這些東西原來都有專利，但是今天都成了社會大眾的知識。任何人都可以製造廉價的電話機和電燈，發明家也可以改良老式的電話機和電燈以取得新的專利。

光是專利到期也沒用。有些東西太難了，即使是拆開來也無法仿冒。專利權的另一個好處就是申請專利的人必須公開專利的內

容,而且多半是申請的過程中就要公開。專利技術不但可以偷偷抄,還可以光明正大的抄,只不過要多等幾年罷了。發展奈米科技的時候,就算技術不如別人,也可以從別人的專利說明書學到一些知識。

所以專利權是以社會短期的損失換取長期的利益。我們先讓發明人享受幾年好處,然後再把他們的心血收回來免費供大家使用。為什麼要這樣做?因為沒有專利權,大家都會設法隱藏自己的發明,不然就根本懶得發明。古代沒有專利權,很多東西只能父子相傳。也許幾十年以後就成了武林密笈。這樣真的很可惜。

雖然有專利權的制度,有些東西很容易保密,而且可以長久賺錢,商人就可能把這種知識當成營業秘密。可口可樂的配方就是營業秘密的一種。營業秘密是要自己保護的。我有一種很好的潤滑油配方,就算送去化驗也很難仿造成功。我就可以把配方當成營業秘密。法律允許我永久保密。但是萬一機密洩漏出去,沒人能保護我。我只能告偷我秘密的那個人,不能阻止人用我的配方製造。如果秘密是我自己洩漏的,或者是別人合法取得的(例如自己發現),更是救濟無門。有些發明只有短期商業價值,發明人也可能懶得申請專利,採用營業秘密保護。

專利權是可以拋棄的

人們常以為專利權就是財富,其實只有極少數專利可以賺錢。很多專利若非不切實際,就是行銷不善。專利是種很昂貴的權利。人一生下來就有生存權,長大了還有投票權,這些都是免費的,但是專利權不一樣。申請專利要花錢,審查專利要花錢,領專利證書要花錢,每年還要付年費,年費還逐年增加。社會上有免費的權利,也有要花錢的權利。申請駕照就是種既要審查,又要花錢的權利,申請專利權比申請駕照更困難,審查更嚴苛,費用更高。因為專利

權是排他的權利。我領到駕照以後，政府不會禁止別人考駕照。但是任何人有了什麼概念的專利權，就可以阻止他人使用那種概念，即使那個人是在無知的情況下又發明一次也不例外。

因為擁有專利權要繳錢，如果一個專利不能賺錢，專利人就可能拋棄專利。有實驗室的大公司裡，每年會發現很多新知。有些發現可以申請專利，也有些資格不符，還有很多發現根本沒有經濟價值。但是如果自己不申請專利，萬一以後被別人拿去申請專利，就會替自己帶來麻煩。因為即使是要專利局撤銷專利，都要浪費很多時間。很多國際間的大公司便選擇把公司的研究發現加以公布，讓別人也不能申請專利。像是 IBM 這樣的大公司，就發行很多科技期刊，內容通常就是實驗室裡的次要發現。一個發現對大眾公開之後，就喪失了申請專利的權利，以後誰申請專利都沒用。專利的公開是在提出申請之後，只有在少數情況下，專利局會容許某些方式的事先公開。而且每個國家的規定還不盡相同。

不管發現有沒有價值，專利制度促使企業公開自己的發現。很多公司發覺自己的某些專利缺乏經濟價值，還會主動拋棄專利，藉以節省年費，社會就提早得到這些概念的使用權。他們要不然繳錢充實國庫，要不然拋棄專利權造福大眾，社會多多少少可以得到好處。

專利權的濫用

一個人領到駕照，不代表就能在路上橫衝直撞。任何權利都有可能被人濫用，專利權也是如此。很多公司主張專利權的方法簡直像是流氓，就連外國的大公司也不例外。所以積極瞭解善用專利權的方法，不但可以創造財富，也能減少遭受欺壓的機會。

專利是一種畫地自限的權利。發明人有了新的想法，想要申請

專利，就得把自己想到的東西寫成專利的請求項。如果請求項寫得太含糊，通常得不到許可；如果請求項寫得太精確，又可能掛一漏萬。專利局雇用很多委員負責審查專利申請，他們替國家進行把關的工作。專利申請人把專利範圍寫得太小，他們不管。萬一專利範圍寫得太大，就會遭到駁回。這就像是圈一塊屬於自己的土地，圈小了沒人在乎，圈太大就會引起抗議。

因為專利保護的是概念，有時候難免會有認定上的問題。一個產品是否侵犯了某個專利的某個請求項，常常是很難判定的。有些公司就會利用這種判斷上的問題騷擾別的公司。為了保護自己的利益，很多科技公司聘請精通專利的法務人員。這些人不但要申請專利，處理其他公司的侵權指控，還要留意自己的專利有沒有受人侵犯。見到偷腳踏車的現行犯，警察可以抓，一般人也可以抓。檢查專利有沒有受到侵犯，別人可不會幫忙。在制度完善的好公司裡，專利人員還能避免研發單位侵犯別人的專利，甚至是分析別人的專利，以找出未來適合的研究方向。如果別的公司用有問題的專利指控侵權，專利人員還要蒐集資料，設法舉發對方專利無效，或是帶著證據去跟對方談條件。

到外國申請專利權

我們常常聽說什麼產品申請「國際專利」或「世界專利」，其實這是不正確的。我們可以說一個發明得到中華民國專利、美國專利、英國專利、德國專利、日本專利、巴西專利……，但是只要這個發明沒有在俄羅斯得到專利，拿什麼國家的專利在俄羅斯都等於沒用，專利權是每個國家自己決定給的。因為申請專利既花錢又曠日廢時，通常還得請人把專利申請書翻譯成申請國家的文字，很少人會去申請阿爾巴尼亞的專利，除非這項專利很可能在阿爾巴尼亞賺

大錢。就連有錢的大公司，通常只在幾個主要的經濟大國或是可能仿冒的國家申請專利。理論上如果一項科技困難到二十年內沒人能仿冒，大概就用不著申請專利。但是就連營業秘密都可能遭到洩漏，我們還是得花很多錢在世界各國申請專利。

因為到世界各國申請專利很麻煩，就產生了優先權的制度。有些條約允許發明人在其中一個締約國先申請專利，其他國家在一定期間內再補上申請書也可以，這是個對發明人很方便的制度。一方面申請時間變得比較充裕，另一方面如果發現自己的發明缺乏商業價值，也可以省下在其他國家申請專利的花費。

所謂的「國際專利」現在還是夢想。也許有一天，歐洲會建立單一的專利制度，或許美國和日本也會加入，但是現在談可能還嫌太早。

研究智慧財產權的途徑

智慧財產權除了有時候很討厭以外，其實是我們在國際商場上自保的重要工具。貿易對台灣經濟的重要性已經不必多談了，然而國際經貿沒有道義，最密切的貿易伙伴往往就是最欺侮人的惡霸。如果政府又不能當企業的後盾，台灣的商人要如何保護自己？除了充實自己對法律的認識，妥善管理自己的智慧財產外，能做的也不多了。商業法律和一般人認知的法律經常相去甚遠，日常生活中我們都知道不該殺人和搶劫，但是在商場上，很多規則是強者建立的，弱者的主張沒人聽。今天的智慧財產權規則顯然不會刻意偏袒台灣，要如何在規則不利的情況下爭取比較平等的對待，就是我們研究智慧財產權的目標。

以成立最早的交通大學科技法律研究所而言，招收的學生分為科技和法律兩種背景。前者要具備科技產業的知識與經驗，後者要

有一定程度的法律基礎。除了要能夠活用基礎知識之外，外語能力是另一個重要條件。最好能熟練的閱讀英文，並且用英語和人據理力爭。有些人以為學英文是用來討好老外，也有人認為學法律用不著在乎英文，這些都是錯誤的觀念。在智慧財產權的領域裡，英文不僅是打招呼跟問好，英文也是吸收知識，以及說出自己主張的工具。當然除了英文之外，其他的主要語文也是有用的知識。流暢的中文和分析批判的能力更是不可或缺的基本需求。

對於只想瞭解基本智慧財產權的人，交大科法所也經常舉辦免費與付費的演講跟研討會，並提供很多學分班的課程。各位可以在科法所的網站：http://www.itl.nctu.edu.tw/找到最近舉辦活動的資料。不管是來聽一場演講，還是修幾個學分，或者是修完整個專利工程師學程或是法律學程，相信都能得到收穫。

奈米科技與智慧財產權的展望

從過去資訊產業的經驗看，奈米科技發達之後，智慧財產權的應用必定跟著突飛猛進。我們甚至可以很負責的說，如果台灣提早進行智慧財產權的佈局工作，還可以避免不少損失。例如鴻海科技就號稱自己是「一路被別人告大」的。因為鴻海在創業初期不斷經歷外國大廠的專利權訴訟，當時便痛定思痛成立強大的智慧財產權部門。如今不但能保護自己，也能積極作戰。

智慧財產權不見得就是逼迫別人就範的武器，但是隨著奈米科技的應用不斷擴張，每個產業都可能多少用到一些奈米技術。即使自己不從事研發，只要是使用別人的原料或成品，還是不見得能自外於智慧財產權的競爭。因此不能忽略對智慧財產權的基本認識。

法律雖然不等於科學技術，但卻是科技最好的朋友。交大科法所有句話說：一個好的法律應該是讓社會交易活動能夠正常的進

行，法律不是告訴人這個不可以、那個也不可以。我們應該善用法律，使得有技術的人，有眼光的人，都能發揮他們的能力。我們不是講鑽法律漏洞。而是說在競爭激烈的商場上，成功的人必須善用法律所賦予的自由和權利。否則老是受到別人的限制，怎麼能在國外和別人競爭呢？

● 求學心得　　　　　　　　　　　　　　　李筱苹

　　在台大法律研究所求學期間，蔡明誠、謝銘洋、王文宇、陳聰富等教授的課讓我對高科技智慧財產權法、法律經濟分析、法社會學等跨領域(interdisciplinary)的法律問題開始產生興趣；之後我到美國念書，先後在哈佛及史丹佛兩所學校就讀。哈佛大學是美國最古老的學府，其法學院亦是名聲響亮，培育出無數的社會菁英；史丹佛大學則是位於北加州的年輕學校，校史僅有一百多年，但其名聲已可與美國東岸的哈佛、耶魯等老牌名校並駕齊驅。

　　哈佛及史丹佛兩校的跨領域法學研究均相當興盛，可以選擇的課程琳瑯滿目。以電信法為例，起初以為不過是技術性的規範，實際接觸後才發現電信法的研究與言論自由、隱私權、國家安全、科技整合等議題以及智慧財產權法、公平交易法、經濟學、傳播學等科目皆有密切的關係，並且均有專門的課程可供選修。

　　由於美國的法學教育是定位為學士後的專業養成教育，因此法學院的學生在大學的主修各自不同，有學文史哲或經濟等科目的，也有原本主修物理、化學或生物的學生，這樣多元的組合加上美國校園中活潑、勇於表現的氣氛以及法學院獨特的蘇格拉底式教學法(Socratic method)，使得課堂上充滿挑戰，並不時閃現智慧的火花。此種教學法是哈佛法學院第一任院長朗代爾(Langdell)所創，後來為美國其他法學院陸續採用，成為美國法學教育最大的特色。有別於

教師單向授課而學生有問題才提問的方式，學生在上課前必須先研讀老師指定的若干案例，上課時老師直接發問，先請一位學生報告案例事實、爭點及法院的判決，再提出一系列的問題，包括判決的理由、個人同意或不同意的理由、與其他案例的相似或不同處等，在反覆論辯的課程中，老師也常適時地變化案例事實，再請同學依據不同的假設情況思考，由於老師會隨時抽點不同的學生回答問題，其他同學也可自願參與討論，所以除了課前的準備要做得充足外，課堂上的氣氛總是既緊張又熱烈，課後同學們也常欲罷不能地延續課堂上的激辯，而這些訓練對學生分析、歸納及應用能力的培養均相當有助益。

在科技法律的研究方面，哈佛法學院設有伯克曼網路與社會中心(Berkman Center for Internet and Society)，專門研究網際網路對教育、圖書館、文化、選舉、法律、經濟等社會層面的影響，並常與鄰近的麻省理工學院合開網路與法律的課程，兩校選課的同學在合作報告的過程中可以截長補短，令學習效果加倍。

史丹佛大學則因位居矽谷，學術與產業間的互動更為密切。史丹佛法學院提供相當多的科技法律課程，包括網路法律、電子商務、生物科技、資訊通訊、智慧財產權等，在科際整合的潮流下，這些課程因時有商學院、醫學院、理工科系或經濟系的合作與支援而充滿趣味和挑戰，也令法學研究有別於紙上談兵而走在時代與科技發展的最前端。法學院內的史丹佛法律與科技中心(Stanford Program in Law, Science & Technology)常舉辦相關的研討會或演講，使學生們有機會與 HP、Sony、eBay、前 Napster 等企業的執行長或高階經理人對談，吸取第一手的業界資訊。在這樣的環境中，我深覺視野大開，除加強法律的基礎訓練外，也至工程管理系及大傳系等外系修課，期望對法律、科技、產業與社會間的相互影響有更深入的瞭解。

　　另外，在美國頂尖名校中，史丹佛大學是唯一設有海外研修課程的學校，史丹佛的學生皆可至其於牛津、巴黎、柏林、佛羅倫斯、莫斯科、京都、聖地牙哥等地特別設立的史丹佛中心修一至二學期的課，學校除聘請當地大學的教授外，史丹佛的教授也會輪流至海外中心授課。我到美國求學後，除加強自己的英文外，也在學校的東亞語言系選修日文課，作為念法律以外的調劑。二〇〇二年春季，我獲准至位於日本京都的史丹佛技術革新中心(Stanford Center for Technology and Innovation)就讀，該中心於一九八九年成立，目的在深入瞭解日本以至於全亞洲的科技發展現況與社會制度，並增進美日的交流，為美國培養「知日」的人才。在學校精心設計的課程中，我對日本的科技發展以及政經制度均有進一步的認識，而透過多采多姿的參訪活動，我也見識到日本文化與社會的各種面貌，可謂獲益匪淺。

　　由於美國大學非常重視理論與實務的結合，學生多會利用暑假至企業實習，除賺取零用錢外，更能學得寶貴的實務經驗，作為日後學習及就業方向的參考。在研修課程結束後，史丹佛日本中心也依各人的興趣及專長安排暑期建教合作的機會，多數同學被分派至Toyota、Sony、Panasonic 等大企業工作，我則被安排到西日本最大的律師事務所實習。在兩個月的學習期間中，我參與許多高科技智慧財產權授權契約的擬定及修改，學習如何將學校的訓練實際應用在法律工作上。

　　如前所述，美國法學院學生都具有法律以外的專長，因此在受了法律的專業訓練後，比較容易選擇某一特定領域加以發揮，例如專利法、航太法、醫事法等專業領域。以我在史丹佛的指導教授約翰巴頓(John H. Barton)為例，他大學念的是理工，於美國海軍服役後又有長達七年的時間在電子實驗室當工程師，後來才成為律師，這

樣的背景使他在高科技法律的研究上游刃有餘。目前國內亦愈來愈
重視跨領域人才的養成，東吳、政治、交通等大學的法律研究所近
年來均培養出不少具備科技整合能力的法律專業人才。

　　以地近新竹科學園區的交通大學爲例，其與業界合作密切、相
輔相成，在專業人才的培養上尤具優勢。從美國名校的經驗得知，
一所大學對外的募款能力以及內部的相互支援至爲重要；哈佛及史
丹佛兩所學校均打破學科間的藩籬，樂於與鄰校或外國學校合作，
致力於培養具有宏觀視野的跨領域人才，而校長及院長的募款能力
更被視爲個人能力強弱的重要指標，以哈佛法學院的院長羅伯克拉
克(Robert C. Clark)爲例，他因爲具有超強的募款能力而能於一九八
九年至今穩坐了十四年的院長寶座。交通大學除師資陣容堅強外，
校內院系間的良好互動亦素具美名；另外，交大校友成功後往往願
意慷慨解囊，回饋母校，學校本身的競爭力勢將不斷提升。在當前
這股知識化、全球化以及科際整合的浪潮中，交通大學未來的發展
及貢獻相當可期。

● 奈米科技發展策略　　　　　　　　徐作聖

緒論

　　小時候總是喜歡將小水珠滴在蓮葉上，觀察水珠爲何都不會殘
留在葉上，而且自行會凝聚成大的水珠滑落，尚沈浸於童年時期對
於蓮葉自然現象的好奇，驚嘆大自然現象的神奇。二十一世紀的今
日，一群科學家就找出這種自然現象的答案—『奈米』，原來蓮葉表
面不沾污泥、鴨子翅膀不會透水，就是一種「奈米現象」的表現。
過去常玩的滴水珠遊戲，就是荷葉效應所造成，所謂的荷葉效應
(Lotus effect)，指出荷葉之所以能出淤泥而不染、水珠不會分散的原

因，是由於荷葉表面是自然的微小奈米級顆粒組成，而這組成的分子相當微小，微小到讓污泥、水粒子不容易沾附表面。

一九五九年，知名諾貝爾物理學家理察費曼（Richard Feynman）提出一項驚人的想像：「將二十四卷的大英百科全書全寫在一個針尖上。」，對於當時擁有的科技而言，這似乎只是一個夢。但是，對於擁有奈米技術的現在，科學家說，這只要縮小四千萬倍就可以了。因此奈米技術將人類帶向另一個完成夢想的時代。

奈米科技為二十一紀加入一股新的活力，也為資訊時代帶來第四波工業革命，創造出嶄新的機會。大家都將奈米科技視為人類科技上一個新的里程碑，但實際上，奈米並不是一個技術，它只是一個長度單位，以及代表在這長度範疇內會發生的特殊現象。

但是在沈浸於奈米科技所帶來的美麗新世界的同時，令人不禁要問：一般熟知的物理、化學、光學、材料等原理及定律是否適用？是否需要新的理論來描述奈米世界？這也是發展奈米科技的過程中，必須深思的問題。

奈米科技的應用

廿一世紀新科技主流涵蓋生物基因、網路技術及微小化，其中微小化—「奈米技術」（nanotechnology）已成為科技及工業界新寵，備受各界關注。奈米技術可應用於分子電子學、生物化學、觸媒、基因組與醫學、有機化學、高分子化學、物理化學及感應器等領域，全球奈米粒子主要市場涵蓋電子、磁學及光電，生醫、醫藥及化妝品，能源、觸媒及結構體，奈米科技之所以會受到矚目，是在於近年來電子產品追求輕薄短小的趨勢，使得人類對於微小化材料的需求甚殷，也使得電子元件已由微米（10^{-6} m）範圍邁入奈米（nanometer＝10^{-9} m）範圍。而且微小化材料所代表的意義，除了能

夠使得電子產品更爲輕薄短小外，就是由於材料當微小化到一定程度後，其物性就會產生相當的變化，而形成很多的特殊功能，所能夠應用的範圍便更爲廣泛。目前，奈米科技已經發展到能夠對物質極微細尺寸的操縱，並且技術上已經能直接移動原子。而這層技術的可怕之處在於：如果你可以隨意操縱組成物質的原子，就能任意改變、創造物質。

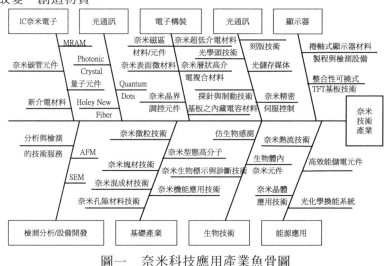

圖一　奈米科技應用產業魚骨圖

資料來源：徐作聖教授研究室整理

　　目前奈米科技在產業上的應用範圍包含：IC 奈米電子、光通訊、電子構裝、資訊儲存、顯示器、能源應用、生物科技、基礎建設、檢測分析/設備開發、奈米材料、加工與模擬，如圖一所示，其中商品化的情況漸漸成形。

奈米科技生活化

　　當一個新的技術開始發展的時候，一般人所思考到的第一個問題一定是：『新科技』會對於我們的生活造成什麼影響？雖然，奈米科技目前在全世界各國正如火如荼進行著激烈的競賽，但是在我們的日常生活上，已經開始出現由於奈米科技發展而造成的改變，例如遠東紡織所發展出的奈米外套，由於內裡含有奈米陶瓷顆粒，而導致衣物不沾灰塵又保暖，這只是奈米科技對於我們生活所造成的小小變化。除此之外，奈米科技又是如何融入我們的生活當中，使得科技生活化呢？

　　奈米科技生活化主要是來自於奈米材料的應用所造成的，由於材料進入奈米尺寸後，物理及化學性質就產生革命性的改變，就等於是全新材料，可以運用在許多的產品上。國內第一大建材公司衛浴龍頭和成欣業（HCG）採取提昇的策略，應用奈米科技所造成材料特性的改變，而將公司的產品做有效的提昇，開發出由奈米技術研製出來的不沾污垢、具有自潔功能釉料，並將釉料使用於馬桶等衛浴用品上，創造出產品新的附加價值；另外，包括多年前轟動全球軍備界的隱形戰機，就是將大小只有奈米等級的材料做成塗料後，得以吸收紫外線，以使雷達難以偵側其方位的運用。相同的，中國大陸解放軍現在產製的隱形衣，也是運用類似的材料做成，具有黑暗中不易被分辨出來的功能。而以生產 Nike 運動鞋聞名的豐泰企業集團，配合奈米產業技術潮流，正研發奈米運動鞋，運動鞋若加入奈米的複合性材料，不僅可降低重量、增加強度外，更有可能大幅提升其他功能。永豐餘把可以防水、防油的奈米技術塗料使用在紙製容器，奈米技術紙容器可以當成塑膠容器使用，而且這層塗料也能自然分解，符合環保。長興化工研究所實驗室裡正進行防水布料測試，塗抹上奈米技術的衣服布料，放在水龍頭下沖水不但不濕，連水珠都不沾。

　　而奈米科技對於我們日常生活的直接影響，還有一項相當重要的產品改良—電池。電池的消耗量大、待機時間短，是目前所有使用攜帶式電器產品者最大的困擾，但是運用奈米表面處理技術做成的電池，可讓電池壽命延長數倍，體積還可以小一半以上，爲電池產業帶來驚人的改變。

　　將電池產品奈米化，主要是由於五年前工研院的研究人員發現，將不織布表面做處理，也就是將其表面粒子奈米化所產生的特殊現象，運用在可重複充電電池的原材料—電池隔膜之上，一方面可以增加電池的使用壽命，一方面也可使電池的可充電次數，由三百五十次提高到五百次，延長電池使用年限約一年。

　　如果再配合電池的正負極也做奈米化處理，效用還更高，電容量最高可提高兩倍至三倍，而體積則可縮小至原來的二分之一或三分之一。

　　但是將電池應用在手機這種小體積產品，只是奈米電池隔膜的初級運用。工研院正在研究將這個技術導入電動車上頭，期望阻礙電動車發展瓶頸—電池容量太少、體積太重、生產成本過高的問題，能夠透過奈米技術的應用而有所突破。

資訊產業的奈米效應

　　隨著科技發展日新月異，反應慢、笨重的材料已日漸被淘汰，取而代之的是反應速度較快且體積微小的奈米材料；所謂的奈米科技，便是以基礎科學爲根基。以奈米材料爲對象，研究的方向著重在實際應用的化學、物理、光學與機械所需要的特殊及特定功能材料。近年在資訊應用上，科學家在奈米元件材料的製作已經有相當的進展，如場發射器、單電子電晶體、巨磁電阻層等材料元件晶片。

　　至於在後續的研究發展上，仍需基礎擬態物理研究與化學合成

有效的整合，才可使奈米科技的效應發揮最大的功效，近年在這類的整合研究上已經有些傑出的發展；不僅在於它所擁有的實際應用價值，更是在基礎科學中開發出許多新的領域。例如：新開發的材料─中碳六十、碳奈米管、半導體奈米晶體、中孔徑分子篩等，另外在應用領域上的開發，更是廣受矚目。

　　至於在資訊產業中，對於奈米科技所投入的狀況，又是如何的激烈呢？早在一九八０年代，如 IBM、恩益禧（NEC）等國際大廠，即投入奈米現象的研究，目前的發現也指出，在操控小分子世界的儀器出現革命性進展後，科學家們已能透過操控奈米級世界中原子的排列，創造出一些奈米等級、具有比現在所有材料所不能及的可貴特性的材料，而這些材料所能製作出來新的電子元件，足以取代目前半導體的基本原料─矽。目前，經過操控奈米等級的原子生產出來的新原料，最有可能取代矽在半導體地位的，當推碳奈米管。

　　碳奈米管在微觀尺度上為石墨，是一般筆蕊或電極的材料，平凡無奇且價值低廉。可是如果把石墨平面捲曲成所謂的碳奈米管的話，其價值便與微觀下的材料完全不同。碳奈米管是一種奈米尺寸的圓筒形碳管，特性是抗拉強度是不鏽鋼的一百倍，彈性極佳，彎折九十度仍不會斷（一般碳纖維管折九十度即會斷裂），導電性、導熱性都強，一般預期未來最爆發性的運用即在 IC 元件中。由於碳奈米管的特殊性質，適合運用在緊密的電路空間裡將高熱量散佈出來，如果碳奈米管的品質控制得當，還可以將其做成奈米導線或是奈米半導體；另外，碳奈米管具有低導通電場、高發射電流密度以及高穩定性的特性，若結合場發射顯示器（FED）技術，便可實現傳統陰極射線管（CRT）扁平化的可能性，提升平面顯示器的發展，由於其效能極高，有機會取代薄膜電晶體液晶顯示器（TFT-LCD）的地位。

　　預計未來的半導體將由碳奈米管合成，具有較現行半導體還高的效率。奈米電子是奈米科技裏最重要的分支，目前 IC（積體電路）的微電子技術在過去四十年，運算速度增加了三千倍，記憶體密度增加 100 萬倍，要再更快更小就得靠奈米技術。因此，目前全球的半導體業即將從微米進入奈米級量產製程，奈米製程晶片擁有的運算更快（超過 Pentium-4 速度百倍以上）、面積更小（約爲現有 0.13 微米製程的一半)。著名的摩爾定律目前由於受限於矽原始的物理性質無法繼續提升性能，如果要讓摩爾定律仍有效，將來必須利用奈米技術突破。

　　不過，由於目前奈米科技發展尚在萌芽期，因此市場上所需要負擔的造價仍是相當高昂，例如韓國三星（Samsung）電子預計在二〇〇三年就要將碳奈米管製成的顯示器推至市面，只是造價極貴，因爲一克的碳奈米管高達六十美元，比一克只要十美元的黃金還貴。一般預料，一克要能降到一美元以下，大規模的商業運用才可能出現。因此，雖然奈米科技的研究發展仍持續不斷的在進行當中，但是其在資訊產業中，實際要商品化，仍有一段不短的路需要走。

奈米生技

　　引用二〇〇一年亞太經合會議（APEC）的報告，奈米生技最快要到二〇二〇年以後才有具體的進展。亦即運用奈米級的醫療機器進入人類身體進行修復工作的分子機械，最快還要再過二十多年才能實現。

　　奈米生技的發展，則是另一項市場新機會。奈米微小的特性創造出奈米醫用機器人，分子大小的奈米裝置，可以通暢無阻地進出人體去進行檢測、治療、給藥。目前，生物醫學界中，從心律調整器、人造心臟瓣膜、探針、生化感測器、各種導管、助聽器、大腦

內視鏡、奈米內服藥物等，已將微系統科技發展到奈米境界，並造成革命性醫療的新方法。

　　現階段，許多大學將醫學技術與奈米技術相結合，所造成的發展相當豐碩。在治療癌症病症上，柏林洪堡大學教學醫院發現，一定的奈米氧化鐵（Fe_2O_3）粒子配合外加磁場加熱誘導可殺死癌細胞。方法就是，用糖衣包裹氧化鐵粒子偽裝，可以成功逃過人體免疫細胞的攻擊而安然進入腫瘤組織內，加上交換磁場，在維持治療部位$45°C~47°C$的溫度下，氧化鐵粒子便可以殺死腫瘤細胞；美國密西根大學研發可摧毀病毒和癌細胞的奈米炸彈，尺寸僅二十奈米，可以在人體內辨識病毒、癌細胞然後準確摧毀，也可以改變成攻擊大腸桿菌。至於其他奈米科技在醫學上的應用，德國法蘭克福化療中心在研究愛滋病治方，將裝有遺傳蛋白的奈米級膠囊，故意讓免疫系統吞噬，遇到潛藏於免疫系統的愛滋病毒時，會打開膠囊封鎖病毒基因蛋白而控制病毒。國內的工研院也研發出指甲大小的發燒晶片，能找出發燒原因，利用奈米微小量檢測技術，憑著一滴血滴在晶片上，可以檢測出二十五種導致發燒的病毒。

奈米材料

　　如果奈米電子技術是高科技產業的維他命，奈米材料就是傳統材料、製造產業的強心針。奈米影響傳統產業以奈米材料為主，奈米材料從塗料、表面處理、粉體、複合材料、整體材料，從淺到深應用無窮。相對而言，奈米對傳統產業影響會遠大於高科技產業。

　　由於奈米材料對於整體奈米應用上的發展有相當深遠的影響，因此對於奈米是如何與材料相結合？奈米材料的性質又是如何？這都是對於認識奈米科技所應該先具有的知識。

　　奈米材料的定義是大小(Dimension)介於 1 至 100 奈米之間，亦

即泛指粒子尺寸大小在 1～100nm 範圍內的材料。由於奈米結構材料，其性質隨著粒徑大小不同而異，使奈米材料的各種特殊屬性漸為人所重視，於今乃發展成一重要的新機能素材。但是目前對於奈米材料的研究多半是以學術研究為出發點，因此要如何將奈米材料導入實際應用層面就是另一項挑戰。而奈米材料是屬於一項跨足化學、物理、生物與工程之間相互整合的研究，所以仍有相當的努力空間。

為什麼奈米材料會如此重要呢？奈米材料的物理性質或是化學性質與塊材間的差異又是如何呢？奈米材料所具有的特性如下：

一、奈米材料的晶相或非晶質排列結構與一般同材料在塊材中之結構不同。

二、奈米材料具有與一般同材料在塊材中之不同之性質，如光學、磁性、熱傳、擴散以及機械等性質。

三、可使原本無法混合的金屬或聚合物混合而成合金。由於奈米結構材料，仍有很多的化學性質及物理性質，諸如材料強度，模數，延性，磨耗性質、磁特性、表面催化性以及腐蝕行為等，會隨著粒徑大小不同而發生變化，而這些有趣及潛在的特性，促使奈米材料有應用價值。

四、催化性質。這項性質的來源，主要是由於奈米粒子體積非常小，材料表面與整體材料原子的個數比例值會變得非常顯著，所以表面原子的多寡代表催化的活性。

五、表面效應。由於奈米材料是由奈米顆粒組成，而球形顆粒的表面積與直徑的平方成正比，其體積與直徑的立方成正比。所以當顆粒的直徑縮小到奈米尺寸，會造成表面原子具有高的活性且不穩定，易與外來的原子結合。

六、量子尺寸效應。介於原子和大塊材料之間的奈米材料的能

帶將分裂為分立的能級，及能級的量子化。而當能級間的間距隨著顆粒尺寸的減少而增大，則會出現一連串與大塊材料截然不同的反常特性，此便成為量子尺寸效應，而此種效應會造成奈米顆粒的磁、光、電、聲、熱以及超導電特性。

七、　光學性質，由於奈米粒徑小於一般紫外光、可見光或紅外光波長，這會造成粒子對光的反射及反發散能力減低。這也是為何奈米材料可作為透明及隱身材料的原理。

八、　在磁性上，奈米鐵、鈷、鎳合金具有極強的磁性，且其訊雜比極高。

雖然奈米材料有許多特性，都是當前面對的環境中急需要的特殊能力，但是由於奈米科技是屬於一種基礎性的技術，因此仍需要藉由應用的層面才可以將其特殊的性質發揮的淋漓盡致，發現到奈米科技的重要性。因此二十一世紀高科技產業發展所具有的特性，正可以將奈米材料的應用徹底發揮。在當前的高科技產業環境中，奈米材料的發展是不可或缺的一環，新的功能要新的材料來滿足。例如具可塑性的光源，需要高效率的有機高分子發光二極體。

那麼到底高科技產業具有什麼特性，如此迫切需要奈米材料上的輔助呢？下面主要便是針對高科技產業特性與奈米材料間的關係進行說明：

一、　縮小化—無論在光電機械或醫學偵測各種技術上，目前趨勢都是朝向微小化技術發展，有微電路、微機械或微偵測器。在最小體積負載最大資訊，或精細控制，而為達到促使最終的產品可以邁向微小化的趨勢，因此奈米材料從中的貢獻便是不可言論的。

二、 智慧型功能—當材料微小化後，我們有希望它能多功能、
多應變。因此，智慧性材料(Smart Materials) 是一個很理
想的目標。

三、 環境友善—所謂環境友善，主要是環保上課題的重視，不
要再使用會破壞環境的材料。所有材料發展就要考慮其全
生的處置，從搖籃到墳墓。基本上微小化的材料就比較合
乎這目標，可自行分解之有機化學材料尤其有利。

四、 全球化—目前所面對的便是一個全球競爭的市場，而積極
開發出的技術，便是爲了因應這個全球競爭的市場狀況，
而在全球化的技術市場中，卓越的研究成果是非常重要
的，因此奈米材料研究的卓越化也就是必須的。由於奈米
材料只有近來十年的歷史，因此東亞在基礎研究上比較可
能迎頭趕上，將不會因起步太晚而無法與世界競爭。

從上面所顯示的情況可以瞭解，未來高科技產業的確非常需要
新的奈米材料來配合，而它只能從尖端的基礎研究能力產生，這是
今日科技發展中很關鍵的一環。預計在十五年之內，新的技術發展
將會興起於奈米材料和奈米技術的範疇。這對於電子學、積體電路、
感應器、光電子學與磁電子學的領域，將會造成廣泛的衝擊。

傳統產業在奈米技術的「加持」下，擁有返老還童之功效。對
於傳統產業造成的影響，主要是來自於原料素材特性的改變，陶瓷
表面奈米處理可以防污抗菌、尼龍加入奈米微粒可以耐熱、紙張衣
料加上奈米塗劑可以撥水撥油、金屬摻上奈米物質可以強度提升、
玻璃經奈米觸媒可以自動清潔，改變之大、數量之多、用途之廣非
常驚人。不過，台灣傳統產業的製造強但研發能力較貧乏，因此台
灣製造導向要轉爲創新導向，引入奈米技術會創造很多新的特性，
不只做成本競爭。這樣的想法落實在鶯歌的百康陶瓷。原本只負責

陶瓷原料生產的典型傳統產業，與工研院技術合作後能生產奈米級黏土，百康成功開發五種不同功能應用的奈米黏土。

不論是永不沾污的馬桶，或是抗紫外線美白的化妝品。或是，實驗室的科學家，想要利用奈米特性，製造出取代現有高科技的產品，譬如取代以矽為材料的半導體，以及不污染的電池。這都是屬於奈米科技的應用範圍，而奈米科技對於人類而言，只是在工業革命時代，及第二次產業革命的電晶體資訊時代後，科技技術演進以漸趨成熟後，可幫助人類邁向第三次產業革命的技術。

奈米服務業平台

奈米科技的應用範圍相當廣泛，所能夠涵蓋的範圍，從傳統產業到高科技產業，甚至是生技產業上，都是屬於奈米科技能夠應用的領域。但是從材料、電子、醫藥、光學等……，各領域具有其獨特的產業語言及溝通方式，因此在中間的連接點上便會產生偏差或是無法連結，所以奈米科技的發展過程中，在導入應用面的方式上，是需要具有一個共同的介面做為合作機制的基礎。

因此在奈米世界中，由科技發展策略的觀點做為出發，對於奈米科技發展過程中所適合的經營模式及策略，本書認為應該將奈米科技視為媒源，以高科技服務業之管理模式發展奈米技術，並且使其與市場應用結合。

基於奈米科技應用於實際產品上，需要有一個共通介面的基礎，因此奈米科技的推廣中是需要一個平台的設立，之所以稱之為服務業平台的主要原因，因為這個平台設立後主要的工作內容就是服務，提供不同需求的人在平台上達到所需要的目的，可能是交易研發出的奈米技術，也可能是獲得改善產品特性的奈米技術。總而言之，奈米服務業平台主要就是提供一個共通的介面，促使擁有奈

米技術或是需要奈米技術的單位，從這個平台中得到滿足。

所謂市場上只要有需求就會有供給，從中便可達成交易，基本上應該不需要一個平台的存在。但是，在奈米科技發展迅速的今日，為什麼需要奈米服務平台的存在呢？這都是由於奈米科技本身的先天條件所造成的，因為它應用範圍廣泛，從材料電子、材料、生物、醫學、藥物、通訊、化學…等，但是並沒有公司或單位對於這每一個領域都能夠相當專業，因此也就產生了資訊不對稱或是資訊無法流通，這個時候奈米服務業平台的功用便產生，也就是扮演中間的媒和機構，將這些本來受限於自己本身專業領域而無法與其他領域專家溝通的單位串連，使他們在彼此不需要詳盡溝通的情況下，透過平台的機制便可以達到技術交易目的。

所以，在平台的建立上，需要有一個跨領域專家團隊，從中協助媒和。目前所認為最適合成為這個專家團隊成員的條件，除了本身有跨領域的能力外，就是一定要具備材料學的知識及能力，因為在奈米科技的發展過程中，奈米材料自始自終都具有相當程度的影響力，因此在這個奈米平台中，奈米材料的專家是最不可或缺的。除了專家團隊外，在整個平台中需要建立三個小平台：技術平台、市場平台、金流平台。

技術平台，這個平台建立的主要目的是為瞭解目前整個奈米技術發展的狀況，在創意、研發、適量產、或是量產等階段，大約具有些什麼技術，以及這些技術又是在於何種層級之上。市場平台，主要當然是目前市場對於奈米技術需求的狀況或是趨勢，簡單的說，也就是瞭解需求面的所有資訊及情勢。金流平台，這是在平台建立中，最重要的一環，因為沒有完整金流體系，所有一切都只是空談，甚至是會引起法律訴訟上的問題，因此完善且安全的金流平台，是建立整個奈米服務業平台中相當重要的一個環節。

　　再來，就要依靠奈米專家團隊將技術平台（供給面）與市場平台（需求面）進行連結，撮合成功後便可在安全及完善的金流平台上進行交易。當然，在這些大大小小平台的背後，必須要有相當強而有力的行政及營運部門支持，平台的行政及營運部門基本上與一般公司無異，但是比較特別的是，奈米服務業平台需要依靠強大健壯的市場行銷部與法務部門建立公司整體運轉的機制。市場行銷部，是由於奈米服務業平台中的市場平台，是需要相當的人力，進行整個市場的研究、客戶調查、趨勢及經濟情勢研究；而法務部門，

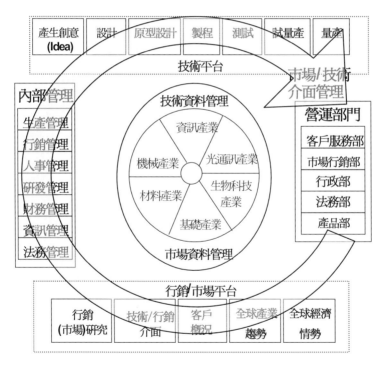

圖二　奈米科技服務業平台概念圖

資料來源：徐作聖教授研究室整理

是由於一般在服務業平台的企業模式中，法律訴訟案件是相當常發生的，因此為保護客戶的交易安全及建立客戶對於平台的信任感，因此需要有優秀的律師群，專門處理這些興訟案件。

如果說，你仍然對於奈米服務業平台的概念無法清楚的瞭解，可以參考圖二，圖二是整個奈米服務業平台的建立概念。其實，如果要將奈米服務業平台的建立概念與目前已經存在的企業經營模式比擬的話，可以說是與美國的電子海灣（eBay）理念大同小異，同樣是利用不同群體中資訊無法流通及不對稱的情況，相應所產生的服務需求，以平台的概念作為發展的策略。

● 台灣推動策略與現況　　　　　　　　　徐作聖

推動策略

奈米科技，將是廿一世紀科技與產業發展最大的驅動力。奈米科技正在創造新一波的技術革命與產業，不僅將改變我們製作事物的方法，同時也會改變我們所能製作事物的本質。預測未來奈米科技所產生的新材料、新特性及其衍生之新裝置、新應用及所建立之精確量測技術的影響，將遍及儲能、光電、電腦、記錄媒體、機械工具、醫學醫藥、基因工程、環境與資源、化學工業等產業。如何將奈米科技的特性，轉成實際應用進而產生具體經濟成效，是今日所有科技發展先進國家重視奈米科技最主要因素，也是台灣將奈米科技納為國家型研究計畫的緣由。

過去幾年來，在我國政府相關政策制定會議中，陸續揭櫫重要之奈米科技政策；如八十九年十二月行政院科技顧問會議與九十年一月全國科技會議結論皆指出奈米科技為我國未來產業發展重點領域的方向。而行政院科技顧問組於九十年十一月召開的「奈米技術

圓桌策略會議」，就目前之奈米研發之計畫面及執行面，與國際奈米發展深具經驗人士充份交流，更明確的設定方向，指導我們如何在有限資源前提下，整合國內相關資源從事奈米基礎科學與應用技術的發展。在這陸續召開的會議中，台灣奈米發展的列車也正式開動。另外，除了先前數個與奈米發展政策相關的會議外，在西元 2001 年到 2002 年之間，在奈米發展上尚有幾個影響深遠的決定：

+ 2001 年 11 月工業局將選定未來新的十項新興產業內涵包括「奈米技術應用工業」： 預估 2010 年奈米技術商品化的產值可達新台幣五千億元。

+ 2002 年 1 月 8 日陳水扁總統蒞臨工研院啓動我國國家級奈米計畫，預計從 2002 年開始，將分 6 年投入新台幣 192 億元，其中 67% 是由經濟部技術處提供。

+ 2002 年 1 月 16 日工研院成立奈米科技研發中心，奈米國家型科技計畫將從 2002 年開始至 2007 年，共編列預算約 192 億元，其中約有 100 億的計劃經費將在工研院執行。

　　台灣在推動奈米科技的過程中，主要是希望從人才培育與資源共享做起，逐步建立自主的卓越學術及產業技術，期在短時間內我國奈米技術發展，可與先進國家同步，甚至超越，使我們在奈米科技產業全面開展時，可以領先成爲奈米科技新產品的製造國及技術的擁有者。

　　也就是依據這些先前所制訂的政策作爲基本原則，台灣所規劃的奈米國家型科技計畫希望整合產學研力量，建立我國發展學術卓越和相關應用產業所需要之奈米平台技術，同時加速培育奈米科技所需人才，奠定我國奈米科技厚實之基礎；並且全力推動「創新」和「整合」，利用奈米科技帶來創新的機會，結合我國過去累積在高科技製造業的優勢，以及在學/研機構長期建立之研發能量，著重創

新前瞻之研究，開創我國以技術創新、智權創造為核心之高附加價
值知識型產業。

　　至於目前台灣推動奈米科技主要的策略為何呢？為使奈米科技
能夠有效實施與深根，因此整個推動機制的過程大體主要分為三個
部分，分別是就其環境的建構、合作機制及推動與育成方式：

1. 奈米產業發展所需之環境建構：在推動奈米科技中，首先要完
　成的便是整個適切環境的建構，因為唯有完整的孕育環境，才
　可以發展出成熟的技術，不論是在硬體設施上，或是軟體的人
　才方面，都是推動機制環境中部可缺少的部分。

　A. 舉辦研討會，密集進行奈米產業人才培訓。

　B. 編撰各行業的奈米技術知識書刊。

　C. 建立知識與奈米產業需求網站，推動奈米市場交易。

　D. 調查國內各研究機構及大學相關奈米研究方向與週邊設
　　施，以為分析、檢測、品管及合作開發聯絡。

　E. 選擇商機潛力高，影響產業大之奈米技術／產品，進行評
　　估，尋求創投資金投入及促成新奈米科技公司；國際合作、
　　技術引進或設立研發中心。

　F. 成立奈米產業推動計畫辦公室，規劃聚焦奈米重點方向，協
　　助環境建構事務推動及智權分析。

2. 產、學、研的合作機制：由於奈米科技是下一波產業革命無法
　避免的趨勢，各國的政府都相當積極的投入，而在台灣的奈米
　熱潮更是廣掃產業界、學術界及研究機構。由於奈米科技是我
　國政府發展的重點項目之一，無論產、學、研的單位，無一不
　積極投入，因此為有效結合資源，不使得火力分散，台灣所採
　行的作法主要是由政府部門—國科會及研究機構—工研院出面
　統合，進行國家行計畫的執行，結合產、官、學、研的力量，

並分別就不同的目標發展奈米科技。

　　國科會奈米國家型計畫主要的目標是：(1)奈米結構物理、化學與生物特性之基礎研究；(2)奈米材料之合成、組裝與製程研究；(3)奈米尺度探測與操控技術之研發；(4)特定功能奈米元件、連線、介面與系統之設計與製造；(5)微/奈米尖端機械與微機電技術發展；(6)奈米生物技術

　　工研院則是先設立奈米科技研發中心，以此中心為主軸發展奈米國家型計畫，工研院的奈米計畫偏於應用研發方向，將以奈米材料、奈米電子與奈米生技作為三大研發主軸，並結合加工／製程、檢測技術／設備開發與模擬等平台技術及製程環境技術，同步積極推展。

3. 奈米產業推動與育成：這個階段策略重點在於──奈米技術成熟，由於技術成熟面臨到產業化及產品化的瓶頸，因此需要藉由政府相關機構的協助，輔助產業的發展與推動，及其他技術應用企業的育成工作。

A. 既有奈米技術之實用化。

B. 新奈米技術的應用與實用化
　──民生化工與金屬機電產業之應用
　──電子產業奈米應用

C. 現有奈米量產與加工設備研發與引進。

D. 新奈米製程與加工設備引進與研發。

E. 進行跨產業旗艦型／關鍵奈米材料量產系統開發。

F. 針對奈米重點產品，促進產業聯盟，引導上、中、下聯結開發旗艦型產業。

G. 進行國內外奈米商機調查，發掘利基產品／技術以提供產業投入參考。

H. 進行奈米關鍵技術與材料應用特性探討，並進行商品化可行性評估。

至於，除了台灣目前所進行的推動機制外，本書尚認爲可以在以下的部分加強：

1. 成立基礎材料科學中心 — 促進有關材料科學的研究與教學，定期研討加強國際交流：

由於材料是奈米科技推動中主要的動力，再加上材料科學的日新月異，從傳統的民生用品、建築材料以至當今光電材料的崛起，有著革命性的發展。因此在推動機制中，材料領域是不可忽略的部分；就學術領域而言，材料基礎科學的研究，在世界各知名大學中，多成爲研究的主流。奈米材料的開發，事實上是結合了化學、物理及工程的知識，從半導體、光碟片、液晶到發光二極體，無一不是由跨越不同領域研究群的研發結果。因此在二十一世紀的今天，各種專業的合作，已成爲不可抗拒的潮流。

而且材料科學是一個跨領域的學科，目前在大學，絕大多數從事這方面研究的同仁們，多分散於理工學院不同的系所，因此既然材料是影響奈米科技發展的勝負關鍵，所以在推動機制中，基礎材料科學中心更是不能夠疏忽的一環。另外，藉由材料科學中心的整合，可以使台灣在推動奈米科技的過程中與台灣的工業界結合，推動產學合作，發展新型的高級光電材料，其中包括技術的轉移、專利的申請、工業生產的諮詢等。

2. 基礎材料科學教學：

設有基礎科學材料中心，除了作爲介面的主要功用外，其實也可以進行人才培育的工作。透過中心的運作，在各大學中，可逐步

規劃一個新的材料科學學程，它將包含物理、化學及材料科學之必修、選修課程，提供學生學習及研究之機會。國內近年來在電子科技的蓬勃發展，對於人材需求頗為殷切，有相當數量的理學院博士班及碩士班畢業生，走進電子行業，這足以說明台灣電子業急需材料科學專業訓練人材，這個現象在發展奈米科技的情況下更嚴重，因此訓練出奈米的人才更是迫切所需。在目前的研究發展上，將會著重於分子層次的知識。因此材料基礎科學的學程，將可以提供學生們有機會及早接觸材料科學這一領域。所以材料基礎研究中心的任務之一，就是設計材料基礎科學學程，為全校學生服務。由於材料科學涉獵極廣，在設計未來的學程，也當結合大學內其它院系教授及工業界先驅，共同規劃這些課程。

3．前瞻性及創新性研究計畫之推動：

我們認知唯有進行深入之跨領域合作研究，才能取得堅實的研究成果。未來材料科學的研究計畫，將包含物理、化學、電子、地質各方之人才共同合作進行。共同探討一些新型高分子聚合物及寡聚物之合成、奈米金屬導線、奈米孔洞、光物理性質以至基本元件的設計，屬於國家重點科技發展的範疇，所以奈米材料科學的研究計畫，未來可望成為前瞻性及創新性的研究計畫。

台灣奈米發展現況

2002 年，台灣決定投入逾三百億元經費研發「挑戰二〇〇八－國家發展重點計畫」中的國家型科技奈米科技及晶片系統科技，計劃在三至六年內，使台灣成為奈米科技產業的領導者和全球晶片系統設計中心。

由於奈米科技研發的影響，將遍及儲能、光電、電腦、記錄媒

體、機械工具、醫學醫藥、基因工程、環境與資源、及化學工業等產業，是廿一世紀科技與產業發展最大的驅動力，因此為台灣科技發展的重點項目之一。奈米計畫為期六年，分二階段實施，計需經費二百三十一億九千二百萬元。計畫以人才培育和核心設施建置為基礎，並以追求「學術卓越研究」及「奈米科技產業化」目標，希望我國在五、六年內成為世界級奈米科技產業化先導者之一，協助高科技產業創新，促進傳統產業升級。

在台灣發展奈米技術的過程中，工研院是推動傳統產業奈米技術升級的重要機構，國家奈米元件實驗室則專對高科技半導體產業，他們扮演的角色是望遠鏡也是橋樑。技術研發，有專業研究員與完整設備可以進行前端研究，產業合作則提供成熟技術轉移與合作開發產品技術。

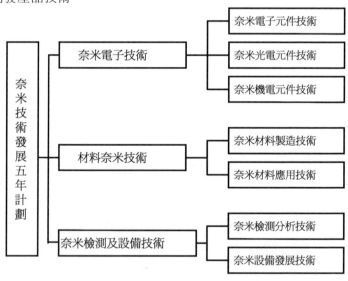

圖三　奈米技術發展五年計畫架構

　　至於，目前台灣產業界推動奈米技術的現況，主要是著重於其原料的發展，現行有在進行奈米及粒子生產的公司如下：

公司	產品	一次粒子粒徑/備註
中國合成橡膠公司	碳黑	20nm~100nm
國聯矽業公司	二氧化矽	20nm~100nm
杜邦公司	二氧化鈦	200nm~500nm
長興化工公司	化學機械研磨液 (CMP slurry)	使用奈米級膠體粒子 Colloidal Silica (10-15nm)
長興化工公司	透明導電薄膜之高硬度塗料	使用奈米級粒子
百康陶磁原料公司	奈米黏土	工研院化工所移轉技術
長春公司		將投資二億元於奈米技術
台灣奈米科技	色料、噴墨墨水、CMP 研磨液、陶磁	台中工業區設廠中

表一　台灣生產奈米級粒子之廠商
資料來源：工研院經資中心 ITIS 計畫(2002/03)

　　目前台灣在奈米材料科學的研究現況，主要有幾個具體的研究課題，分別敘述如下：

一、　半導體奈米材料製備基本物理化學性質的研究，及其在微電子和光學材料工業上的應用:半導體奈米材料，或其它金屬和磁性奈米材料的製備，皆可依兩個方向來進行：第一個方式是利用化學合成的方式，此方式是用控制化學反應中的反應條件，來控制半導體金屬和磁性奈米材料的生成，不論是利用固態化學的合成方式，或是利用溶液化學的合成方式，它的合成原理皆是由下而上的方式，也就是說由原子開始而反應

成所要的奈米材料。第二個方式是利用物理合成的方式，此方式是用現有的一些技術，例如：利用高能的雷射，作為成長的工具的雷射濺鍍法(Laser Ablation)，已廣泛被應用在合成奈米材料，此物理的方式大多是由上而下的方式，也就是說從一塊塊材開始而反應成所需要的奈米材料。以上這兩種合成的方式所需的資源及設備上，以目前台灣研究環境來說是足夠的，現在在一些化學及物理的系所中，已有研究人員在進行合成上的工作，而且也已經產生一些實際研究成果。而下一步要做的，是結合這些合成學家與其它具有基礎物理化學性質探測能力的研究學者，較深入的去探討這些合成出來的奈米材料，並做一些理論上的驗證。另外更重要的是：結合一些電機及電子上的專才，能將半導體奈米材料應用在微電子及光電上的元件。例如：將半導體奈米材料應用在發光二極體上，尤其是藍光或紫外光的二極體上，這些應用上的工作，應可直接的有助於台灣電子工業上發展，但以目前現況來說，學術研究上的成果直接與工業上的結合方面，仍需要政府的大力支持與推動。

二、 磁性奈米材料基本物理化學性質的研究及其應用的探討：磁性奈米材料可以說是在這個領域中，最早被研究的，主要是因為磁性材料，已廣泛應用在生活中的一些元件裡，例如：磁帶上的磁粉。而磁性奈米材料，自今在台灣，學術研究方向仍較偏重於磁性物理理論的探討，而較缺乏實際應用上的考量。另一方面，在材料及機械學術領域上的研究，卻是較偏重於塊狀磁性物質應用上的探討，並沒有針對磁性奈米材料有較多的投入。反觀擁有化學合成技術的化學家，因為本身的領域及所受訓練的限制，一般大多缺乏磁性材料基礎理論

上的知識，所以甚少投入磁性材料的研究。未來如能夠促使一些化學家，利用其現具有的合成設備，投入磁性奈米材料的合成，而後與理論及實驗物理學家相結合，共同去探討一些磁性物質在奈米大小時的特性，這樣才能產生創新的研究成果。另一方面，合成學家必須與機械或材料學家合作，一起共同開發磁性奈米材料的應用。以目前台灣在磁性奈米材料的發展現況上來說，非常缺乏整合性，未來必須利用各種學術研討會，召集各領域的人才，一起互相瞭解對方的技術，及研究上的需求或困難，如此，才能更進一步發展磁性奈米材料的應用。

三、　金屬奈米材料基本物理化學性質的研究及其在催化和特殊光學材料上的應用：金屬奈米材料在應用的考量上，最直接的就是在催化性質的應用，因爲金屬奈米材料具有高的表面積與體積的比值，與不同的表面原子的排列結構，可以預期的，它必然有一些特殊催化上的性質。以目前台灣的研究現況來看，此項研究需結合化學及化工兩方面的人才加以整合，雖然化學家已經可以利用簡單的化學合成方式，來製作出不同金屬的奈米材料，但是未來發展仍需化工方面人才的加入，進而去開發金屬奈米材料更多新的催化性質，特別是應用在石油化學產業上的催化反應。而當今在這一方面，台灣已有一些實驗室正在努力中。另外金屬奈米材料，在生化上的應用，也早已被發現，例如，金奈米粒子在去氧核醣核酸標記(Labeling)上的應用，因爲二十一世紀生化產業將是一項重大的工業，所以預計金屬奈米材料在生化上的應用，仍有一大片研究上的空間。最後值的一提的是，金屬奈米粒子在光學測量上，也將有一些潛在的應用價值，非常值得未來在研究

　上的投入。

四、　特殊奈米結構材料(Nanostructural Fabrication)製備技術上的發
　　　展及其在光電產業上的應用：特殊奈米結構材料技術上的發
　　　展，直接關係著台灣未來電子工業的發展，因為現今半導體
　　　製程，早已進入次微米時代，也就是 100 奈米的範圍，所以
　　　目前在學術界或者是工業界，已經非常重視這個研究領域，
　　　也已投入大量的資源與人力。現在在工業界上的研究方向，
　　　主要著重於量子井製程技術上的更新，及奈米薄膜結構上的
　　　研究，目前工業上研究的主力，大多是屬於技術上的發展，
　　　例如：發展蝕刻技術去製造奈米結構材料。因為物質在奈米
　　　的範圍內，其基本晶格結構，將會產生一些變化，所以奈米
　　　結構材料的蝕刻技術，可能將與製造微米級原件的蝕刻技
　　　術，有很大的不同。另外，奈米結構材料的光電性質，也預
　　　期將與微米級的材料，有所不同，因為，在奈米範圍內電子
　　　的量子限量化現象，可能會發生。而現今化學及物理學家，
　　　在學術領域研究上，與工業界的思考方向有某些的差異。因
　　　為現今學術研究較著重於「特殊」奈米結構上的製備，而進
　　　而探討其基本性質，所以學術的研究題目，是較理論性的，
　　　也就是因為較理論性，造成基礎研究與工業上的研究配合度
　　　仍嫌不足。未來台灣在特殊奈米結構材料技術上的發展，仍
　　　必須繼續投入金錢與人力，但也必須更加速學術與工業上研
　　　究的結合，畢竟無學術基礎研究上的支持，工業上技術的發
　　　展也終會受限制。掃描式微探測技術（Scanning Probe
　　　Techniques）上的發展及應用在奈米材料上的分析：掃瞄微
　　　探測技術的發展，直接關係著奈米材料的鑑定與分析上的進
　　　展，掃瞄微探測技術的進步，也將加速奈米材料合成上的進

展。目前掃瞄微探測技術，主要研究的人力是在物理界，而他們的主要研究方向，大多僅止於物理理論性質的探討，而缺乏實際技術上的開發，主要是因為學術研究成果上的壓力所造成的。未來，這些探測技術的發展，希望不僅能應用在奈米材料上的分析，而且應與實際產業發展上有所結合，所以我們必須整合物理學家與化學家及電機電子方面的專才，將這些微探測技術，做更廣泛的應用。現今台灣的微探測技術發展，是較落後先進國家，相對於台灣電子業的蓬勃發展，形成一種強烈對比，而微觀技術發展落後的原因，主要是政府經費補助上不足，例如：當今台灣整個貴重儀器中心，僅有兩台超高解析度穿透式電子顯微鏡，這種儀器是研究奈米材料科學中，一項必備的儀器，如此設備上的不足，在未來將會造成奈米材料科學研究上的落後，而且終究會對未來電子產業造成影響，所以政府應加強微探技術上經費上的支助及人才培養。

五、超分子化學 (Supermolecular Chemistry) 和自組裝（Self-assembly）材料合成技術上的發展及探求它們在各領域上可能之應用：目前台灣在超分子化學及自組裝材料研究上，仍處於剛起步階段，應該大力的推動。超分子化學及自組裝材料合成的人才，主要在台灣化學界，現今因各有機及無機的化學合成實驗室研究方向，仍是屬於較傳統的，所以如果能夠整合利用現有的設備及技術，很容易將研究的方向轉入超分子及自組裝化學材料上的合成，因為這些的合成技術並不困難。而主要的阻礙，大多在於合成化學家，比較缺乏材料應用上的知識，也就是說，如何將超分子及自組裝化學材料實際應用在元件上的知識。希望未來能整合化學家及

其它材料或電子方面的專才，共同對超分子及自組裝化學材料應用上的潛在性，做深入的探討，例如：有些超分子已經被預期可應用在非線性光學材料上，及用自組裝材料用來模擬生化物質上，未來在電子產業中的應用，例如：製備導電或發光元件上，也是被預期的。超分子化學及自組裝材料的發展，因並不需投入大量的經費，所以，在未來幾年中，希望能促使更多的化學家投入此項研究領域。

六、　介觀物理理論上的探討及介觀物質物質合成技術上的發展（Mesoscopic Physics/Technology）：介觀物質在合成技術上，就如同超分子合成一樣，並不困難，利用一些簡單的合成設備及一些普通的化學及生化上的知識就可達成。所以在台灣也希望有更多的合成專才，投入這項研究領域。介觀物質的應用上，例如：中孔徑分子篩在催化性質上，已被廣泛的重視，目前台灣在介觀物質合成上的投入才剛開始，因此為一項較新之研究領域，國外也是近年來才開始發展，所以如果台灣在這一方面的研究，能及時的投入更多的研究人力及資源，可預期未來將可與國外相較。而介觀物質理論上的探討，主要是利用電腦的模擬計算，在台灣這一方面的設備及資源並不亞於國外，只可惜目前投入這一方面計算的研究人員仍然不多，大部分的理論化學及理論物理學家所研究的方向仍屬於比較傳統的方向，並沒有很多人投入介觀材料理論上的計算，而未來如能將促使理論化學及物理學家投入此項研究領域，相信研究成果將很容易達到國外之水準。

世界各國推動策略與現況

在擬定奈米科技發展策略的同時，必須瞭解目前其它各國在發

展奈米科技的過程中，採行的策略及經營的現況，如此才更有助於制訂適用的奈米科技發展策略，是有考慮到大體環境的。

　　奈米科技激起各國在技術上的競賽，因爲奈米技術的發展，與過去許多技術截然不同，它是一個未知的技術，尚沒有人掌握最關鍵的核心能力，因此各國是立於相同的起跑點，所以世界各國都傾國家全部的力量積極開發奈米技術及應用，希望可以藉由奈米科技的成功發展，成爲第三波產業革命中的世界盟主。因此本個章節，主要是偏重於介紹目前各國在發展奈米科技上的情形，以此供大家能夠更瞭解台灣所面臨的環境，及找出適合台灣發展的機會。表二針對各國近年對於奈米科技發展的推動方式，以簡表方式呈現。

國名	推動內容
美國	2000年元月制定NNI計劃，2001年編列預算4.95億美元，NNI計畫涵蓋5大項目，確保2001年領先全球的競爭力、產官學構成資訊交換的有機體。
日本	2000年10~12月舉行奈米科技戰略推進懇談會12月制定次世代半導體及材料奈米科技計畫2001年8月概算2002年預算爲360億日元。
瑞士	發表「TOP NANO21」國家推動戰略，從2001年開始爲期4年，發揮精密機械、醫業品等領域的優勢合作強化。
德國	98年成立 Nanotechnology Competence Center，包括6大項目。
英國	2000年成立 EPSRC 5個 Nanotech Network。
法國	1999年科學技術委員會選定5項優先研究領域，奈米計畫分含在各項當中。

表二　各國推動奈米科技策略

資料來源：徐作聖教授研究室整理

國家	研究情形
日本	. 1985 年制定 Yoshida 奈米機制(Nano Mechanism)計畫。 . 1992 年設立奈米生物學項目，採取鼓勵措施，吸引企業界投資奈米科技。 . 1993 年科技部門成立Nanospace Lab 委員會，推動奈米材料的發展。
德國	. 制定微系統技術計畫。
美國	. 1992 年將奈米材料列入先進材料和加工總體計畫內。 . 國家奈米技術網路資料站中奈米相關研究的學術和研究單位分別為52 和12，而工業界則有15 家。學研單位較多，佔81%；而業界則為19%，可見奈米材料和技術大部份處於基礎科學的研究階段。
英國	. 成立奈米技術戰略委員會，制定奈米技術計畫。

表三　各國研究奈米科技現況

資料來源：www.materialsnet.com.tw(1999/09)

　　從表三可以得知，各國目前在推動奈米科技的狀況及方式，在這些國家中，主要仍以美國具有指標作用，而美國的推動策略從前柯林頓總統於 2001 年初，宣佈一項 2001 年 5 億美元的預算開始，全心投入奈米技術研究，有人把這項計劃稱為「曼哈頓計劃」，相較2000 年經費，增加了 83%。美布希政府，在 2002 年的預算仍將奈米技術推動方案(National Nanotechnology Initiative，NNI)列為重要項目之一，編列了 5.189 億美元來推動國家奈米科學、工程與技術之研發。加州大學校區設立加州奈米系統機構(California Nanosystems Institute)，從事奈米整合領域研究發展，企業與加州政府提供 4 年的研究經費高達 2.6 億美元。

　　美國政府在發展奈米科技中，所使用的推動策略，主要是善用原先美國在資訊產業及生技產業中的特殊優勢，進行一連串的發展。由於奈米科技所能夠應用的範圍相當廣泛，而目前大家將奈米技術視為能夠突破現階段電子資訊產業及生技產業瓶頸的利器，美國就是看中奈米科技在這方面的應用，因此整個推動的方式便不斷圍繞在這兩個產業上的應用去發展。如表四所示，其中發展的重點仍偏重在資訊與生技產業上，從表四中可以明確的瞭解目前美國發展的情況。

項目	說明	備註
政府	2000年1月美國前總統柯林頓推動「國家奈米技術策略(NNI)」，讓資訊技術(IT)革命的興盛能帶動美國的景氣。	當時被認為是柯林頓政府的一大得意政績。
優勢	雖然在奈米裝置、奈米設備、陶瓷、其它結構材料方面略嫌遜色。	但其合成、化學品、生物方面則處於全球領先地位。
策略	將奈米技術視為下一波產業革命的戰略領域。	以其具壓倒性優勢的「資訊」與「生物技術」與奈米技術融合。
經費	2001年美國更投入約 5億美元加速奈米技術的研究。	其600件研發計畫經費中大學佔七成／民間研究佔三成。
IBM	2001年4月底IBM也宣佈未來晶圓不見得要用矽製造；	雖然IBM已有能力讓碳奈米管(Nanotube)來擔任電晶體的角色，但是業界對於商品化的時間初步認為大約是在2010年。

表四　美國推動奈米科技策略

資料來源：工研院經資中心 ITIS 計畫

　　日本在技術發展上，其實一直在國際上扮演著重要的角色，因此日本在奈米科技的投入上，早在 70 年代，日本便發現未來產品有微小化及輕便的趨勢，因此日本政府與企業即開始重視零組件朝超精細與超微小的方向發展。在 1981 年，日本更是啟動世界第一個關於超微粒子研究的五年計畫，將微小化粒子的研究置於國家首要發展的研究項目之一，到了 1985 年「奈米結構研究工程」甚至成為日本之國家正式研究課題。

項目	說明	備註
政府	2000年日本成立「奈米技術發展戰略推進會議」組織，制訂出國家奈米技術研發策略。	並將奈米技術列為新五年科技基本計畫的研發重點。
優勢	日本在奈米技術的基礎研究方面較晚於歐美國家。	但在應用技術方面卻凌駕歐美。
	日本在超微細加工方面表現得相當突出，基礎研究也做得不錯，據推估5~10年後就能和美國相抗衡。	目前則是在奈米設備和強化奈米結構領域坐擁全球優勢。
目標	訂定有能源、奈米IT、生命科學和環境四大發展目標。	在這四大領域中，總計有147個研發項目。
經費	2001年度獨立行政法人的分配研究預算為295億日圓。	指定以奈米技術為核心的「材料」領域為四大新科學技術重點領域之一。

表五　日本推動奈米科技策略

資料來源：工研院經資中心 ITIS 計畫

　　日本三菱綜合研究所預測到 2005 年奈米技術的市場將達到 8 兆

日圓，到 2010 年，將達到 19 兆日圓。日本政府認為，奈米技術與資訊技術、生物技術不同，不是某一領域的單一技術，而是一項主要的基礎技術，由此發展的奈米資訊、奈米工學、奈米生物與奈米材料等都將對未來世界有著重要的影響，因此國家投入相當的資源在這方面的研究。

　　由於日本屬於相當早期便投入超微粒子與奈米技術的研究，因此累積許多相關的研究成果及經驗，因此日本在奈米設備和強化奈米結構領域坐擁全球優勢。除此之外，雖然日本在奈米科技的基礎研究尚不及歐美國家發展迅速，但是在整個奈米科技的應用研究上，可說是世界數一數二。目前日本推動的方式及發展現況如表五所示。

項目	說明	備註
經費	南韓科學技術部宣佈2001年將投入230億韓元(約1,821萬美元)發展奈米技術，尤其對於Tera級半導體元件，爾後10年每年還要追加154億韓元發展。	此外，2001年將挹注52億韓元，成立4座研究中心，藉以培育人力。
政府	希望能夠在2010年前發展成為全球10大握有奈米技術的國家之一；	2001年正式敲定將投注1.37兆韓元，計劃發展出34項關鍵技術，並培育出1.3萬名技術人才。
國際合作	2000年4月南韓與美國的學術界已攜手開發出碳奈米管電晶體(Carbon Nano-Tube Transistor)。	

表六　南韓推動奈米科技策略

資料來源：工研院經資中心 ITIS 計畫 (2001/08)

　　南韓本身在發展產業的歷史上，所採取的便是一切由國家主導式的作法，傾全國之力去發展幾個重點產業，而在於發展奈米科技上，除了奈米科技是目前產業爲突破瓶頸不得不走的一條路，主要是由於奈米科技有助於目前半導體材料物理上的限制。

　　電子資訊產業中的半導體，是韓國在二十世紀資訊產業發展迅速中所選擇的重點發展項目，也是因爲這個因素，南韓在發展奈米科技的推動策略中，主要是偏重於奈米科技應用於半導體上，除了建立四座研究中心外，每年尚投入相當的研發金額在奈米半導體元件技術的研究。表六是目前南韓在推動奈米計畫的整個現況及推動策略。

　　歐洲各國在發展奈米科技上面，除了各國有針對自行所具有的優勢發展相關技術外，另外歐盟也有投入相當的資源在協助奈米科技在整個歐洲地區的發展。

　　歐盟 2002 ～ 2006 年 5 年內投入 13 億歐元，建立歐洲研究園區，支持歐盟各國的奈米技術、新製程方面的研究及智慧型材料，根據歐盟 2000 年 8 ～ 10 月間的調查，歐洲已高達 54 個有關奈米技術的合作研究網，其中有 29 個國家網，25 個爲國際網。德國已建立或改組 6 個政府與企業聯合的研發中心，並啓動國家級的研究計劃。法國則最近決定投資 8 億法郎建立一擁有 3500 人的微米／奈米技術發明中心，配備最先進的儀器設備和無塵室，並成立微米奈米技術之部門，專門負責專利的申請和幫助研究人員建立創新企業。

　　就如同表七所示，世界各國在發展奈米科技中，除已經提過的世界先進國家外，尚有一個國家目前在這方面也相當積極投入，就是近幾年在世界各產業領域都有明顯成長的中國大陸。中國在發展奈米科技方面，列爲目前國家發展的重點項目之一。在發展過程中，制定了奈米科技近期和中長期發展計劃，而且不斷加大奈米科技研

究的資金投入(例如：已將奈米科技研究列入國家的攀登計劃、863
計劃、火炬計劃)，同時中國科學技術部、教育部、中國科學院、國
家自然科學基金…等都已將奈米技術基礎研究納入為重點研究和發
展的方向之一。

項目	說明	備註
歐洲： 經費	對奈米技術的投入也已達數億美元之譜。	更將奈米技術列入歐盟2002~2006年科技研發計畫重要項目。
優勢	在塗層和新儀器應用處於領先地位。	
中國大陸： 計畫	在80年代就著手於奈米技術的基礎與應用研究。	更將奈米技術研究列入為國家「攀登計畫」「863計畫」和「火炬計畫」項目。
經費	投注總經費約達700萬，參與的企業有100多家，未來每年將投入約5億人民幣。	中國大陸之後又在「奈米論壇」中宣稱預計五年內投入150億人民幣！

表七　歐洲及中國大陸推動奈米科技策略

資料來源：工研院經資中心 ITIS 計畫 (2001/08)

在科技部的國家重點基礎研究—973計劃中，奈米材料與奈米結
構的重大基礎研究項目已經啟動(科技部將為此項目投入數千萬元人
民幣研究經費：(在十五期間國家 863 高技術發展計劃用於現代生物
技術領域的研究經費是以往 15 年經費總和的 4~5 倍…總額將超過 50
億元人民幣)。

中國科學院也已經將奈米科學技術納入該院正在實施的中科院
知識創新工程(三年內將投入研究經費 2500 萬元人民幣)。從 2001 年

國家自然科學基金申請指南中也可以發現該會也加大了奈米科技重大研究的分項(特別是在奈米材料學的分項)以支持全國研究機構和高等學校的奈米科技創新研究。

學校	研究單位	研究主題
北京大學	奈米科學和技術研究中心	短單壁碳奈米管
北京大學	智能材料研究中心	奈米尺度的資訊儲存
南京大學	奈米科學技術研究中心	奈米矽發光、磁有序陣列、靶向緩釋藥物、隧道巨磁效應、碳奈米管、奈米隱身材料、樹枝狀氮化硼製備
南京大學	奈米科技工程中心	生產應用產品
復旦大學	應用表面物理國家重點實驗室	奈米電子學、分子計算機
上海交通大學	奈米科學技術研究中心	奈米科學技術
中國科學院	中國科學院奈米科學技術中心	形成具有中國特色的基礎研究和奈米產業
東南大學	奈米科學與技術研究中心	奈米晶太陽能電池、奈米材料、奈米催化劑

表八　中國大陸奈米科技研究重點高校

資料來源：黃德歡(2001/11)

　　在中國大陸，推動奈米科技發展的過程中，重點高校是整個推動機制中重要的角色，表八就是目前中國大陸從事奈米科技相關研究的重點大學與其主要研發的方向。

　　由於奈米給了所有物質新特性與新應用，因此對於傳統產業的轉型及科技產業創新技術都將產生革命性改變。市場預估未來 10 到 15 年，奈米產品市場年產值將高達一兆美元；因此美國、日本及歐盟均已積極展開奈米研究，如美國今年投入五億美元、日本 350 億日圓、中國大陸從 2001 年到 2005 年將投資 25 億人民幣；台灣也預計從 2002 到 2007 年投入新台幣 192 億元進行奈米科技研發。

　　綜觀國際目前奈米科技發展趨勢，美國在奈米結構與自組裝技術、奈米粉體、奈米管、奈米電子元件及奈米生物技術有顯著發展；德國則在奈米材料、奈米量測及奈米薄膜技術略有領先；而日本則在奈米電子元件、無機奈米材料領域較具優勢。這些奈米技術的發展勢必影響我國目前具競爭優勢的半導體、光電，及資訊等高科技產業的未來發展；所以，我們應該快速的迎頭趕上世界研發趨勢，並利用我國高科技之既有優勢，營造並發展出更有前瞻性的奈米科技產業。

● 新管理理念　　　　　　　　黎漢林、虞孝成

　　三菱總合研究所表示，日本在電路技術、量子點、光元件等奈米技術上擁有突出表現，但在量子電腦、化學產業、精密機械設備工業、製藥、生物科技奈米技術主要應用領域上，其國際競爭力則不如率先發展上述技術的美國等國家。另外，亞洲各國正積極佈局奈米科技，大陸於 2000 年成立奈米科技指導委員會，目前擁有 40 處奈米科技研發據點。台灣則計劃在 2007 年底前投資 6 億美元，做

爲奈米技術研發之用。另外，南韓計畫將在 10 年內投入 13 億美元
於奈米技術，目前在碳奈米管顯示器技術上已取得領先地位。但要
如何從奈米科技造成的革命將需要新的管理理念，首先必須瞭解奈
米科技的性質、奈米科技的應用、奈米科技可能引發的新管理思潮、
工業革命的歷史與管理理念，才可激發出因奈米科技革新導致第三
波工業革命，以及必須產生因應的創新管理理念，並藉由四創系統(創
意、創育、創業、創投)的角度來探討我國奈米科技產業發展的方向，
以及新的管理理念。

奈米科技簡介

日本稱積體電路爲「工業之米」，對全球工業的發展影響甚大，
奈米因其體積更小，所以可能產生的影響更無可限量。奈米尺寸材
料製作出的元件可以展現出比過去顯著改善或全然不同的物理、化
學及生物特性和現象。如何發揮奈米科技所能達到的特性和現象，
轉成實際有意義的應用，進而產生具體經濟效益，是全球所有科技
及工商業界重視奈米科技的主要原因。傳統製造技術的進步，是愈
做愈精密、功能愈強、而體積愈小，奈米科技即具有此特性。將新
的科技推廣到市場，屬於「供給面」技術創新，對國家經濟發展目
的而言，是創造人民的總體經濟福利；對公司經營目的而言，則是
提昇公司的競爭力進而獲利。

將奈米科技成果商品化會面臨幾項基本的問題，首先是實驗室
基礎科技研發，進而是生產線量產技術，但最重要的是新功能是否
滿足消費者的需求？也就是能否創造價值？龐大研發經費投資能否
回收？雖然奈米技術創新競賽可能形成市場獨佔的優勢，能造就生
產者的高額利潤報酬，但終究是市場需求的大小才是決定奈米科技
影響人類生活及促進經濟發展的關鍵。

　　奈米科技造成科技不連續的創新，奈米科技所產生新材料及元件的特性，開拓了工業發展的可能空間；全球先進國家均積極投入奈米科技研發的各個領域，所引發的管理課題包括投入的整體資源，對其它科技研發經費的排擠，奈米科技替代既有科技的效果，對國家產業及經濟的影響等，都是管理界學者專家值得探討及思考的議題。以下分析奈米世界新的管理理念。

奈米科技的影響

一、加速國際人才的流動

　　奈米科技是近年來全球主要工業國家積極發展的科技，不論政府或是企業界都十分重視奈米科技的研發，目前申請專利數以美國居首。由於目前的技術水準距實際應用仍有一段距離，所以網羅全球菁英提升研發能量已成爲先進國家或國際大型企業的首要目標。以新加坡爲例，其國家級研發機構 A*STAR 便重金禮聘全球知名學者以提昇其研究能力，以期在全球的競賽中可居於領先的地位。在目前全球化的趨勢下，科技人才自由流動非常方便，可以預期未來奈米科技人才的移動將影響各國奈米科技之進展，此外，國際奈米技術人才的管理也將更爲複雜與困難。

二、奈米智慧財產權的重要性

　　近年來智慧財產權的重要性已普遍獲得科技業的重視，每個企業無不想厚植智慧資本，不必再去賺爲他人代工量產的微薄利潤。以台灣企業爲例，多年來支付美光、英代爾、飛利浦等國際大廠鉅額權利金，無不期望有一天能夠走出自己的一片天地。如錸德科技目前與工研院合作利用奈米科技研發高容量儲存媒介，爲的就是能夠有自主的專利技術，擺脫國際大廠的束縛。

三、對健康與環保造成的危機

奈米科技固然可以造福社會，但是會不會引發破壞生態的問題，也是許多學者所關心的問題。幾十年前 DDT 雖提高了農業產量，但也引發了魚蝦、鳥類、松鼠等動物受到傷害的環保等問題。曾有美國學者指出由於奈米科技製造的材料顆粒十分微細，這些東西在製程上一但出現瑕疵，造成產品易於分解，其微小的顆粒人類因為無法看見而疏於防犯，一但進入人體內，可能會造成人體器官的傷害。

四、共同研發機制更形重要

奈米科技的研發強調跨領域的整合，不同學術領域合作，不同產業合作，共同研發，合作互補，成為未來奈米科技發展出實用價值以及迅速商業化的重要因素。此外，由於奈米科技產品研發成本極高，共同研發亦有助於降低成本和研發風險。

五、傳統產業昇級

奈米科技可讓傳統產業找回昔日的光輝，因為奈米科技可以改變傳統材料的特性，亦即當材料特性轉變後，產品的品質、應用範圍也將隨之改變，廠商將可提供較以往品質更為精良的產品、提供消費者更大的價值。

六、教育產業界及消費者

在奈米科技的運用下，有些產品外觀看似相同，用途也相同，但是實際上其屬性、品質已大相逕庭，所以未來如何讓消費者了解商品價值所在將會是相當重要的行銷課題，特別是將奈米科技的新功能廣泛運用，以及讓消費者了解其價值。

工業革命造成管理理念的改變

1775 年瓦特發明蒸汽機促成第一波工業革命，產生的大量動力取代了人力及獸力；電腦軟硬體(1951 年)及網路(1966-1977 年)掀起

第二波工業革命，大量處理資訊及溝通的能力取代了人腦的部份功能－讓人與機器設備以及機器設備之間能夠溝通；奈米科技(1959年-1990年)探索粒子的特性，將造成材料、元件及系統呈現出性能改善或全然不同的物理、化學及生物特性和現象，將全面顛覆人類的生命、生活方式及環境，可能促成文明進步第三波工業革命。

　　在第一波工業革命之前的管理理念，僅侷限於軍事思想及戰法的管理，在中國有「吳子兵法」、「周朝太公六韜」、「孫子兵法」；在國外則有雅典人色諾芬的「長征記」、羅馬凱撒的「高盧戰記」、德國兵聖克勞塞維茨的「戰爭論」、瑞士若米尼的「兵法概論」、美國馬漢「海權對歷史的影響」、以及英國李德哈特的「戰略論」。

　　在第一波工業革命之後的管理理念，在微觀面注意如何大量生產及專業分工的「管理科學」，如英國泰勒 14 法則及韋伯法則。在宏觀面則探討國家的整體經濟發展及改善，包括凱因斯理論、國際貿易比較分工法則、經濟成長理論及熊彼得的創新理論等。

　　在第二波工業革命後的管理理念，以五種管理(生產、行銷、人力與組織、研發、財務)意涵為基礎，以策略管理歸其宗，以科技創新管理及資訊管理為手段，針對如何將研發能量及研發成果商品化，以獲取市場之最大利潤為目的。近年來網際網路造成全球供應者與消費者溝通的革命，於是造成虛擬經濟的管理，以及知識管理的潮流。

第三波奈米科技工業革命之新管理理念

　　第三波以奈米科技為主的工業革命，也將創造新的管理理念。由於奈米科技造成不連續的技術創新、產生新的基礎材料及多種元件性質，需要龐大的研發成本及影響深遠的特性，以下將以不同層級的觀點來說明奈米科技引發的新管理理念。

一、國際層次的新管理理念

奈米科技發展及推廣牽涉範圍相當大,將奈米科技商品化資金高、承受風險也大,如何運用策略聯盟及共同研發來降低成本及風險,創造聯盟者及合作者多贏局面,成為新管理理念發展的根源。因此研發合作國際化及資源有效整合運用,成為奈米科技時代管理的重心。在可預知的未來,奈米科技所產生商品的研發、製造、配送、銷售,將會需要新的國際供應鏈及國際價值鏈,也將成為奈米科技時代管理研究的課題。

二、國家層次的新管理理念

國家的經濟發展與科技政策息息相關,新經濟的成長以科技發展及創新為基礎,以知識運用為手段。在經濟生產資源相對不足國家,為能增加國家競爭力,唯有仰賴科技創新來帶動國家經濟的成長,而科技政策為其成敗的關鍵。奈米科技為全球公認影響最深遠以及最具顛覆性的科技,被視為與生物科技同為廿一世紀經濟發展的兩大動力。故奈米科技如何在完整的科技政策指導下,妥善有效利用國家的人力、財力及物力,整合既有科技能量與基礎,發揮技術創新的綜效,是制訂科技政策所必須考量的重點。此外,如何指導國家產業科技結合奈米科技一同發展,以及大學基礎研究如何配合,均應成為國家層次的新管理課題。

三、大學層次的新管理理念

大學是基礎科技研發的重鎮,也是培養科技人才的搖籃。因此必須建立產、官、學合作的模式與機制,在政府科技政策的指導下,發揮及釋放大學的基礎研發能量,滿足產業界對人才及研發技術的需求。我國科技基本法於民國九十年正式立法通過,有助於將大學研發成果-智慧財產權釋出,激勵大學與產

業界合作研發(或建立合作機制及橋樑)，以及滿足產業對人才的需求。故大學新管理理念應著重於智慧財產權管理、產學合作機制的建立、人才培育朝向市場導向、大學創新育成中心、奈米科技研發與運用創意中心、以及科技管理人才的培養。

四、產業層次的新管理理念

奈米科技多元化特性的突破，促成產業價值鏈結構的重組，產業既有的水平、垂直分工與整合產生結構性變化。產業新管理理念應強調奈米科技對產業造成的影響，新產業及新產品的投資組合、奈米科技造成異業結盟及群聚效應的發揮、供應鏈整合及上下游分工中衛體系之建立。

五、企業層次的新管理理念

企業如何導入奈米科技必須符合企業發展之策略目標、藉由奈米科技而增強企業的核心競爭能力、進而使企業獲利而達永續經營的目標，這是企業管理團隊必須關心的議題。故企業在制訂引進奈米科技的技術策略時，必須專注的重點包括科技前瞻、技術評估與預測、專利結構佈局、奈米科技產品性能的發揮、奈米科技衍生的創業與創業投資的商機、以及如何進行奈米技術評價等新管理理念。

六、產品層次的新管理理念

奈米科技用於行動電話的電池，其蓄電量可增加十倍；用於微處理器散熱，其散熱效率可增加五倍。將奈米科技運用於現有的產品，可增加產品的強度、耐久、傳熱、導電、硬度、縮小、精度等特性。故在產品層次應著重於將奈米科技儘速導入製程創新、產品改良及新產品開發，故在產品規劃中應發揮奈米科技的專長，成立開發奈米科技的專案管理、奈米新產品的行銷，均為新管理理念的重心。

七、技術層次的新管理理念

奈米科技的概念是掌握物質的最基本單位—原子和分子層次的物性，組合出極其微小的新材料和新元件。預測未來奈米科技所產生的新材料、新特性及其衍生之新裝置、新應用及所建立之精確量測技術的影響，將遍及儲能、光電、電腦、記錄媒體、機械工具、醫學醫藥、基因工程、環境與資源、化學工業等產業。奈米科技層面非常廣，故新管理理念應強奈米科技之研發策略及科技有效應用的管理。

圖四　奈米科技創新價值鏈

奈米科技的創新價值鏈

奈米科技可產生「創新運用」於許多產品，使每項產品突顯其「差異化」，進而創造該產品在市場上「獨佔的優勢」，企業並可因此獲取「超額利潤」。「創新運用」包括新產品的開發及現有產品的改良；除了可造成產品功能上的「差異化」，甚至產生品質及性質的差異化；提昇對顧客的創新價值，藉由創新造成的獨佔優勢，最終能為企業創造利潤。

奈米科技的創新系統

創意、創育、創業、創投是發展奈米新科技產業之四大創新系統。創新系統的目標就是要促使奈米科技產生新科技、新發現、新功能、以及新的營運模式，使技術成果能順利商品化，建立台灣產

業的競爭優勢，藉由新產品的差異化，創造高附加價值，協助我國產業轉型，創造永續生存能力。

　　以下比較以公司主導奈米科技創業發展模式、以政府產業政策主導奈米科技創業發展模式、以創業家主導奈米科技創業發展模式、以及大學及研發機構主導奈米科技創業發展模式之優缺點。

一、以公司主導奈米科技創業發展模式

　　以公司主導奈米科技創業發展模式，其優點為決策迅速、研發策略較有彈性、與公司整體經營策略相結合；其缺點為較無產業發展整體綜效、個別公司承擔的風險較高。

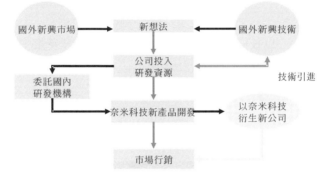

圖五　以公司主導－奈米科技創業發展模式

二、以政府產業政策主導奈米科技創業發展模式

　　以政府產業政策主導奈米科技創業發展模式，其優點為具有產業發展整體綜效、研發成功機率較高、可擴大研發成果移轉給有需求之業者；缺點為政府審查程序較冗長，企業倚賴政府負擔絕大部份的風險，希望坐享其成，反而不願投資，且由政府統籌規劃，對市場需求較不瞭解，反應可能較遲鈍。

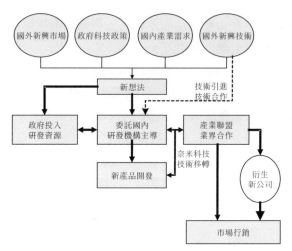

圖六　以政府產業政策主導－奈米科技創業發展模式

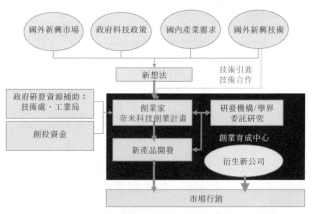

圖七　以創業家主導－奈米科技創業發展模式

三、以創業家主導奈米科技創業發展模式

　　以創業家主導奈米科技創業發展模式，其優點為創業家具有獨到的眼光與技術能力，創業家具有克服困難的意志力和苦幹精

神，政府僅需做好基礎建設與鼓勵新科技發展的法規和政策等良性創業環境，由市場經濟法則決定創業計畫，可結合政府及創投資源；其缺點為有時個別創業家之人力及財力有限，難於克服較大的問題。此外，這也較適宜基礎科技成熟，才發展可商品化的應用科技。

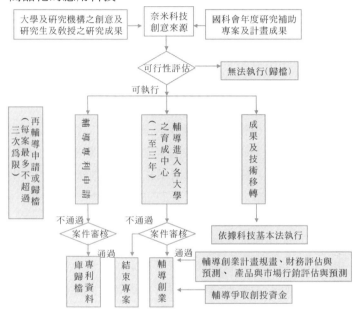

圖八　以大學及研發機構主導－奈米科技創業發展模式

四、以大學及研發機構主導奈米科技創業發展模式

　　以大學及研發機構主導奈米科技創業發展模式，其優點是能善加利用大學中廣大的基礎研發能量、促進產業合作、研發市場導向；其缺點為學校較傾向學術性的研究，且以追求學術突破為目標，較不願配合產業界實務性的問題，因此大學的基礎研究有可能會與產業界的能力脫節，在這種情況之下，大學的研

發經費即不可能由產業界來支持，而必須來自政府的研發補助，如此有可能會導致奈米科技走入象牙塔中。學術界與產業界在奈米領域可能分道揚鑣，這是資源不有效運用的情形，宜避免其發生。我國奈米科技發展，應該要以我國產業之需求為核心，所有研發的課題皆要以解決產業界的問題為最終的目標。

結論與建議

奈米科技所引發的新管理理念，不能僅由單一層面探討、或者某一項應用來探討，因為在國際層級、國家層級、產業層級、…、以至於技術層級都環環相扣，能應用於材料、營建、儲能、光電、電腦、記憶媒體、機械工具、醫學醫藥、基因工程、環境與資源、化學工業等產業的基礎技術都奠基於微小化的奈米科技。故「宏觀面」應從國際創新系統、國家創新系統、區域創新系統的「供給面」經濟系統，來探討奈米科技所引發的新管理理念；「微觀面」應從消費者需求的替代效果，來探討奈米科技所引發的新管理理念，以及發展奈米科技的四種創業模式。

由於奈米科技對人類的深遠影響將造成未來企業經營的新走向及新趨勢，因此必須探討奈米世界管理與經營產生的新議題。期盼奈米科技能經由創新管理而能更有效地發揮，並進而造就全球經濟的發展與成長，以改善人類的生活和萬物共榮共存的環境，這也就是奈米科技所啟發科技管理的宏觀目標。

第六章　奈米世界的材料與建築

● 奈米高分子複合材料發展概況與趨勢　　張豐志

簡介

　　近幾十年來，由於科學技術的迅速發展，具傳統單一特性之材料往往無法滿足需求，因此對新材料提出了更嚴格的要求，而具各種優異性質組合之複合材料也就因應而生。複合材料是將兩種或兩種以上性質不同的材料，通過一定的加工程序所得到之材料，其具有單一材料所欠缺之優越綜合性能。日常生活中所接觸之物質，如木材、骨骼、鋼筋混凝土等均符合複合材料的定義。木材為纖維素及木質素之結合，骨骼為燐灰石礦物及蛋白質膠之結合，而鋼筋混凝土則是鋼筋與水泥、砂石之結合。藉由此類兩種不同材質間的互補，發揮因組合而產生的複合效果。

　　而高分子複合材料，則一般是把無機材料的強度、硬度、尺寸安定性及光電活性與有機高分子材料的韌性、可加工性及介電性質相結合起來，而得到同時具有無機材料的剛性和有機材料的韌性之高性能複合材料。高分子複合材料的發展可略分為三個階段：熔融共混、聚合複合及奈米複合。前兩種方法的特徵在於以填料的表面化學修飾來改善兩種材料間界面的相容性，從而間接地調整分散相(dispersion phase)在基體(matrix)中分散的均勻程度；而第三種方法則是於在奈米尺度上(1-100 nm)統一解決分散相尺度大小和界面相容性的問題，混成兩種或兩種以上的材料所形成的新材料，具有諸多獨特的先進功能性質，在電子、磁性、光學元件及結構材料的應用上極具發展潛力，是製備高性能、多功能有機/無機複合材料的最佳途徑。

材料科學在奈米尺度上的探討雖只是近十餘年的事，但其有關的歷史卻可追溯到十九世紀，1861 年「膠體化學」誕生。根據膠體的定義，其分散相是以 1×10^{-9}-1×10^{-7} m 的尺度分散在介質中而形成懸浮體，這正是今日奈米的尺度範圍。由於二十世紀初膠體化學未受重視，其理論發展相對十分緩慢。直到二十世紀 80 年代初，德國科學家 Gleiter 才在研究金屬材料中，首次提出「奈米相材料(nanophase materials)」。此後在用化學製備奈米凝膠中，又將膠體尺寸與奈米尺度聯繫起來，提出膠體即奈米的概念，即將各種晶體區域或其他特徵長度的典型尺度在小於 100 nm 的材料廣泛定義為「奈米材料」。

奈米高分子複合材料全球發展概況

奈米分散複合材料於 1987 年由日本豐田中央研究所首次公開，1991 年美國將奈米技術列入「政府關鍵技術」、「本世紀末、下世紀初的重大研究方向」，同年日本開始進行為期十年的奈米技術研究計畫並將此技術作為政府、企業和大學合作研究的三項重大基礎研究課題之一。1992 年中國國家科學委員會將「奈米材料科學」列入國家八五年重點科技攻擊計畫項目。1993 年德國提出十年重點發展的九個領域八十項關鍵技術，其中奈米技術就涉及四個領域十二項技術，同年澳大利亞將奈米技術列為 21 世紀最優先開發的項目。1995 年歐洲聯盟委員會研究報告指出:「今後十年，奈米技術的開發將成為僅次於晶片製造的世界第二大製造業。」此外，英國政府在機械、光學、電子等方面有 8 個奈米超細粉項目進行研究。美國 FJND/SVP 研究機構表示：任何一個經營基礎材料的美國企業，如果現在不採取積極措施進入奈米級材料研究開發應用，則在今後五年內勢必處於競爭劣勢地位。美國布希政府所提 2002 會計年度聯邦預算仍將全國奈米技術推動方案所需經費列為研發預算中重點項

目。其預算爲$ 519 million ，比 2001 年的$ 422 million 增加 23 ％ 。
歐盟決定在 2002-2006 的五年中投入 13 億歐元的資金，透過建立歐
洲研究區（European Research Area）的方式支持歐盟各國在奈米技
術、智慧型材料和新製程方面的研究。日本對奈米科技研究迄今仍
由經濟產業省(原通產省)、科技廳、文部省和各大公司分別全面進
行。特別在 2001 年第 2 期 5 年科學技術基本計畫中策定了「奈米技
術與材料」領域爲四大新科學技術重點領域之一；2001 年度獨立行
政法人的分配研究預算爲 295 億日圓； 2002 年度則爲 350 億日圓。
目標指向 5~10 年後要建構實用化的次世代通信用奈米裝置、奈米機
器、奈米管和碳簇等的奈米技術與材料之研發，以邁向實用化和產
業化爲展望。中國科學院奈米科技中心於 2000 年 10 月 30 日在有關
部門的支援下，由中國科學院內從事奈米科技研究、開發的單位和
國內相關企業聯合組建而成。國際奈米科技發展競爭越來越劇烈，
先進工業國的投入經費，年成長均在 20~40%。從先進工業國的奈米
科技發展軌跡來看，均以建構材料奈米科技爲平臺而先期投入，之
後才進入奈米機電、奈米生技。國際奈米科技發展應用，以高科技
產業之創新爲優先，但也涵蓋傳統產業的再提昇，特別是德、日可
爲前車之鑑。而國內對奈米複合材料的開發應用研究也開始投入研
究，期望應用於高功能性、高附加價值應用的產業，或者對奈米級
複合材料導入具有機能性功效，有利於未來創新技術的研發及應用。

奈米高分子複合材料的高性能

運用奈米複合技術產生之高分子複合材料即爲高分子奈米複合
材料。以高分子奈米複合材料所具備的許多優良性質，高分子奈米
複合材料將具有廣泛的應用前景。但如何將無機塡料以奈米尺度均
勻分散在高分子基體中，形成一種新穎高性能、多功能高分子奈米

複合材料是高分子、材料科學領域亟待解決的問題。目前其中較受矚目的是高分子層狀矽酸鹽奈米複合材料，即典型的離子鍵型奈米複合材料。層狀矽酸鹽由 1 nm 的表面帶負電片層組成，層間可交換陽離子與其他有機陽離子進行離子交換而使層間距離增大，從而使高分子基體能以離子鍵形式與層狀矽酸鹽相結合，並且插入矽酸鹽層間形成奈米複合料。高分子層狀矽酸鹽奈米複合材料與一般高分子複合材料相比具有以下獨特的性能：

1. 只需很少量的填料即可具有較高的強度、剛性、韌性及阻隔性能，而一般尺度的纖維、礦物填充的複合材料則需要高得多的填充量，且各種性能尙無法兼顧。

2. 高分子層狀矽酸鹽奈米複合材料具有優良的熱穩定性及尺寸安定性。

3. 因層狀矽酸鹽可以在二維方向上產生增強作用，高分子層狀矽酸鹽奈米複合材料的力學性質可望優於短纖維增強的高分子體系。

4. 由於矽酸鹽片層平面取向，因此高分子層狀矽酸鹽奈米複合材料具有優良的阻隔性。

高分子奈米複合材料可充份發揮分子層級之結構特性，以達奈米複合材料低補強材含量之輕量化目標，並兼具高強度、高剛性、高耐熱性、低吸水率、低透氣率等性質，若再加入一些特殊功能的單體或添加劑(如導電性、感光性)，則可成爲功能性高分子。最有效率的性能包含：

1. 耐熱性、剛性提昇。

2. 阻氣、低吸濕。

3. 難燃性、多次回收。

4. 結晶、加工性。

5. 電化學。

6. 抗 UV、遠紅外線吸收功效。

奈米高分子複合材料的製備方式

　　已知的製備高分子奈米複合材料主要有「聚合插層」與「溶液插層」兩種方法。聚合插層法首先是透過陽離子交換將有機陽離子插入矽酸鹽片層中，使得間距增加，再透過擴散過程將聚合物單體插層進入有機矽酸鹽片層之間原位聚合，依靠聚合過程中放出的熱量使矽酸鹽片層進一步擴大甚至解離。1987 年，日本豐田中央研究所首次揭示將 ε-己內醯胺在 12-碳鏈氨基酸蒙脫土(montmorillonite)中聚合插層，製備得到尼龍 6/黏土(Nylon 6/Clay)高分子奈米複合材料。所得到的高分子奈米複合材料具有高模量、高強度、高熱變形溫度、良好的阻隔性能等，引起高分子材料科學家的極大關注。隨後 Kato 等人將聚苯乙烯單體浸至黏土層間再引發聚合，製備插層聚苯乙烯/黏土(PS/Clay)複合材料。Lee 等人亦製備插層壓克力樹脂/黏土(PMMA, poly(methyl methacrylate)/Clay)複合材料，唯其層間間距僅達 1.7 nm。

　　溶液插層法則是先將高分子溶解在溶劑中，插入矽酸鹽片層後再揮發溶劑而得。Moet 等報導在 MeCN 中製備插層 PS/Clay 複合材料，結果顯示接枝率為 1.11g PS/lg Clay，聚苯乙烯分子量為 22000，層間距離 2.45 nm。隨後他們又用 ATBN 製備插層橡膠/黏土複合材料，而間距僅 1.52 nm。

　　除了上述兩方法之外，「熔體插層法」因其加工簡單與實用，正日益受到科學家們的重視。Vaia 和 Ginanelis 通過熔體插層法製備插層 PS/Clay 和聚氧化乙烯/黏土(PEO/Clay)複合材料，研究其微觀結構、熔體插層動力學及熱力學行為。結果表明熔體插層法製備的複

合材料性能與聚合插層得到的高分子奈米複合材料性能相當；就非極性與弱極性聚合物而言，熔體插層複合物的形成取決於黏土片層的傳導速率而與高分子鏈在層間的擴散速率無關。Pinnavaia 等用熔體插層法製備環氧樹脂/黏土(epoxy resin/clay)複合材，研究了聚合物與黏土片層間的相互關係。

奈米高分子複合材料的型態如下圖一至圖四所示：

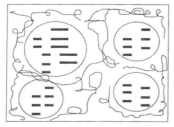

圖一　不相融合的複合材料
　　　（無聚合物反應）

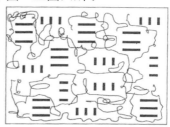

圖二　常見的的複合材料
　　　（無聚合物反應）

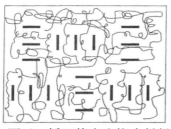

圖三　插入的奈米複合材料

圖四　　片狀剝落的奈米複合
　　　　材料

奈米填充物(黏土)簡介

此處以蒙脫土為代表例說明黏土原料選取的原則。蒙脫土屬於2-型層狀矽酸鹽黏土，即每個晶胞由兩個氧化矽四面體中間夾帶一層氧化鋁八面體構成，兩者之間靠共用氧原子連接，這種四面體和八面體的緊密堆積使其具有高度有序的晶格排列結構。蒙脫土片層每

層的厚度約 1 nm，具有很高的剛度，層間不滑移。蒙脫土氧化鋁八面體上部分三價鋁被二價鎂同晶置換，層內具有負電荷，過剩的負電荷透過吸附的陽離子來補償，界面活性劑透過離子交換進入矽酸鹽片層中，可使片層間距加大，在隨後的聚合加工過程中可剝離爲奈米片層，均勻地分散至聚合物基體中。其結構如圖五所示：

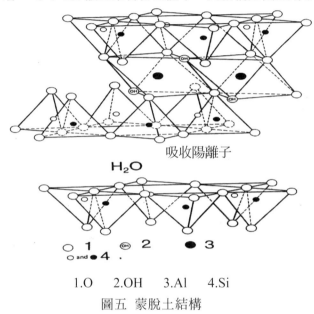

1.O　2.OH　3.Al　4.Si

圖五　蒙脫土結構

　　黏土種類除了蒙脫土以外，尚有高領土、海泡石、雲母、沸石、滑石等，以及各種人工合成的層狀矽酸鹽結構均可使用。

　　界面活性劑的選取對奈米高分子複合材料十分重要。一般而言，界面活性劑包含一脂族部份，其鏈長介於碳數 6-30 之間，且其脂族部份較佳係包含烷基、烯基、炔基；此外，界面活性劑另包含一極性基部分，而該極性基部份包含氯化嘧啶及四級銨鹽。較佳地

是以具 12 以上碳鏈之銨鹽來進行研究，利用親水性的銨鹽與蒙脫土進行陽離子交換，而親油性的長碳鏈則與高分子相容。唯須注意，碳鏈數太低使得黏土層間間距過低，高分子不易進入，碳鏈數太高易使黏土與界面活性劑的鍵結減弱。界面活性劑的極性基部分除了氯化嘧啶及四級銨鹽，尚包含鹵化嘧啶及胺基酸。親油性的長鏈則包含能與高分子相容的碳鏈，或帶有反應官能基的化合物。

奈米高分子複合材料未來展望

高分子/黏土奈米級複合材料由於其可充份發揮分子層級之結構特性，以達奈米複合材料低補強材含量之輕量化目標，並兼具高強度、高剛性、高耐熱性、低吸水率、低透氣率、高阻隔性等性質，一方面可以添加黏土與不到 5%的高分子材料來取代目前工業界添加 30~40%玻纖的工程塑料，另一方面若再加入一些特殊功能的單體或添加劑(如導電性、感光性)，則可成為功能性高分子。因此可預期奈米複合材料在電子、光學元件及結構材料的開發應用上，將具有極大的發展空間。

如何將無機填料以奈米尺度均勻分散在高分子基體中，形成一種新型高性能、多功能高分子奈米複合材料是高分子材料科學領域亟待解決的問題，問題的核心是如何同時控制奈米相的形成及其與有機高分子基體間的相容性。藉由界面活性劑的改良與插層方式的改進期望能兼顧界面活性劑與高分子間的相容性與界面活性劑與黏土之間的鍵結強度。熔體插層因其加工簡單與實用，是工業應用上的最佳途徑，期望藉由實驗的設計找出最佳的操作條件，並配合界面活性劑與插層方式的改良，能得到以熔體插層方式製造高分子奈米複合材料。

● 奈米科技材料結構　　　　　　　　韋光華

自旋電子元件

　　奈米材料的重要應用可分三大方面，第一方面為應用於自旋電子元件之開發。這方面之原理是指利用磁場及電子自旋之性質來操控電子的流動。一個電子除了繞著原子核旋轉外並同時可產自旋（就如地球繞太陽旋轉）。自旋的方向有兩種而且電子自旋時會產生一個小的磁量，利用磁場與外界磁場之作用力自旋電子之旋轉方向可被外界磁場所控制，如圖六所示，簡單的應用例子為例如在 1997 年國際商業機器（IBM）公司以巨磁阻結構發展了電腦硬碟讀寫頭。這巨磁阻結構包含了兩種不同薄膜交錯組成之其中一層為鐵電薄膜（例如鈷和鐵）另外一層為非磁性金屬（例如銅），這個巨磁阻結構之電阻因而可受外界磁場很大之影響。當一群同方向自旋電子之流動或被稱為自旋極化輸送現象可在此種材料結構中發生，一旦外在磁場作用於巨磁阻結構時，將可以控制鐵電層電子自旋方向，如欲通過之電子與鐵電層電子其自旋方向相同時，電阻便迅速下降，電子順利通過，相反地如欲通過電子之自旋方向與鐵電層電子自旋方向相反時，電阻大幅提升，電流便很小。

非揮發性記憶體

　　另外一個應用的例子為非揮發性記憶體（MRAM），一個三層結構包含一層非磁性金屬夾於兩層鐵電材料中。當自旋極化之一群電子與此兩層鐵電材料中電子自旋方向為一樣時，電流即可通過，而如其中之一鐵電薄膜受到外界磁場如誘導線圈而改變電子自旋方向時，則電流無法通過，如圖七所示。一旦改變自旋方向而電流不通時，這層鐵電薄膜將保持其自旋電子方向直到電流通過，因而可作

為磁性記憶材料。

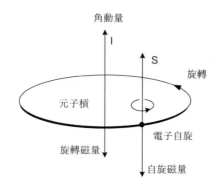

圖六 電子繞原子槓旋轉及自旋均產生磁量

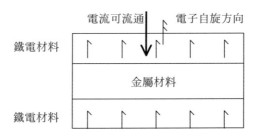

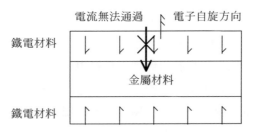

圖七 磁性記憶體材料

半導體奈米材料發光電反應

　　第三個奈米材料應用在半導體奈米材料發光及吸收光方面。在半導體材料中量子點（零維）、量子線（一維）及量子井（二維）為包含了數百個及數千個原子之奈米材料。在應用中，這些奈米材料會受到控制原子及分子之量子力學之影響而產生與塊狀材料不一樣之性質，其能量與電子密度之關係見圖八。例如二-六族半導體硫化鎘及硒化鎘以及三-五族半導體磷化銦量子點之光電性質會受到其顆粒大小之影響，其顆粒之晶體結構如圖九所示，而發光波長則如圖十所示。又例如當硒化鎘之直徑從二十奈米降至二奈米時其光激發光後所發出之光可由深紅色轉為綠色，這些半導體量子點可應用於發光二極體及量子電腦用。而量子點之晶體結構中，通常表面為晶體缺陷，例如硒化鎘量子點之能隙為 1.76 電子伏特，當其為較高能隙之材料如硫化鋅，其能隙為 2.72 電子伏特所包住時，這種核-殼結構之量子點可以產生出發光量子效率約百分之六十至八十五之間，相較於未有這種結構之硒化鎘之發光效率（約百分之十）是非常大的提升。而量子線可應用於太陽能電池及兆位元資訊數據儲存元件。量子井可應用於自旋電子元件。

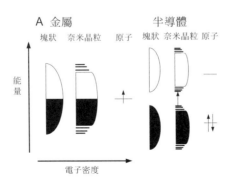

圖八　奈米材料能隙與密度之關係

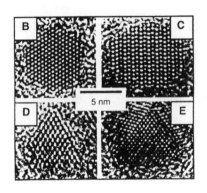

圖九 硫化鎘奈米顆粒之穿透電子顯微鏡照片

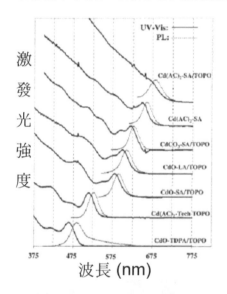

圖十 硫化鎘奈米顆粒之發光波長

　　量子點可與含有雙鍵之發光共軛高分子結合而形成有效之近紅外光發光二極體。這是因為高分子材料之加工容易，不需要高熱及

高眞空條件加工製成之無機材料，但是這些共軛高分子雖可加工製成有機發光二極體，且這些有機分子所發出之光波長爲小於 1 微米（可見光範圍），最好的內部發光效率爲百分之零點一，而在通訊元件之重要電磁波則爲 1.5 微米左右，所以我們可以利用在較高能之波長吸收能量之共軛高分子以瀑布方式將能量由高能量吸收光之高分子轉移至量子點以便在較低能量之紅外波長放出光，以增加量子點製成元件之發光效率。例如原先共軛高分子發出 600 奈米波長光而量子點則發出 1300 奈米波長之光。當將此兩種材料結合形成奈米複合材料時則主要發出 1200 奈米波長之光，而 600 奈米只剩下一點光，而且內部之發光效率大於百分之一。

此外量子棒可與共軛導電高分子結合而成太陽能電池。一般有機材料製程之太陽能電池費用低，但太陽能轉換率僅爲百分之二點五；製程費用很高之無機材料所製程之太陽能電池則其太陽能換率超過百分之十，而最貴之無機材料製程轉換率可達百分之三十。主要的原因是載子在無機半導體材料之移動速率遠大於在有機半導體材料之移動速率，高載子速率也就是電荷移至電極之速率較快會避免因與反電荷結合而產生損失。對許多共軛高分子而言，由於存在著電子捕捉元素如氧等，電子之移動速率很低，通常爲 $10^{-4} cm^2\ V^{-1}\ S^{-1}$ 左右，如加入無機半導體量子棒可增加電子移動速率。這些太陽能電池元件之能量轉換率受限於電荷跳躍傳送速率，材料結構上不完整傳送路線之缺陷將因此而減少。

無機半導體材料爲親電子材料，而有機分子則具低電子游離能。將有機體以化學鍵結方式結合至高密度電子位能之無機半導體材料時，電荷從有機分子轉移至無機半導體材料將極爲迅速。此外以改變量子棒之直徑我們也可以改變此材料之能隙，例如我們可以將直徑爲 7 奈米而長度爲 30 奈米之百分之九十硒化鎘奈米棒與百分

之十含硫共軛高分子 P3HT 混合於溶劑中,此時硒化鎘可接受電子而含硫共軛高分子 P3HT 可接受電洞,因此導致電子傳送之效率增加,以旋轉塗佈之方式於已塗上一層之導電高分子 PEDOT 及 ITO 玻璃,因硒化鎘和 P3HT 有互補之可見光吸收光譜,所以 CdSe/P3HT 奈米複合材料可以吸收從 300 至 720 奈米之可見光,可以獲得百分之七之能量轉換率。

奈米材料應用於傳統產業中

此外,利用奈米顆粒或層狀材料有較大之表面積比,奈米材料可應用於多種傳統產業中。舉例而言,一般一顆 1 微米大之銅球形顆粒其原子數約為一兆個,表面積與體積之能量比為百分之零點二七五,當其(直 or 半)徑下降成一顆 10 奈米大之球形顆粒其原子數約為一萬個,表面積與體積之能量比為百分之二點七五,而持續下降為 1 奈米大小時其原子數為數百個,表面積與體積之能量比為百分之二十七點五,此時銅顆粒已不導電,因為銅表面為氧化銅,當氧化銅佔至近 1/3 時,將成為絕緣顆粒。這類表面積比較大的奈米粒子可應用於觸媒,熱交換材。此外感測器中孔洞奈米材料因具有均勻大小之孔洞可以應用於具大小形狀選擇性之催化劑及感測器,另外奈米材料包含以奈米矽酸鹽層(厚度為 1 奈米,直徑為 200 奈米)補強之聚亞醯胺作為先進電子構裝材料使用,這是因為有機化之奈米矽酸鹽層對於水氣擴散有相當好阻絕效應,因而不但提高聚亞醯胺之機械性質,降低其熱膨脹係數及降濕性,而且使其漏電流性質下降可以作為較好之介電材料。

另外一方面則生醫用之聚胺基甲酸酯亦可與奈米矽酸鹽層形成奈米複合材料,此類奈米複合材料可增加百分之百之拉伸性以應用於人工血管上。其他實用例子可見表一。

應用元件	應用實例
高分子鋰電池	TiO_2 奈米顆粒可降低高分子結晶性以增加鋰離子之導電功能。
分散複合奈米薄膜	可增加薄膜之選擇性以供燃料電池使用
磁記憶體	FeCo 奈米粒子作爲材料具有雜訊較少，耐久性佳，可控制磁特性，可作爲兆位元高密度記錄材料。
導電膠	將 Ag 超微粒塗佈在磁帶上的感測帶，導電度提高，表面性質佳，可耐長時間使用。
超微粒薄膜感測器	在微量氧氣混合的氣氛下，蒸發得到的 Sn 奈米粒子在基板上形成薄膜，可做爲氣體，溫度感測器使用。
碳纖維氣相生長核	將 30 奈米以下的 Fe 系超微粒散佈在氧化鋁板上，在約 1000℃加熱氣氛下，導入碳化氫氣體，以超微粒做爲初核，生成碳纖維，品質佳，效率高。
微小孔過濾器	過濾器的孔徑與使用的超微粒粒徑有關(適用於氣體同位體，混合稀有氣體的分離濃縮)。
超低溫用稀釋冷凍機熱交換壁	He-He 稀釋冷凍機熱交換壁，使用低溫燒結的 Ag 超微粒(70 奈米)冷凍溫度由原來 10mK 大幅降低到 2mK。

表一　奈米複合材料的應用實例

● 新奇的<碳>製微米晶體及奈米世界　　郭正次

<碳>家族有那些成員?

微米(μm)與奈米(nanometer，nm)都是長度量衡的單位，1 μm = 10^{-6} m，1nm = 10^{-9}m。一般人的頭髮平均直徑約為 70 μm = 70000 nm，DNA 約為 0.5 ~ 2 nm。晶體材料之晶格常數(lattice constant)， 亦即晶體之最小構成單位之邊長約為 0.23 (for Be) ~ 2.44 nm (for S)。表 1 是有關最小長度之世界記錄，包括最小的人工洞，最小的地圖和最精密切割技術。有了這些數字應對奈米有比較清楚的概念。研究發現材料尺度由微米到奈米所代表的意義並不只是尺寸上的縮小，同時全新而獨特的物質特性亦隨之出現。在奈米的領域下(1 ~ 100 nm)，許多物質的現象都將改變，例如質量變輕、表面積增高、表面曲度變大、熱導度或導電性也明顯變化……等，因此也就衍生了許多新的應用。

世界記錄	說　　明
最小的人工洞 0.316 nm	利用水銀在 Mo-disulphide 鑽孔(德國 Munich 大學 7 月 17 日 1992)
最小的地圖 1 mm 直徑	西半球地圖(IBM 瑞士 Zurich 實驗室 1992)
最精密切割 技術	將人的頭髮在長度方向切割成 3000 條細線(美國 Lawrence Livermore 國家實驗室 1983)

表二　有關最小長度之世界記錄。

1985 年 Kroto 等人鑑定出一種含 60 個碳原子之球狀物，直徑約為 0.4 nm，被稱為" C_{60} 或富勒烯 (fullerenes) "為一種碳的奈米結構[Kroto, et al, 1985]。1996 年的諾貝爾化學獎就是頒發給發現 C_{60} 的三

位學者 Robert F. Curl, Harold W. Kroto 與 Richard E. Smalley。另一方面，碳纖維(carbon fiber)，碳鬚晶(carbon whisker)，發展歷史已經是非常的久遠；它們是類似石墨(graphite-like)的多晶體結構。在早期，美國發明電燈泡的 Thomas A. Edison 首先使用碳纖維製做電燈泡的燈絲，到 1950 年代應用於太空及航空工業的強化材料。在合成碳纖維中，偶而會發現非常小的中空碳絲生成，只是當時並不受重視，且亦受限於量測分析儀器的解析度有限。直到 1991 年 Iijima[Iijima, 1991]，首先提出這個中空碳絲的結構，並取了一個新的名字 "碳奈米管" (carbon nanotubes, or CNTs)，有人稱"碳奈米管"，它是第一個最受矚目的奈米結構材料，引起了全世界的重視，並導致了奈米科技的開發。所以 Baker[Baker, 1989]，在其研究碳纖維成長的著作中提到了一句格言： "某人之廢物可能是其他人的財富(One man's garbage is another man's treasure)"。的確， 碳奈米管，一個輕易就可在反應機台刮去的產物，它卻有許多獨特的性質等待發掘，並成為學術界家喻互曉的名詞。

這些以碳製成的新材料結構—富勒烯或是碳奈米管，為何會掀起研究的熱潮呢？主要是它們推動人們走向奈米科技—近年來最熱門、最具顛覆性的科技，帶領著我們迎接新世紀的來臨。奈米科技在全世界各學門中掀起了極度的研究與發展。主要是因為它的研究與製造理念是從奈米級材料著手。動機來自於如果能操控構成巨觀材料的奈米級尺寸之建構元塊 (building block) ，則材料在巨觀的性質，也許能達到預期所需。所以，奈米科技簡言之就是極微小化的科技，從物質最基本的單位—原子和分子層次開始，組合出極其微小的新材料和新元件，即所謂由下而上技術(bottom up technique) ，研究其操控結構技術，並觀測隨之而來的物理、化學與生物性質等的變化，其產業應用的潛力應該很大。例如先形成奈米級的粉末，

再壓縮形成結構複合材料。相對的，傳統由上而下技術(Top down technique)，則是"雕塑"合適的巨觀材料，達到所需要的特性與應用。一個很好的例子就是熟知的半導體製程：找到起始材料如 Si 晶圓，然後利用微影或是蝕刻技術雕塑圖案，以傳達電路設計來達到所需的功能。

那何謂奈米材料(nano materials)⁇ 是指材料的建構元塊(building block)之大小在 1～100 nm 之間的微小物質所組成的材料。奈米材料的更廣泛定義則是：三維空間中至少有一維處於奈米尺度範圍；這裡所說的三維就是物體的長、寬、高，只要任一維的尺度小至奈米尺度，就可稱此物體為奈米材料。奈米材料依維數來分可分為 (1)零維，(2)一維，(3)二維，(4) 三維。若是以電子的傳輸為標準來嚴格定義的話，(1)零維是指電子受限於長、寬、高三維尺度均在奈米尺寸的空間中，無法自由移動。(2)一維是指電子受限於長、寬、高中有二維處於奈米尺寸下，電子僅能在不是奈米尺度中的一維空間作自由移動。(3)二維是指電子受限於長、寬、高中僅有一維處於奈米尺度下，電子可在奈米尺度的二維空間中自由移動，也就是電子可於平面中自由活動。

那何謂奈米結構材料(nano-structured materials) ？ 並非只是將一堆材料大小控制在 1~100 nm 之範圍內，還需要使其具有明確的及均勻態的物理及化學性質，如此方為新時代奈米結構材料之範疇。換言之，奈米結構材料是指奈米材料中，其建構元塊具特別有用之結構特性和性質的材料。

一般而言，材料科學(materials science)是研究材料的結構、性質與製程關係的一門科學。所謂結構可以分為原子結構(atomic structure)，分子結構(molecular structure)，鍵結結構(bonding structure)，晶體結構(crystal structure)，微觀結構(microstructure)和巨

觀結構(macrostructure)。原子與分子結構在物理學界常稱之爲微觀(microscopic)世界，這跟材料科學界的微觀結構是指金相組織中之構成元素(constituents)，並不相同。科學術語稱普通材料爲塊材 (bulk materials)。相對於奈米材料而言，塊材是屬於巨觀(macroscopic)世界的材料。傳統的物理學、化學等理論都是以巨觀的塊材爲主，也就是我們人類所見所觸的世界。當材料尺寸縮小至奈米尺寸時，材料本身的特性便產生不同於巨觀世界的性質，因此，很自然的會想到適用於分子原子世界的量子物理(quantum physics)，可否應用在奈米結構材料上呢 ？ 很顯然地，量子物理的理論不盡然適用於奈米結構材料。雖然奈米結構材料爲依人類意志製造出來的超小物質，且尺度大小已推進至前所未有的極限，但奈米材料並非小到如原子分子一般，縱使一些奈米材料能夠顯現出量子特性。人們還是無法用量子物理理論來概括所有奈米材料的性質與行爲。奈米材料處於這種既非巨觀尺度的物質，又不是微觀尺度的物質情況下，人們稱其爲介於巨觀與微觀之間的介觀(mesoscopic)世界。

　　含 Si、N 之碳基巨觀晶體及碳基奈米結構/碳奈米管，看起來很難聯想在一起的材料，其實是有相關的課題。這些材料，可以藉由"碳"串聯起來。"碳"，是日常生活中與人們習習相關的材料，從寫字畫圖用的鉛筆，筆心主成份是石墨外，到材料的極品－鑽石；都是碳元素所構成的。鑽石是目前所知最硬的材料，而共價鍵 C_3N_4 是理論預測與鑽石硬度相匹敵的材料， Si-C-N 是全新的材料，都是屬於高硬度且寬能隙材料。所以，爲了尋找與合成超硬且寬能隙材料 (鑽石，C_3N_4，Si-C-N) 的研究，是碳家族中的鑽石所衍生出來的。本文將針對這些以碳製成的材料，如何從微細晶體之製造到奈米結構之製造，並舉例說明其可能的應用構想。

碳奈米管或奈米結構有那些成員？

　　圖十一是碳原子排列而成之石墨、鑽石、C_{60} 及單層碳奈米管結構模型。接著下面將分別介紹一些報導中其他主要碳奈米結構。這些微細晶體結構和奈米結構材料，其主要差異只是碳原子之空間排列對稱性不完全相同。最重要的奈米科學技術之一，是如何使碳原子自動排列(self assembly)成各種不同的結構。亦即它們的成長機制(growth mechanism)為何呢？由於製程條件之差異可以自動形成各種奈米結構材料。但截至目前，碳奈米結構之形成原因或機制尚未完全了解，尚有很多爭議。如何控制奈米結構是值得研究的問題。

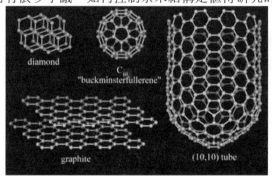

圖十一　石墨、鑽石、C_{60} 及單層碳奈米管結構模型 [http://www.ssttpro.com.tw/]

(a) 單壁碳奈米管

　　單壁碳奈米管(Single-Walled Carbon NanoTubes 或 SWCNTs 或 SWNTs) 是管壁只有一層碳原子所環繞，可能是世界上最小的管子。香港大學<u>湯子康</u>教授於 2001 年 6 月於 Science 期刊中發表以天然的沸石孔洞做為載體製備全世界最小之單壁碳奈米管(如圖十二和十三) (直徑 = 0.4 nm) [http://www.ust.] 。這種天然的沸石奈米結構可以被利用來當作模板以合成不同的奈米結構材料，由此可見大自然中還有很多東西值得我們去發掘和學習的。

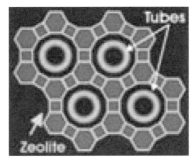

圖十二　　以沸石(zeolite)孔洞做為載體製備之單壁碳奈米管 http://www.ust. 。

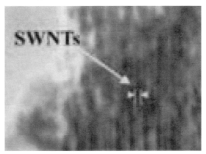

圖十三　　以沸石孔洞做為載體製備之單壁碳奈米管超高倍率電子顯 微照片(HRTEM) http://www.ust. 。

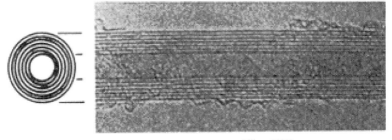

圖十四　　七層管壁碳奈米管[Iijima, 1991] 。

(b) 多壁碳奈米管

多壁碳奈米管(Mutli-Walled Carbon NanoTubes 或 MWCNTs 或 MWNTs)顧名思義,所謂的多層管壁碳奈米管就是碳奈米管管壁之石墨層不只一層,如圖十四和圖十五分別為具七層及多層之多管壁碳奈米管[Iijima, 1991; 郭正次 2002]。

圖十五　以 $CH_3 + H_2$ 氣體反應成長之碳奈米管之電子顯微照片(已經將奈米管壓斜以利觀察) (郭正次 2002)。

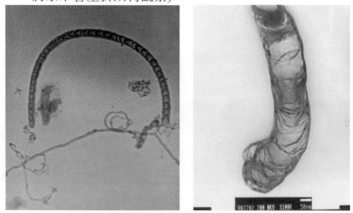

圖十六　竹節貌碳奈米管之電子顯微影像[Kuo's lab, MSE, NCTU, 2002]。

(c) 竹結狀碳奈米管

竹結狀碳奈米管(bamboo-like CNTs)是碳管分成許多中空間隔，類似竹結。圖十六和圖十七都是合成之竹結狀碳奈米管之電子顯微鏡照片[郭正次 2002；Lee, et al. 2000; Chang 2002]。後者各別間隔更加明顯。

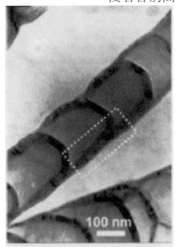

圖十七　竹結狀碳奈米管之電子顯微影像[Lee, et al., 2000]。

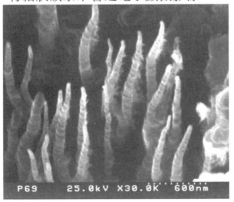

圖十八　以 $Nd_2Fe_{14}B$ 磁性薄膜為觸媒所成長之尖錐狀碳奈米結構[Kuo's Lab., NCTU 2002]。

(d) 其他碳奈米結構

圖十八～圖二十二分別爲尖錐狀、藤蔓狀(ratten-like)、海草狀(petal-like)、木耳狀和玫瑰狀(rose-like)碳奈米結構[郭正次 2002]。

 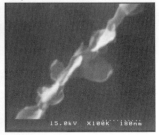

圖十九　以 Co 爲觸媒成長之藤蔓狀(ratten-like) 碳奈米結構[Kuo's Lab., NCTU 2002]。

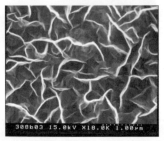

圖二十　以 Co 爲觸媒成長之海草狀(petal-like) 碳奈米結構[Kuo's Lab., NCTU 2002]。

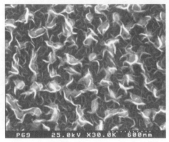

圖二十一　以 CoPt 合金爲觸媒成長之木耳狀碳奈米結構[Kuo's Lab., NCTU 2002]。

(a)　　　　　　　　　　　(b)

圖二十二　以 (a) Co 和 (b) Fe 爲觸媒成長之玫瑰狀(rose-like) 碳奈米結構[Kuo's Lab., NCTU 2002]。

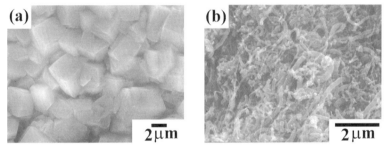

圖二十三　以鈷觸媒成長之 Si-C-N: (a) 微細晶體及(b) 奈米管薄膜[郭正次 2002; Chang 2002]。

　　這些奈米結構提供一個平台做爲研究成長機制和操控奈米結構之題材。

如何使 Si-C-N 三種原子自動形成奈米管結構或微細晶體薄膜?
　　Si-C-N 奈米管與 Si-C-N 微細晶體薄膜可以用 Co 薄膜爲催化劑，但前者是用 $CH_4+N_2+H_2$ 爲反應氣體，而後者是在 CH_4+N_2 氣體

下合成。圖二十三顯示出典型的 Si-C-N 晶體薄膜與 Si-C-N 奈米管的形貌圖[郭正次 2002]。圖二十三(a)可觀察到 Si-C-N 晶體薄膜呈現四面體或是六面體形貌，有明顯的晶面且屬於微米級晶粒。圖二十三(b) Si-C-N 奈米管則呈現管狀形貌。這樣的轉變被認為與氫氣的添加有關，是很有趣的問題。催化金屬的作用在無氫氣的條件下被認為是提供了成核點。催化金屬的作用在氫氣的條件下則被認為是碳原子進入奈米結構之門戶。其他尚有許多製程參數可以操控，包括催化劑的種類和厚度、前處理的條件、外加固態矽源、反應氣體的種類和比例、溫度、磁場、中間層的應用等等。

如何製造包覆磁性顆粒碳奈米結構？

製造包覆各種材質顆粒碳奈米結構是研究奈米結構材料應用之一環，它也可視為另一種奈米結構。方法之一是首先在矽晶片上濺鍍一層磁性金屬薄膜，再置入真空腔體中。合成過程一般為先將試片以電熱器加熱至合成溫度，然後在施加磁場和微波(類似家用微波爐)條件下，通入 H_2 氣進行此金屬薄膜之蝕刻。緊接著通入含碳之反應氣體(例如 CH_4)以成長出鑲埋磁性金屬顆粒之碳奈米管或奈米顆粒。其中施加的磁場約為 875 Gauss[郭正次 2002]。

包覆磁性顆粒碳奈米管有何應用？

首先購想如果將包覆磁性顆粒之每一根或數根碳奈米管，做為一個記憶的單位；則將可以大大提高平面記錄密度，這將比目前的記錄密度高出百倍以上。如此超高密度達奈米解析度磁性記錄媒體應可期待。為著進一步了解其優異之處，需要先了解目前的儲存媒體技術之瓶頸。

儲存媒體之瓶頸？

　　儲存媒體（storage media）大致上可分為磁性儲存媒體、光學儲存媒體、半導體儲存媒體三大類。磁性儲存媒體有傳統錄音帶（tape）、錄影帶（video cassette）、主機電腦用硬碟、傳統熟知的個人電腦用磁片（disk），到近幾年為因應高容量隨身攜帶型的高容量磁片 ZIP 和 MO (megneto-optic)。其涵蓋歷史範圍廣泛，從工業時代、電腦主機時代、個人電腦時代、一直演進至後個人電腦(PC)時代，年代可推回 1970 年到 2001 年。因市場量大，發展已久遠，已成民生必需品（commodity）。以儲存容量來看，欲達到每平方英吋 10^{13} 記憶單元的容量，其最小訊號點必需在 100 nm 以下，而超過每平方英吋 10^{13} 記憶單元的容量則最小訊號點必需在 20 nm 以下。表示每一數位訊號僅佔用數十奈米的長度儲存之。

　　就磁性儲存媒體的磁域方向而言，可分為水平排列模式及垂直排列模式兩種。研究顯示水平記錄媒體之記錄密度達到 40 Gbit/in^2 以上時(1 Gbit = 10^9 bit = 10^9 記憶單元)，在此尺度下水平記錄媒體將因熱不穩定性（Thermal instability）或稱超順磁極限（Superparamagnetic limit），將會面臨物理極限[O'Grady, et al. 1999; Todorovic, et al. 1999; Speliotis 1999]。這是因為水平記錄方式其記錄位元之磁化方向因頭尾相對，相互間產生很高的去磁力，因此最不利於高密度之磁紀錄媒體。目前硬碟商業產品中，除了磁光(MO）記錄媒體使用垂直記錄外，其他均仍採用水平記錄模式。而欲克服目前水平記錄技術即將面臨的記錄密度瓶頸，改變記錄方式如垂直記錄或圖案化記錄技術在理論上有其發展空間與潛力，許多硬碟廠商及研究單位亦已開發成功原型機種來證明其可行性[Iwasaki, et al. 1975, 1977; Leslie-Pelecky , et al. 1996; Chou, et al. 1996, 1997; Todorovic, et al. 1999; White 2000]。垂直記錄媒體之概念早在 1976 即由 S. Iwasaki 教授提出[Iwasaki, et al. 1976]。垂直記錄方式，記錄位元垂直於基板，因此比水平記錄媒體具有較高之熱穩定性，這是因

為垂直記錄位元間之去磁力很小；另一原因是其可為柱狀晶粒，可在記錄平面上（in-plane）減小尺寸以適應更高的記錄密度，但仍能以增加厚度的方式擁有較大之晶粒體積。然而，目前距離商品化所面臨的問題仍有許多問題有待克服。例如，目前的傳統鍍膜技術並不易成長細且高的柱狀晶粒。

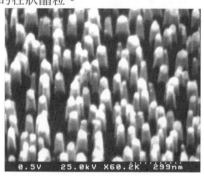

圖二十四　以 FePt 合金為觸媒成長之包覆 FePt 合金之碳奈米結構[郭正次 2002]。

包覆磁性顆粒碳奈米管之顯微照片及特性

　　研究的磁性材料包括 Fe, FePt, CoPt, $Nb_2Fe_{14}B$ 及 FeNi。圖二十四為側視圖[郭正次 2002;Lo 2002]，是以 FePt 合金為觸媒成長之碳奈米結構的電子顯微鏡微觀照片。典型的晶格(原子排列) 高解析度電子顯微鏡影像，如圖二十五所示[郭正次 2002;Lo 2002]，為以 FeNi 觸媒輔助成長的碳奈米管，在觸媒顆粒及其周圍的影像，黑色部份為金屬觸媒。碳奈米管除了具有高度垂直基材方向之優點外，在碳奈米管頂端之觸媒顆粒的形狀大部分呈現倒梨形（pear-like），對於提高磁性的形狀異向性有很大的貢獻。結果發現主要的製程參數包括觸媒材料種類、前處理和形成奈米管之溫度。

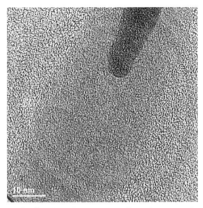

圖二十五　以 FeNi 合金為觸媒成長之包覆 FeNi 合金(黑色部份)之碳
　　　　　奈米結構之晶格(原子排列)超高倍率電子顯微照片[郭正次 2002]。

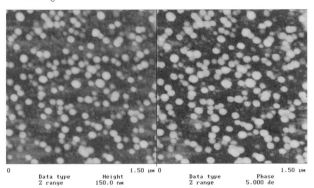

圖二十六　左右圖分別是以 FePt 為觸媒成長之碳奈米顆粒之表面同
一位置之外觀影像(AFM)及磁力分佈影像(MFM)[郭正次 2002; Lo 2002]。

　　圖二十六之左右圖分別是以 FePt 為觸媒成長之碳奈米顆粒之表
面同一位置之外觀影像(AFM,又稱原子力顯微照片)及磁力分佈影像
(MFM)[郭正次 2002; Lo 2002]。在 AFM 影像圖中較亮及較暗之區域分別代表
表面高和低。在 MFM 影像圖中較亮及較暗之區域分別代表與探針作

用之磁力方向爲相斥或相吸之作用力。 圖中顯示磁性顆粒分佈均勻，而且每一顆粒之磁場可以被偵測或讀取。

　　就應用在磁性儲存媒體方面，本製程具以下優勢：具垂直準直排列碳奈米管或奈米顆粒、磁性奈米顆粒包覆在奈米管頂端、磁性奈米顆粒分佈均勻、各別磁性奈米顆粒具可觀的磁性、管數密度高(包覆 Fe 之奈米管其密度可達每平方英吋 $134x10^9$ 奈米管)、有利的磁性奈米顆粒尺寸、具高的形狀及誘導磁異方性、奈米結構可控制性、等等。目前條件下，包覆 Fe 之奈米管在沉積溫度 715□時其最大矯頑磁力可達 750 Oe，這可和報導的數據相當;其垂直與水平之矯頑磁力差可達 300 Oe，而包覆 $Nd_2Fe_{14}B$ 則可達 355 Oe [郭正次 2002]。

　　由以上分析可見包覆磁性顆粒碳奈米管之製程，可用以突破目前磁記錄媒體之記錄密度之瓶頸。

結語

　　本文簡介由化學製程操控<碳>家族之各種結構之合成，包括鑽石及 Si-C-N 微細晶體和奈米結構材料之合成，並說明可能在磁記憶媒體上的應用。一般認爲碳奈米管的發現才導致奈米結構材料之研究熱潮，並推動人們走向奈米科技。奈米科技便是利用此全新的物質特性，用各種方法將材料製成各種奈米結構，研究其操控結構技術，並觀測隨之而來的物理、化學與生物性質等的變化，其產業應用的潛力應該很大。換言之,奈米科技發展可以分爲三個主要部分: (1)材料製備,(2)性質確定,(3)元件製造。其實奈米效應與現象長久以來一直存在於我們生活的自然環境中，並非全然是科技產物，例如：蜜蜂體內因存有磁性的奈米粒子而具有導航羅盤的作用與功能 ; 蓮花之出污泥而不染亦爲一例，水滴滴在蓮花葉上形成晶瑩剔透的圓形水珠，而不會攤平在葉片上，此現象即是蓮花葉片表面的奈米結

構所造成。因表面不沾水滴，污垢自然隨水滴從表面滑落，此奈米結構所造成的蓮花效應(lotus effect) [Barthlott, et al., 1997]已被開發並商品化爲環保塗料。

● 21 世紀建築發展
－從數位建築到奈米建築　　　　　劉育東

前言: 21 世紀的建築發展

　　建築的歷史在某個層面上可看成是形體與空間的發展史。早期設計師經常運用建築的手法塑造空間，來詮釋許多從自然界觀察所得的自由線條與形體。然而看到的景物與可想像的空間雖然無限自由，但落實爲建築形式時，卻往往受限於設計表現法、建築材料、結構及施工技術的限制，僅能以有限的幾何線條來回應無限的自然界中的自由形體。這種由「觀察」到「思維」的豐富性以及由「思維」再到「創作」的侷限性，一直是建築師無法超越的心智思考與生物上的困境，東西方皆爲如此。由於這些困境與無法突破的限制，常常不自主的在建築設計發展中，隨之產生許多企圖解釋自然與人造物相互間的詮釋理論與哲學觀。另一方面，由於藝術家並沒有表現法與建築技術的包袱，創作的自由性遠超過建築設計創作，形成了純藝術與建築的重要差異。

　　建築的歷史在某個程度可視爲是空間概念的發展史。因此，建築的表現經常被空間概念所主導，而每當人類空間概念有重大發展的時刻，也就是建築將要有巨大變化的時機。例如在空間觀的發展上，就從埃及金字塔的厚實量體(solid mass)、老子的虛體空間(void space)、與後來的中介空間 (in-between) 以及內外空間 (inside-out) 等逐步發展。在構造與材料上，能夠發展出由小而大、由低而高、

由厚重而輕薄的技術，更由於數位科技能產生像西班牙畢爾包美術館的自由而且天馬行空的量體與空間。

電腦這個數位新媒材，在 21 世紀初便解放了人類文明史上空間概念。電腦在視覺上與空間上的建構能力與模擬能力，可以發揮幾乎無限的想像力，甚至透過虛擬實境空間模擬器（VR cave simulator），人們可以近乎真實的身在其中。另外電腦在網路中所建構的網際空間（cyberspace），已成為多數人流連忘返甚至活在其中的場所。這裡面的空間經驗、人與環境的互動、人與人的互動都異於實體空間，甚至空間的組織也像科幻小說中的隨意跳躍（hyperlinks），而非真實世界中空間與空間的僵化關係。這類由電腦數位化與虛擬化而形成的新空間，我們可稱為「數位空間」（digital spaces）或「虛擬空間」（virtual spaces），它們介在心智空間與實體空間中，同時具有心智空間的無限想像能力與實體空間身在其中的感官能力。人類新的空間概念因而形成。

全球的數位建築

雖然建築在數位時代的發展仍屬初期中的初期，在這時候為數位建築下定義，甚至討論未來它的內容可包括哪些項目，似乎顯得有太多的預測，但如果以電腦自 1963 年具備繪圖能力，以及自 1990 年 Frank Gehry 巴賽隆那魚的設計中所引發建築的巨變來看，我們還是可以將「數位建築」在 2003 年初的發展初步歸納為：「凡是將各類電腦數位媒材，關鍵性的引用在建築設計的過程中——自設計概念、早期設計、設計發展、細部設計、施工計劃、營造過程等任何一個階段或幾個階段甚至全部的過程——並因而在機能、形式、量體、空間、或建築理念上有關鍵性的成果的建築，均可廣義的視為數位建築」。有了這樣一個初步定義，接下來的問題則是，全球有那

麼多的數位建築正在大量發展，數位建築可能的前景是什麼？我們
該如何定位？

　　由前述電腦在建築的發展上看來(很難想像電腦遇上建築，竟會
衍生出這麼多專有名詞，由此也可想像電腦在建築中發展與更新的
快速)，數位技術包含了繪圖、影像、模型、動畫、多媒體整合、網
路、自由形體技術、與虛擬實境等，可以預料的，這些技術在往後
將會更快速的發展並更全面的影響建築。但若要在此刻為數位建築
定位，並瞭解它的前景(vision)到底是什麼，(這麼多人辛苦實驗、探
討、突破、甚至花費比一般建築更高的費用，到底他們看到了未來
的什麼?)則我可以基於上述的回顧來預測(而且僅只是預測)，數位
建築在人類的建築發展史上，有下列幾種可能性。

　　數位建築可能只是一種新工具。如果所有前述已成熟的數位技
術，僅代表著「電腦繪圖」或「電腦輔助繪圖」的功能，不具備任
何設計思考過程、設計方法、以及空間理論上的意義與後續發展機
會，則電腦真的只是新工具。而且，這項數位工具會是繼埃及希臘
時期的平面式繪圖與文藝復興的量體模型後的最新發展，而且其後
續工具性的發揮將更快速而更驚人（因為電腦的工具性是最簡單而
且隨手就可做到的事情）。

　　數位建築可能是一個新理論。如果目前所有的數位技術，具備
了輔助設計思考的能力，而又能利用網際網路來協助設計方法與設
計過程(即 internet-aided design 與 web-based design)，則建築設計自
1930 年代包浩斯的設計方法理論應會大量改寫。另一方面，若電腦
可作為重要的設計思考媒材，進而透過這個數位媒材的特質(即
computer-aided design 與 design with computer)，產生前所未有的設計
思考模式與在此新模式下的建築物，則我們將會見到自 1500 年代文
藝復興早期的設計思考理論，有了停滯 500 年後的重大發展。最後，

若網際空間的經驗可能影響到對實質空間的經驗（即 cyberspace 與 networked space），而且自由形體與虛擬實境可以營造出以前無法想像的建築空間(virtual architecture 與 virtual space)，則建築賴以維生的空間理論，將繼埃及的量體空間、希臘羅馬的幾何空間、哥德的神秘空間、後期文藝復興到巴洛克的動態空間、現代與後現代空間等等，再出現建築空間與都市空間中的新空間理論。上述設計方法、設計思考、空間概念等三方面理論的共同發展，則有機會在建築理論上建構一套全面的新的「主義」，繼現代主義、後現代主義之後的所謂「數位主義」(digitalism)，建築的歷史也將因而再向前推進。然而如果建築的設計方法論、思考理論、空間理論，以及建築歷史都改變了的時候，數位建築只會是個新的理論嗎？

數位建築因而可能是一個新時代。如果把所有的數位技術整合起來，視為對建築設計具有全面性影響，並且接受現今人類歷史發展的新時代便是數位電子時代這樣的觀念，則數位建築是繼史前時代、埃及、希臘與羅馬（馬雅、東方、印度等）、早期基督教、拜占庭、哥德、文藝復興、巴洛克與洛可可、新古典、現代與後現代等建築歷史上的一個新時代，或許稱為數位建築時代。值得注意的是，若數位建築有機會形成一個「時代」，則它的影響力將不只是上述的大量工具發展或各種理論的成長而已。它將會全面改寫建築在產業、社會、文化方面的影響，以及引發在這些重大影響下所形成的另一種具有數位性的新價值系統（為什麼好？）與新美感經驗（為什麼美？）。

最後，數位建築可能是一場新革命。人類文明自混沌時期起，歷經漁獵革命、農業革命、工業革命等重大變革，每次革命影響所及都改變了人類的思維模式與生活方式，建築在人類文明的革命中顯得極其渺小，只能隨著革命所形成的新思維與新生活模式而作徹

頭徹尾的改變。人類文明是否會形成數位時代甚至引發一場數位革命，身在建築領域的我們只能拭目以待。

台灣的數位建築: 10^{-4}m 建築

　　沒有人會懷疑今日的台灣是世界上十分重要的高科技生產國與輸出國，但為什麼台灣的建築以及它的建築工業卻從未反映這個全球公認的事實？如果我們能完全以數位概念做一個設計並且以全面數位製造過程將它建造起來，那時我們就敢說「台灣真的高科技」，而且不只是 1960 年代以來的工業時代的高科技，而是 1990 年以來數位時代的高科技。本設計基本上是個實驗，要將自由形體科技運用在設計概念、設計發展、單元製造、現場組構等過程。我們一開始就拒絕將我們的設計數據不費吹灰之力的快捷寄送到美國、歐洲或日本，載運回來精確的自由曲線骨架與表面材料，我們卻選擇全部流程都由台灣的工廠自行生產，我們自己解決所有問題。這就是2000 年 11 月 26 日我們一開始作的時候所想的事情。當然，我們也想要知道另一件事，我們能做到歐美建築界也才剛開始做的數位發展嗎？

案例一：公信電子接待大廳

　　這是由交大傑出校友葉宏清先生個人贊助交大建築研究所的數位建築實驗，基地位於汐止的公信電子公司三樓接待大廳。本數位實驗的設計概念，企圖掌握數位科技參與下的設計、構造及施工能力，以便詮釋並有機會重新回應周遭自然環境所呈現的自由線條與形體。我們先以一個小型的實務設計開始，在國內建立由設計、生產到施工的經驗，以便為未來較大型數位建築的建造作準備。2000年 11 月 26 日這個數位建築實驗正式開始，直到 2001 年 1 月 5 日從

概念、初步分析、電腦模型及實體雷射切割測試、色彩計劃、材料及結構各方面的測試後，在 40 天內完成設計。2000 年 1 月 5 日設計完成後，開始從事自由形體構件單元之測試及生產，事實上是步入了一個更爲困難的階段，由於自由形體的設計中沒有任何一單元爲標準化之模矩及尺寸，各自有不同的角度及曲面，在掌控、測試及生產上格外需要精準度，更由於目前的建築工業未能有如此之水準，我們針對金屬構件及金屬表面材料的雷射切割製作，與壓克力表面材料的眞空成型，我們走訪了高科技產品設計、甚至汽車零件設計工廠，希望能確實的控制其生產精密度。直到 2001 年 2 月 13 日起將所生產的構件單元進行現場施工，此階段最大之挑戰及目標在於自由形體單元組合時，現場空間定位與人工操作的精準度，如何與設計與生產時的 0.5mm 精準度配合，以達到相當的施工品質。透過現場師傅耐心施作及交大參與人員對許多問題發生的討論與解決，本案於 2001 年 6 月 15 日正式完工，共花了 6 個月又 20 天。

圖二十七　公信電子接待大廳，台灣汐止，1999-2000，交大建築所師生劉育東、李元榮、賴德、黃士誠、張嘉倫、黃國賢、范揚錚、施勝誠設計。

圖二十八　公信電子接待大廳。

案例二：大連電子深圳總部

　　科技與藝術有何差別？科技是一件藝術品嗎？或者藝術是一套科技的系統？我們能否使一座高科技工廠看起來就像一間美術館？此外，自然環境與人造的環境差別在哪裡？是自然環境應該去符合人造環境，還是人造的環境要順應自然？秉持對科技、藝術、自然與人造的尊重，本設計案深刻地探索上述思考問題。我們主張科技即藝術，藝術即科技，而自然與人造環境是相互共生的。大連電子工業股份有限公司是一間生產電腦電纜的 OEM 公司，除了原先已在美國、英國、德國和馬來西亞等地建造的廠房外，他們即將在中國深圳建造一座新的工廠與辦公總部。深圳是中國自 1985 後第一個對外開放的城市，基地即位於深圳郊區新成立的大科學工業區主要入口處。這塊背對著青山，擁有寬廣天際視野的美麗基地，是大連電子公司董事長黃明郎先生親自挑選。為了創新電纜公司的形象並且追求數位觀念，我們將兩棟主要的建築和餐廳設計成一連續的曲線，以雷射切割的鋼架構和表皮、薄膜、纖維光束以及混凝土結構等打造。為了進一步反映數位和媒體時代的發展，在兩棟主要建築物的正立面還運用了多媒體和虛擬科技的影像。整體的設計概念為了要捕捉所謂的電子連結(人造建築物的電子連結)，使其符合自然的

連結(後面山脈稜線的自然連結),電子連結加上自然連結應是個「大好連結」(Great Link)。這個計畫預計在 2002 年九月動工,2003 年九月完工。

圖三十　大連電子深圳總部,中國深圳,2002-2003,交大建築所師生劉育東、李元榮、王昭仁、石千泓、許偉楊、林楚卿、呂世民、郭志強設計。

圖三十一　大連電子深圳總部。

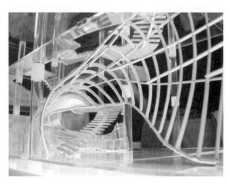

圖三十二　大連電子深圳總部。

案例三:廣達虛擬藝術館

一間博物館需要多大面積才足夠?在建築歷史上,儘管人們一直希望將建築物盡可能蓋到最大,但都因為受到重重限制而失敗了,這些限制常常是由於材料、結構、地球的重力等因素無法解決,甚至是因為人類本身感官經驗與視野的極限而阻礙了發展。一間博物館永遠不可能夠大,如果它僅僅只是一間實體的博物館而已。以實體建築媒材而言,建築物中所有的元素能夠擴充的空間性非常有限,實體的空間,即使巨大,仍是有限。相反的,只要利用數位媒材與科技,虛擬的建築元素卻能無限擴充人們對空間的知覺,換句話說,虛擬空間即使只是一丁點兒,相形之下,卻是無限的。我們宣言尚未就此打住,我們要問:即使虛擬空間是相對地無限或幾近於無限,作為博物館,就夠大了嗎?答案十分清楚,因為虛擬空間相較於人類的無邊想像仍然是有所限的,因此虛擬與真實共存共構就成了目前要達成理想中的「無界空間」唯一的方向了。廣達電腦有限公司是世界上最大的筆記型電腦公司,世界上使用的筆記電腦,每七台當中就有一台出自廣達。除了實體的空間外,廣達公司也認同人類虛擬世界的發展,因此,計畫在他們新的研究中心上面建造了一棟科技和藝術博物館。我們並不想用一棟巨大卻有限的實體空間來收藏這些藝術和科技作品,反而要設計一棟小而無限的虛擬博物館,以先進的數位媒體和科技來達成,如 3D 網路空間、虛擬實境空間模擬器、頭戴式螢幕、3D 身體掃描器、藍幕技術、觸碰式科技和虛擬真實技術等。展覽內容亦是完全的虛擬,包括廣達電腦產品的科技世界,以及目前世界上最大最完整,由廣達董事長林百里先生所收藏的國畫大師張大千的藝術世界。科技是藝術而藝術也是科技的想法完全落實到本設計案。此外,真實空間和虛擬空間共存的新概念也擴大了傳統的建築空間。這個計畫預計於 2003 年初開

工,2004 年底完工。

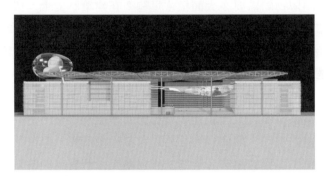

圖三十三　廣達虛擬藝術館,台灣龜山,2002-2004,交大建築所師
　　　　　生劉育東、李元榮、王昭仁、石千泓、許偉楊、林楚卿、
　　　　　呂世民、郭志強設計。

圖三十四　廣達虛擬藝術館。

結論:從數位到奈米 10^{-9}m 建築

　　建築受到了時代變遷中有關社會、文化、科技的影響,而反映
在建築物的外表形式與內部空間中,因此不同時代便造就了不同的

建築。人類在 1900 年以前是利用手工藝從事建築設計與施工，精確度僅是以 10cm（10^{-1}m）為單位，到了 1900 年前後的機械時代，建築則隨著工業革命而有了 1cm（10^{-2}m）為單位的精準度，因而思考形體與空間的自由度也大幅提昇。如同前面介紹的數位建築發展，由於數位媒材的突飛猛進，將建築可操作的精準度再提高到 0.1mm（10^{-4}m），建築因而在數位時代有了像純藝術創作般天馬行空的自由度。基於數位革命的經驗，目前人類歷史更默默的向奈米（10^{-9}m）的尺度上探索，在更高的精準度下，以往人們無法感知的空間，已成為建築創作靈感的來源，例如交大建築所為工研院設計博物館的虛擬館時，將在奈米世界中才可看到的 DNA 結構，塑造成重要的展覽空間，放大 10^{12} 倍之後，奈米微觀世界頓然成為實體可體驗的巨觀空間。

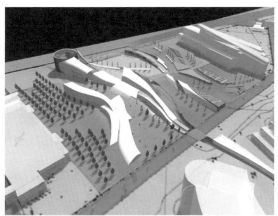

圖三十五　工研院數位博物館—虛擬館（計畫案），台灣新竹，2001-2003，劉育東、萬朋蕙、李元榮、賴德、張嘉倫、蘇瑞育、許偉揚、趙元嗣、簡兆芝、郭自強、黃慶輝。

　　從數位到奈米的科技發展，將帶動數位建築與日後奈米建築的

巨變，人類的居住空間與城市風貌將凝聚脫胎換骨的能量，等待建築設計者的跨時代創作。

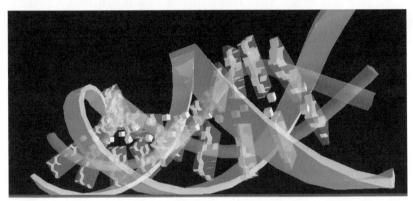

圖三十六　虛擬館中之生命科學展區。

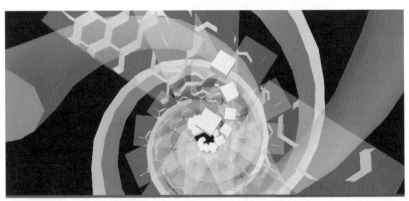

圖三十七　虛擬館中之生命科學展區。

參考文獻

[1]　Baker, "Catalytic growth of carbon filaments", Carbon 27 (1989) 315-323.

[2]　Barthlott, W. and C. Neinhuis, Planta 202 (1997) 1-8, "Purity of the sacred lotus, or escape from contamination in biological surfaces".

[3]　Chang, H. L., C. H. Lin, C. T. Kuo, Diamond and Related Materials 11 (3 - 6) (2002) 793 - 798.

[4]　Chou, S. Y. and P. R. Krauss, J. Mag. and Mag. Mater. 155 (1996) 151.

[5]　Chou, S. Y., P. R. Krauss and L. Kong, J. Appl. Phys. 79(8) (1996) 6101.

[6]　Chou, S. Y., Proc. IEEE 85 (1997) 652.

[7]　http://www.ssttpro.com.tw/

[8]　http://www.ust./

[9]　Iijima, S. "Helical microtubules of graphitic carbon", Nature 354 (1991) 56 - 58.

[10]　Iwasaki, S. and K. Takemura, IEEE Trans. Mag. MAG-11 (5) (1975) 1173.

[11]　Iwasaki, S. and Y. Nakamura, IEEE Trans. Mag. MAG-13 (5) (1977) 1272.

[12]　Kroto, H. W., J. R. Heath, S. C. O'Brien, R. F. Curl and R. E. Smally, "C60: Buckminsterfullerene", Nature 318 (1985) 162 - 163.

[13]　Lee, C. J. and J. Park, "Growth model of bamboo-shaped carbon nanotube by thermal chemical vapor deposition", Appl. Phys. Lett. 77 (2000) 3397 - 3399.

[14] Lee, Cheol Jin, Jung Hoon Park and Jeunghee Park, "Synthesis of bamboo-shaped multiwalled carbon nanotubes using thermal chemical vapor deposition", Chem. Phys. Lett. 323 (2000) 560 – 565.

[15] Leslie-Pelecky, D. L. and R. D. Rieke, Chem. Mater. 8 (1996) 1770.

[16] Lo, An Ya, M.S. Thesis, MSE, NCTU, 2002.

[17] O'Grady, K. and H. Laidler, J. Mag. and Mag. Mater. 200 (1999) 616 - 633.

[18] Siegel, R. W., "Nanostructure science and technology", WTEC press, USA (1999).

[19] Speliotis, D. E., J. Mag. and Mag. Mater. 193 (1999) 29.

[20] Todorovic, M., S. Schultz, J. Wong, and A. Scherer, Appl. Phys. Lett. 74 (1999) 2516.

[21] White, R. L., J. Mag. and Mag. Mater. 209 (2000) 1.

[22] 郭正次, 國立交通大學,材料系,材料製程研究室 2002。

第七章　奈米世界的活力與競爭力（一）

● 美國　　　　　　　　　　　　蘇紀豪、杜長慶

　　在奈米科技的發展上，不論是在學術界或是產業界上，美國都位居於全球領先的地位。以 2000 年為例，美國投入的經費總共約為兩億七千萬美元，領先了歐洲的兩億美元以及日本的兩億四千萬美元，位居全球第一。而且美國投入奈米科技研發的預算更是以極快的速度成長，估計在 2003 年總金額將會達到七億五千四百萬美元。

年度	經費(百萬美元)
1997	116
1999	255
2000	270
2001	495
2002	604
2003	754

學術界

　　在學術界的部分，在美國相當多的大學或是研究機構中都有關於奈米科技研發的計畫。而且研究的範圍相當廣泛，幾乎涵蓋了各種奈米科技的領域。除了立即可以應用在產業界方面的研究之外，科學家們最大的夢想就是能夠製造出奈米尺寸大小的分子機械 (Molecular Machine)，並將這樣的元件運用在各個領域。事實上，在自然界中就有非常多的奈米元件。最有名的例子是，在大腸桿菌鞭毛的末端基部，有一個非常微小的蛋白質旋轉馬達，而這樣一個馬

達的動力來源，是來自細胞內部氫離子濃度的梯度。它不但能夠雙
向旋轉，每分鐘更可高達幾千轉。科學家們研究的目標，就是希望
從模仿自然開始，一步一步的朝向製造這樣神奇的機械邁進。

在這邊簡短的篇幅之內，僅能就簡單介紹幾個研究團隊，給予
讀者一些初步的印象。

學校：加州大學柏克萊分校(UC Berkeley)

團隊：BioCOM chip group

簡介：研究 BioCOM(biochemo-optomechanical) chip 的主要目標，在
於希望研發出一種能快速，準確，低廉地檢驗出病人身上可
能患有的疾病的晶片，尤其是針對於癌症的檢測。BioCOM 的
設計原理如下：一些分子間化學反應，如 DNA 雜交
(hybridization)，或抗體與抗原之間的鍵結(antibody and antigen
binding)，造成了微支架(micro-cantilever)的傾斜。只要利用晶
片量測出微支架的傾斜度，就可以檢測出是否有目標分子的
存在(如檢體中的 DNA 或是蛋白質)。微支架對於化合物鍵結
上去的數量，位置都有非常準確的反應。這樣的技術在檢驗
DNA 序列上有很大的突破。和過去利用螢光技術檢測 DNA
序列不同，微支架能準確地知道是否有 mismatch 及位置在何
處，而且對於 DNA 是否鍵結上去以及鍵結的數量有明顯的差
異。目前他們的目標是超越過去的單一微支架感測器，將許
多感測器同時放在同一個晶片上。並讓這些感測器分別感測
不同的 DNA 或是蛋白質。如此一來效率將會有極大的提升。

學校：麻省理工學院 (MIT)

團隊：Nanostructures Laboratory (NSL)

簡介：麻省理工學院奈米結構實驗室(NSL)主要的研究目標是發展從
奈米等級到微米等級的各種表面結構，並將這些結構應用在

各類研究項目之上。由於半導體業界的商業用途機台無法滿
足奈米製造所需要的解析度，在使用上的彈性也無法滿足
NSL 研究所需，因此大部分的儀器以及製程方式幾乎都是由
NSL 所自行發展出來。 NSL 的研究項目主要有三類：1.發展
奈米製造技術，2. 奈米半導體元件、奈米磁元件以及奈米光
學元件，3. 奈米量測技術。

學校：加州理工學院 (California Institute of Technology)

團隊：Prof. Roukes Research Group

簡介：Nanotechnology-能夠大量製造 atomic-scale machines 的技術。
這個遠景最早在 40 年前由 Richard Feynman 首次公開地提
出，而地點就是 Caltech 所在地-Pasadena。完成這樣艱鉅的工
程，必須靠許多不同的實驗室謹慎小心地合作，同時每個研
究人員必須擁有堅毅不撓的研究精神，當然也需要些運氣，
讓自己在這個領域中穩定地成長。在 Roukes 教授的團隊裡，
他們主要研究的方向在於創造並應用新的技術去建構 10~100
nm 的三度空間結構與機械(three-dimensional structure and
machinery)。利用超低溫冷卻這樣的元件，他們可以膨脹元件
的長度及反應時間，並透過這個方法確定它們的物理反應過
程。目前他們最新的技術是表面奈米製成 (surface
nanomachining)，結合了微機電(MEMS)及電子束奈米製程等
技術。

學校：史丹佛大學 (Stanford University)

團隊：Prof. S. Harris Jr. Group

簡介：Harris 教授的研究團隊，目前對於布置奈米薄膜氧化層
(nano-scale patterning of thin film with local oxidation)非常有興
趣。他們主要利用的技術包括了原子力顯微鏡光罩技術

(atomic force microscope lithography)及電流導引局部氧化(current-induced local oxidation)等等。他們主要的方向是研究如何在金屬及半導體上長出奈米級寬度的氧化層，並且目前已經成功的在鈦金屬(titanium)上長出寬度為 40nm 的鈦金屬氧化層(titanium oxide)。這樣的技術可以應用在單一電子量子穿隧元件(single-electron tunneling device)，而這樣的元件可以直接在室溫下使用！

學校：哈佛大學 (Harvard University)

團隊：Prof. George Whitesides Research Group

簡介：Whitesides 教授在化學領域是相當知名的一位大師級人物。除了在化學方面專精之外，George Whitesides 教授對於物理、生物甚至於工程等學科方面亦有非常深入的了解，在學術界內被視為是一位天才型的人物。也因此 George Whitesides Research Group 所做的研究相當的廣泛，和奈米部分相關的就包含了分子自我組合(self-assembly)、奈米製造(unconventional nanofabrication)、微機電(MEMS)、微流體(Micro-fluidics)、奈米生物(nano-biology)等等。

學校：康乃爾大學(Cornell University)、
普林斯頓大學 (Princeton University)

團隊：奈米生物科技中心（Nanobiotechnology Center，NBTC）

簡介：NBTC 是由康乃爾大學以及普林斯頓大學為首，並結合其他大學以及研究機構所組成的奈米生物科技研究團隊。奈米生物科技應用了奈米技術方面的工具以研究生物系統，同時研究人員也從生物方面的研究學習到如何製造出更好的奈米元件。而這個團隊最主要的特色就是結合了各方面跨領域的人才，從生物學家、物理學家到工程研究人員都有，讓不同領域的專家們在

研究的過程中共同合作並互相學習，激盪出新的火花。NBTC
主要的研究領域包括了分子馬達(molecular motor)、生物分子
分析(microanalysis of bio-molecule)、分子自我組合(molecular
self-assembly)等等。

學校：雪城大學 (Syracuse University)

團隊：Prof. Robert Birge Group

簡介：Robert Birge 教授主要的研究可分為生物物理以及生物電子兩
　　　方面。在生物電子這部分研究的方向是利用生物分子或是類
　　　似生物分子來達成分子層級的資料處理。目前他們的研究使
　　　用了一種名為細菌視紫紅質(Bacteriorhodopsin)的蛋白質，這
　　　種蛋白質具有獨特的特性，在吸收光能後會改變構型的特
　　　性，而且除了構型的改變外，它的吸收光譜也會因此而變化。
　　　由此特性，藉由光線改變它的構型、並從吸收光譜確認它的
　　　狀態，就能利用光線對細菌視紫紅質做寫入、讀取的動作。
　　　目前 Birge 教授研究的目標是希望能將細菌視紫紅質利用在
　　　人工視網膜以及 3-D 的大容量記憶體方面。

產業界

　　產業界部份，除了各大企業自行的研發之外，值得一提的是美
國貿易部(US Department of Commerce)亦成立了「ATP 先進科技計
畫」(Advanced Technology Program)。一般而言，在私有領域科技的
研究因為現今科技變換的步調快速，現實使得公司做範圍窄、短期
的 R&D 投資，目的是為了得到短期內最大的回報。ATP 先進科技計
畫則是從一個更廣的觀點看待研發，最主要的評判標準是「此計畫
對國家有何貢獻」。不同於其他國家型 R&D，ATP 先進科技計畫的
特色是：1. 計畫專注在美國工業界需要的科技；2. 嚴格的經費分攤

原則，合作者至少要負擔一半經費；3. ATP 不資助產品研發；4. ATP 根據嚴苛的審查競爭，比較創新、風險與商業利益。

　　ATP 先進科技計畫的合作夥伴包含了各種大小的公司、大學、非利益者，鼓勵他們接受伴隨高獲利潛能的科技挑戰。ATP 先進科技計畫裡也包含了非常多奈米科技相關的子計畫，而且均是相當具有前瞻性和未來發展性的研究。以下介紹 2002 年 ATP 先進科技計畫裡面的幾個子計畫。

奈米微機電(NEMS)

名稱：使用數位式微機電鏡陣列之光開關(Low Cost, Highly Scalable Optical Switches Using Digital MEMS Mirror Arrays)

單位：SiWave, Inc.

經費：TOTAL $4,066 K (Requested ATP funds: $1,978 K)

時間：二年

概述：發展並展示一個低成本、高容量之光開關。這個光開關是透過被動式的自我對準來進行組裝，而此被動式自我對準利用數位式控制鏡面所構成的微機電系統陣列，將光線在光開關中傳遞。

奈米材料 (Nano-Material)

名稱：使用於奈米結構材料之樣版合成平台(Template Synthesis Platform for Nanostructured Materials)

單位：通用電子公司 (General Electric Company)

經費：Total project (est.): $5,784 K

　　　(Requested ATP funds: $2,834 K)

時間：三年

概述：發展並展示一個用以精確控制奈米材料成長的技術平台。這
　　　些奈米材料將設計使用於醫療影像系統、日光燈、平面顯示
　　　器。

名稱：使用於建築、隔熱市場的微細胞化、奈米複合環保泡棉材料
　　　(Environmentally Benign Micro-Cellular Nano-Composite Foam
　　　for Structural and Insulation Markets)

單位：Owens Corning

經費：Total project (est.): $4,750 K

　　　(Requested ATP funds: $1,900 K)

時間：三年

概述：歐文康寧公司提供給消費者及工業用戶建築材料系統及複合
　　　系統。建築材料系統部門所提供的產品及系統被使用在住宅
　　　改建及修繕、商店的改善、新住宅與商店的建造、以及相關
　　　的市場。複合解決方案所提供的產品及系統被使用在終端使
　　　用者的市場，比如：建築物建造，汽車、通訊、海洋、太空、
　　　能源、裝置、包裝、電子。此計畫的目標在於發展先進的微
　　　細胞化、奈米複合的建材用泡棉，其結構強度、隔熱性均遠
　　　高於現有建材，且使用環保的氣泡產生劑去取代氟氯碳化物。

名稱：高輸入輸出效率之電子自旋製程及其於電子自旋奈米纖維之
　　　應用(Prototype High-Throughput Electrospinning Process and
　　　Applications of Electrospun Nano Fibers)

單位：eSpin Technologies, Inc.

經費：Total project (est.): $2,485 K

　　　(Requested ATP funds: $1,997 K)

時間：三年

概述：eSpin 電子自旋科技公司是一個高科技的初創公司，創立於

1999 年，座落於田納西州的查特怒加市(Chattanooga)。這家公司在聚合物奈米纖維製造的技術居領導地位，可應用在新的或傳統的製造部門。電子自旋科技公司的奈米纖維，其半徑有 20 至 200 奈米寬（約比人類頭髮小一百倍），具有非常高的表面積與質量比，且可以以較低的多孔性形成薄片結構。此計畫的主要目標在設計、建造、展示一個可應用於製造低成本電子自旋之聚合物奈米纖維材料的高速機台。此材料將使用於工業、國防、消費電子、醫療以及環境等應用。

名稱：奈米技術熱傳導介面(Nanoengineered Thermal Interfaces Enabling Next Generation Microelectronics)

單位：通用電子公司　(General Electric Company)

經費：Total project (est.): $7,268 K

(Requested ATP funds: $3,506 K)

時間：三年

概述：發展及展示創新材料的效能，應用在電腦晶片與散熱器之間的介面，其導熱係數比現今介面高十倍。

奈米電子 (Nano-Electronics)

名稱：應用於通訊與計算的奈米光積體電路(Nanophotonic Integrated Circuits for Telecommunications and Computing)

單位：Luxtera, Inc.

經費：Total project (est.): $4,194 K

(Requested ATP funds: $2,000 K)

時間：二年

概述：Luxtera 公司正在發展突破性的光子產品。這家公司的技術是根植於加州理工學院在奈米光子-比傳統積體光學裝置小上好

幾級的光學結構-領域的發展。Luxtera 公司的產品將在廣泛的
光子應用上，帶來空前的價格-效能比。此計畫的目標是設計、
製造與展示以標準半導體設備所製造之晶圓上奈米級光積體
電路的效能。

奈米生醫 (Nano-Medicine)

名稱：活體血管移植 (Living Vascular Implant)

單位：NanoMatrix, INC

經費：Total project (est.): $2,594 K

　　　(Requested ATP funds: $1,983 K)

時間：二年六個月

概述：發展材料、製程、及其他科技，以製造三維的膠原矩陣支架，
　　　用以將不同細胞種植在其上，以模仿自然界中的小尺寸血管。

市場

　　紐約時報 2002 年 3 月初報導：2001 年全世界奈米科技產品產值
已達 265 億美元，產品包括防垢卡其布、化妝品、抗菌藥品及防塵
玻璃等等。而在 2005 年和 2010 年，全球奈米市場預估將分別會達
到美金 80 億元和 785 億元。而且在 2005 到 2010 年的五年內，奈米
產值成長的速度將會比前五年還要加快十幾倍。其中，電子資訊方
面的產值將佔最大比例，在 2010 年將達到總產值的 50%以上。另外
量測、加工、環境工程、能源工程，生命科學、航空等方面亦為主
要領域。

　　美國境內方面，美國國家科學與技術委員會奈米分會主席，Dr. M.
C. Roco 在 2001 年預測，未來 10 至 15 年內奈米產品市場的規模將
達到一兆美元以上。其中奈米材料可達 3,400 億美元、奈米電子可達

3,000 億美元、製藥可達 1,800 億美元、化工生產可達 1,000 億美元、工具(量測、模擬等)可達 3,400 億美元、航太可達 700 億美元。

　　這樣的產值看來相當的驚人。不過奈米科技的進步日新月異，可以說是人類繼工業革命和資訊革命之後另一次重大的革新。在 2005 到 2010 年這五年間，許多主要的產品都將在這期間內開發完成。奈米場發射顯示器、燃料電池、Terabyte 磁碟裝置、貯氫裝置等新科技都將逐漸步入我們的生活之中。因此，這樣的產值絕對不是夢想，奈米科技對於我們也並沒有想像中的那麼遙遠，而是從現在開始就發揮了立即性的影響力。奈米科技不但是我們的未來，同時也是我們的現在。

加州大學柏克萊分校 BioCOM chip group	http://www.nano.me.berkeley.edu/nano-bio/biocom.htm
麻省理工學院 NSL	http://nanoweb.mit.edu/
加州理工學院 Roukes Group	http://www.its.caltech.edu/%7Enano/home.html
史丹佛大學 S. Harris Jr. Group	http://www.stanford.edu/group/harrisgroup/
哈佛大學 G. Whitesides Group	http://gmwgroup.harvard.edu
康乃爾大學 普林斯頓大學 NBTC	http://www.nbtc.cornell.edu/
雪城大學 Prof. R. Birge Group	http://chemistry.syr.edu/faculty/birge/
ATP 先進科技計畫	http://www.atp.nist.gov
SiWave, Inc.	http://www.siwaveinc.com/about-home.htm
eSpin Technologies, Inc.	http://www.nanospin.com/
Luxtera, Inc.	http://www.luxtera.com/index.html

附表：網址整理

第八章　奈米世界的活力與競爭力（二）

● 日本、歐洲、韓國及其他國家　　林俐如、孫民

　　除了美國早已開始之外，世界各國目前也紛紛投入奈米相關的研究，全球對於奈米科技的研究正如火如荼地展開。日本已意識到奈米技術的應用非常廣泛，除了電子和資訊科技領域外，也可以應用在生命科學、生物科技和環保等領域，是二十一世紀不可或缺的基礎科學技術。從 1992 年起，日本年便展開『原子技術專案』，研究如何控制原子級與分子級物質，並將這些物質排列成自然界中不存在的物質結構，以期創造出新的電子元件。到了 1995 年，日本開始進行為期 10 年的奈米技術研究計畫，此計畫被列為必須開發的四大基礎科學專案之一。在歐洲地區方面，歐盟決定在 2003 年到 2005 年當中投入 10 億歐元的資金，透過建立歐洲研究區（European Research Area）的方式支持歐盟各國在奈米技術、智慧型材料和新製程方面的研究。

　　除了美日歐等先進國家的積極投入外，世界各國莫不視奈米科技為扭轉國家競爭力的利器。中國大陸目前與奈米相關的研發人員約為 3 千人，未來五年將投入 7,400 萬人民幣之研發經費於奈米相關的研究。南韓的國家奈米科技計畫預計在 10 年時間當中投入 13 億美元的研發經費，重點包括電子元件、機能性材料、分子元件及培育人才。新加坡也(已經 or 即將)成立奈米科技委員會，開始進行磁記錄磁碟及量測儀器等奈米相關研發。

日本在奈米科技投入的研究發展

　　2000 年九月，日本科技政策的最高決策單位－科學技術會議－

舉辦了『有關奈米技術戰略推進懇談會』，其戰略推進報告指出，奈米技術為下世代產業革命的基幹技術，奈米技術是日本戰勝美國的最後機會，應當為國家中期和長期的推進戰略給予定位。為避免投入研究資源的浪費，策略目標設定分成以下三種形式：

一、5~10年後以實用化和產業化為目標的研究開發；

二、展望提早10~20年挑戰的創新科技研發；

三、強調研究人員之創造力的萌芽研究。

另一方面，日本正加緊建立國家級的奈米研究機制，在2001年四月，日本將國家級的科技研究機構－工技院，改為『產業技術總合研究所』(National Institute of Advanced Industrial Science and Technology, AIST)，打破原有的研究所藩籬，改組成立23個研究中心，其中一半以上研究中心的研究工作與奈米技術息息相關。在『產業技術總合研究所』底下，特別設有奈米科技研究部門(Nanotechnology Research Institute, NRI)，其目標是在奈米材料與元件技術的概念與方法上，達到具遠見與策略性的領先。其核心技術團隊包含：

一、奈米材料理論　　　主持人：阿部修治 (Shuji Abe)

這個團隊利用顯微理論的模型分析及實際的電腦模擬，藉以澄清、模擬、預測及設計奈米結構的不同性質及功能。顯微理論本身為一具跨學科與多重學科性質之科學，目前的研究主題包含(1)有機聚合物、碳奈米管、磁性材料等奈米物質的光電性質；(2)奈米結構物質及元件的電子與量子效應。

二、奈米團簇　　　主持人：菅原孝一 (Ko-ichi Sugawara)

這個團隊專門研究奈米團簇及奈米粒子，用以構建具新化學與物理性質的奈米材料。目前的研究主題包含(1)金屬及半導體團簇，奈米粒子；(2)奈米團簇及奈米粒子的化學反應；(3)奈

米團簇及奈米粒子的穩定性。

三、分子的奈米物理　　主持人：德本原 (Madoka Tokumoto)

　　這個團隊主要研究如何以分子構成奈米材料及這種奈米材料的物理特性，研究範圍包含發展具原子級解析度的 STM，發展噴墨印表機技術，有機超導體，磁性有機導體等等。

四、高等奈米結構　　主持人：秋永廣幸 (Hiroyuki Akinaga)

　　為了使積體電路更快、更小，單一電子元件的面積將越來越小。電子元件的尺寸小到奈米等級時，電子自旋所造成的影響便不能再被忽略。而另一方面，我們可以利用電子自旋原理，實現所謂奈米的電子自旋材料，可以應用在高容量的儲存裝置以及高速的資訊處理。

五、多分子化學　　主持人：川西祐司 (Yuji Kawanishi)

　　如何預測、控制分子系統，是製造奈米材料的關鍵。無疑的，利用由下而上(Bottom up)的方法，使分子化學達到奈米尺寸的功能，是非常重要的。這個團隊正是研究如何集合許多單原子，形成一個多分子的系統。

六、生物奈米材料及表面反應　主持人：羽藤正勝 (Masakatsu Hato)

　　「糖」是一個可以被人為產生的資源，而且具有獨特的生物功能，比如說糖可在細胞的表面辨認不同的分子，在水溶液中可穩定生物的成分，因此這個團隊的研究主題在於：(1)利用糖的功能，發展出生化奈米材料；(2)發展用於生化奈米材料的奈米級分析技術。

七、近場奈米工程　　主持人：時崎高志 (Takashi Tokizaki)

　　此團隊的目標是利用所謂『近場』的概念，控制奈米結構的功能。奈米結構會透過近場互相影響，這個效應會侷限於奈米結構的表面上。如果可以控制近場的效應，我們就能使奈米

結構達到它最大的效能，並進一步產生新的功能。

八、分子的奈米組裝　　　主持人：松本睦良(Mutsuyoshi Matsumoto)

　　　此團隊研究的是超薄的有機薄膜，自組裝的單層薄膜、液晶與單晶體。其研究主題為(1) 製造與描述新型態的分子裝配；(2) 新型態分子裝配的功能性開發；(3) 澄清外部刺激引起的現象。

九、單分子及介面工程　　　主持人：野副尚一 (Hisakazu Nozoye)

　　　此團隊藉由控制奈米級的結構，發展單分子及單原子的材料。這些研究將是奈米科技走向實際生活應用的關鍵。其研究主題為(1)研究碳奈米管及 DNA 在表面及接面的控制技術；(2)建立新型的單一分子或原子分析方法；(3)奈米結構物質的新性質及現象；(4)研究基礎奈米科技，並對此新興科技作具系統性之分類。

　　　由於日本長期以來就是一個資源不豐富的國家，所以特別重視材料研究與應用，也因此對奈米材料的研究特別重視。內閣總理府在 2001 年決定投入 412 億日圓於奈米科技中，其中的材料奈米研究專案計畫包含了八大計劃，分別是(1)精密高分子技術；(2)奈米玻璃技術；(3)奈米金屬技術；(4)奈米粒子的合成與機能化技術；(5)奈米塗覆技術；(6)奈米機能合成技術；(7)奈米量測平台技術；(8)奈米技術知識的架構化等八個計畫。

　　　在九州大學由渡邊征夫教授領導的奈米電子課程計畫，旨在培養學生們奈米電子相關的基本知識，藉以培養學生們研發前瞻性奈米電子元件的能力。有鑑於學術界在奈米科技方面的研究並未有效地應用在實際工業上，在日本民間由數家公司發起了「奈米科技實行委員會」，每年舉辦國際奈米科技展暨研討會，將學術界的研究成

果在展覽中向業界作有系統地展示，藉此培養出新的商機，促進日本工業的發展。

歐盟及歐洲各國在奈米科技投入的研究發展

　　歐盟的官員布斯昆恩在 2000 年歐盟與美國國家科學基金會聯合座談會中指出：「奈米科技不能只定義其尺寸上的意義，事實上，它代表了匯聚傳統物理、化學、生物等學科，一個全新的共同研究領域。」因此在歐盟的歐洲研究區當中規劃了以下五個研究重點：

一、長期跨學科綜合研究，利用和開發研究工具。

二、奈米生物技術：目標是支持對生物和非生物實體綜合性研究，打開許多應用領域的新用途，例如加工生產和醫療及環境分析系統等。

三、合成奈米結構材料和組件的工程技術：目標是通過控制奈米結構來開發高性能的高級功能和結構材料，也包括其生產和加工技術。

四、開發研究設備和控制儀器：目標是開發新設備和儀器，以利奈米規格的分析和生產，特性尺寸或分辨率的數量級訂於 10 奈米。

五、衛生、健康、化學、能源、光學和環境等領域之應用：目標是透過綜合具有工業意義的材料和技術設備的研究開發成果來增強奈米技術在突破應用中的潛力。

　　歐盟根據奈米技術研究的特點，建立合作研究網，促進各個研究單位之間的交流，目前已有 54 個有關奈米技術研究和應用的合作研究網，這 54 個合作研究網具有以下特點：

　　(1) 研究網的國際合作性強：在 54 個研究網中，29 個研究網為國家網，其餘 25 個是國際網。

(2) 研究領域集中：這些研究網的研究領域主要有結構應用的奈米技術、資訊處理、儲存和傳輸的奈米技術、奈米生物技術、傳感器應用的奈米技術、（電）化學加工的奈米技術、基礎應用的長期研究、儀器和設備與輔助科學和技術等。

在歐盟第五框架計畫中，投入了 149.6 億歐元在奈米科技相關的研究，佔整個歐洲地區研究經費的 4%左右，造成廣泛的衝擊。第五個框架計畫主要包含了四個主題計畫，同時涵蓋三個水平計畫。四個主題研究分別為(1)生命科學；(2)資訊技術；(3)材料科學和工業的技術；(4)環境與能源相關研究，三個水平計畫則涵蓋了教育、流動性計畫及其他項目。實際上，奈米科技相關的主題分屬於上述每個計畫之中，佔了大部分的研究計畫經費。而在歐盟的國際合作計畫當中，則是根據歐洲研究區的戰略目的—向世界開放—訂定「國際合作」為該計畫的宗旨。在這個計畫當中著重於讓歐洲的專家學者有機會獲得來自歐洲以外地區的技術與知識，並使得歐盟在解決世界性的問題的行動當中，獲得來自歐盟以及其他國家科學與技術方面的資源。

愛爾蘭在 2002 年成立了「愛爾蘭奈米科技聯盟」，這是由愛爾蘭的企業界發起的組織，旨在鼓勵愛爾蘭的企業研發奈米材料及相關製程。該聯盟的關鍵目標是使愛爾蘭的企業們意識到奈米材料的利益所在，凸顯愛爾蘭目前最頂尖的研究與提升學術界與工業界間的技術移轉，鼓勵科技方面的大學或研究所成立奈米科技公司，並鼓勵產學合作。瑞士則成立了國家奈米級科學中心，規劃了長程的跨領域研究，研究重點放在奈米級架構的研發，以期能提供新的衝擊與概念，並且應用於生命科學、資源永續使用、以及資訊通訊技術等領域。在法國，由三所大學組成歷史悠久的系統分析與架構實

驗室(LAAS)亦成立了奈米研究團隊，該團隊主要研究在奈米級的系統中如何聰明地定址(Smart Addressing)，這個研究的目的在於找出新的智慧型鍊結過程，像是發生在分子或自組成粒子以及微電子元件和微系統當中，由下而上的鍊結過程。目前正在研究採用電子式、機械式或光學式的奈米定址系統，以及製作生物圖形所需之奈米生產技術和創新的奈米系統，採用電子、機械或光學方式，用以偵測生物分子間特定的混合情形。

在英國劍橋大學成立了劍橋奈米科學（Nanoscience @ Cambridge University），其下共有四個分支，分別為奈米科學建築、跨領域奈米科技研究、奈米科學研究以及學校的奈米科技。奈米科學建築是劍橋大學中的新建築，專為奈米級元件的的製作與量測設計，將提供完善的奈米級元件研究環境，預計於 2003 年初可以完成。跨領域奈米科技研究則是由劍橋大學，倫敦大學學院以及布里斯托大學共同進行的跨領域研究合作，該研究合作將提供基礎的跨領域奈米科技活動，活動的主軸為以單一分子精確度的製造為前提，理解與控制奈米結構與奈米元件。德國也成立奈米科學中心，奈米科學廣泛地跨領域性質很有可能產生二十一世紀革命性技術，它可能提供新的資訊處理方式、提供新用途的材料、提供醫療診斷的新技術等等，這裡只列舉出少許的可能性，未來還有更多可能的應用，德國奈米科學中心(CeNS)就是為了奈米科學的未來性而成立，目的在研究跨領域的奈米級人造物件，也就是研究給未來奈米科技使用的工具。此外，該中心也提供廣泛的教育計畫，慕尼黑大學以其強大的科學基礎，為該中心的教育計畫提供了理想的環境，不同科系間協同合作的結果造就了德國奈米科學中心。

在北歐方面，北歐各國合作成立一家網路公司－「北歐奈米科技」(Nordic Nanotech)執行北歐奈米科技閘道計畫（Nordic

Nanotechnology Gateway），這家公司主要的業務是提供網路服務，讓大家可以透過公司的網站獲取北歐地區最完整的奈米科技相關資料。近十年來，瑞典朗德大學一直負責主持瑞典奈米國家型聯合計畫，此計畫著重於以奈米材料科學為核心，與基礎物理、奈米電子與生物科學相關的系列研究，而這些研究都是以奈米科技為基礎。這個研究計畫可以視為三種科學領域的平均發展，分別是材料科學、低維度物理與奈米電子應用。

韓國、澳洲及中國在奈米科技投入的研究發展

另外韓國於 1997 年成立奈米科學中心，正在進行奈米磁學的計畫，進行奈米級的磁性儲存元件的研究，目的是發展出新型的奈米級非揮發性磁性儲存元件，取代現有的電腦硬碟。

在澳洲新南威爾斯大學，2002 年開始推行奈米科技的大學學位，這將是一個四年制、跨學科的課程，此課程提供奈米科技—這個快速發展且令人振奮的學科—足夠的訓練。這個學位將由四個學院共同教學，他們分別是：生化與分子基因學院、化學學院、材料科學與工程學院、物理學院。而在澳洲昆士蘭大學的微縮影與微量分析中心是一跨學科的研究及服務中心，致力於所有原子、分子、細胞、大分子級材料的結構與成分的瞭解。

最後，在中國的中國科學院納米[1]科學技術研究基地，為中國納米科技的核心，提供資訊交流，開展學術討論，並歡迎院內外、國內外的納米人參觀拜訪，使之成為高追求、高素質、高水準的納米人園地。另外，中國科學院納米科技青年實驗室研究主題在生物和有機大分子的多樣性和納米生物學，利用掃描探針顯微學和功能材

---

[1] 在中國稱奈米為「納米」，在此特別保留中國納米的名稱，以便讀者記得「奈米」、「納米」原是同一件事情。

料表面結構表徵，在材料表、介面納米加工等方面進行了較系統和
深入的探索，取得了一些在實驗方法和研究成果上具有較明顯的創
新性的成果。

日本奈米科技研究所	http://unit.aist.go.jp/nanotech/
國際奈米科技展暨研討會	http://www.ics-inc.co.jp/nanotech/
九州大學奈米電子課程	http://www.ed.kyushu-u.ac.jp/ednanoE.html
歐洲研究區奈米科技	http://www.cordis.lu/nanotechnology/
ERA 第五框架計畫	http://www.cordis.lu/fp5/home.html
ERA 國際合作計畫	http://www.cordis.lu/nanotechnology/src/intlcoop.htm
愛爾蘭奈米科技聯盟	http://nanotechireland.com/
瑞士國家奈米級科學中心	http://www.nanoscience.unibas.ch/nccr
法國系統分析與架構實驗室	http://www.laas.fr/NANO/NANO.html.en
劍橋奈米科學	http://www.nanoscience.cam.ac.uk/
德國奈米科學中心	http://www.cens.de/

北歐奈米科技閘道	http://www.nanotech.dk/research_feature.asp
瑞典奈米國家型 聯合計畫(SNK)	http://www.nano.ftf.lth.se/index.html
韓國奈米科學中心	http://csns.snu.ac.kr/
澳洲 新南威爾斯大學	http://www.nanotech.unsw.edu.au/
澳洲昆士蘭大學 微縮影與微量 分析中心	http://www.uq.edu.au/nanoworld/
中國科學院 納米科技中心	http://www.stic.gov.tw/policy/nano/f2_china_1_2.htm
中國科學院納米科技 青年實驗室	http://www.casnano.net.cn/gb/tiaojian/shebei/sb002.html

附表：參考網站

第九章 立足台灣與放眼世界

● 工研院發展奈米科技的投入與策略　　　楊日昌

　　奈米是一個非常小的尺度（一公尺的十億分之一），其微小程度固然引人入勝，但奈米科技的焦點並不是在於其微小的尺寸本身，更重要的是其中蘊藏著豐富的、嶄新的物質特性，只有透過在這麼小的尺度裡觀察、控制與調變才能被揭露而且拿來利用的特性。奈米科技真正的價值乃是由掌握此種嶄新的物質性質而推演出，並且需要以有效的成本，及具市場競爭力的方式下達成。從此種觀點，奈米科技（相對應於奈米科學）可定義為：

- 因對於小於 100 奈米尺度下的操控產生的新物質性能能所導致的應用科技
- 這些應用是，或具有實際的希望可以成為，成本上足夠有效益的且具有市場競爭力的

　　那些不符合以上第一項要求的科技並非是「真正的」奈米科技。那些不符合以上第二項要求的則不具經濟價值。尤其後者是特別重要的考量。我們必須使新科技的價位成為夠便宜，或者是它們的附加價值要高到能夠支持那較高的成本才行。

台灣的國家型奈米科技計畫

　　台灣的經濟一向擅長於高科技製造，當然不能在奈米這項全球的大競賽中缺席。在今年的 6 月，政府通過了自明年起為期 6 年投入 232 億新台幣（～6.5 億美元）的國家型奈米科技計畫。表一列出

以「產業化」為重心的「奈米國家型計畫」

單位：仟元

	FY92	FY93	FY94	FY95	FY96	FY97	總計
學術卓越計畫	736,500	738,000	738,000	868,000	868,000	951,000	4,899,500
產業化計畫	1,614,993	1,969,173	2,295,000	2,565,000	2,780,000	2,857,790	14,081,956
核心設施建置與分享運用計畫	628,300	685,520	748,584	527,776	515,776	662,986	3,768,942
人才培育計畫	45,000	50,000	50,000	50,000	50,000	50,000	295,000
國家型科技計畫辦公室	18,000	18,000	18,000	18,000	18,000	18,000	108,000
總計	3,042,793	3,460,693	3,849,584	4,028,776	4,231776	4,539,776	23,153,398
經濟部技術處	1,900,000	2,275,000	2,525,000	2,635,000	2,830,000	3,028,000	15,193,000
經濟部工業局	22,993	25,173	70,000	100,000	120,000	144,000	482,166
經濟部能源會	30,000	40,000	40,000	40,000	40,000	40,000	230,000
標準局	148,300	155,520	168,584	157,776	145,776	142,776	918,732
國科會	430,000	500,000	530,000	580,000	580,000	638,000	3,258,000
教育部	295,000	250,000	250,000	250,000	250,000	275,000	1,570,000
原子能委員會	12,000	9,000	60,000	60,000	60,000	66,000	267,000
中研院	180,000	180,000	180,000	180,000	180,000	180,000	1,080,000
環保署	6,500	8,000	8,000	8,000	8,000	8,000	46,500
工作小組辦公室/計畫辦公室（國科會）	18,000	18,000	18,000	18,000	18,000	18,000	108,000
總計	3,042,793	3,460,693	3,849,584	4,028,776	4,539,776	4,539,776	23,153,398

表一　中華民國國家型奈米科技研究發展計劃

各部會國家型計畫中的重點工作項目與經費內容。縱使平均來說未來政府將每年投入超過 1 億美元之經費（這已是中華民國政府對於單一項研發主題所作的最大的投資），這項國家型計畫仍舊是比其它較大經濟體的投入相對的小很多。由表二的數字可以看見美、日及歐盟的計畫都要比台灣的大幾乎一個級數（order of magnitude），且過去數年每年的預算不是成比率增加，而是成倍數成長。過去從來沒有一個研發主題能讓全球所有的重要科技大國（與許多小國）都那麼熱烈地投入，而毫無疑問地未來全球市場上的這場科技大戰也將會是前所未有的激烈。

	1997	1999	2000	2001	2002	2003	~2008
USA	116	255	270	422→464→495	519→579→604	679→710→154	-
European Union	126	175	200	267	~1700 (2002~2006)		-
Japan	120	157	245	465	~650	-	-
Korea	-	-	-	~86	~166		
China	-	-	-	300 (2001~2005)			
Taiwan	-	-	-	~25	~30	~600 (2003~2008)	

表二　世界各國政府投入奈米科技研發的規模

　　對台灣這麼小的一個經濟體來說，如何在這場全球奈米科技大競賽中贏得一席之地必須要有比別人都完整與深入的策劃。只是模仿別的國家是絕對不夠的。首先，它必需是非常的目標導向。目標的選擇不止要符合國家發展奈米科技的願景，而且更重要的是必須充分發揮我們這小國所擁有的比較優勢（comparative advantages），在高自由度的探索性研究與必須市場面向的應用研究之間，資源的分配必須傾向後者。因此，我國國家型奈米計畫的總經費中，超過

百分之 60 是投入在奈米科技的產業化應用部份（表一），這是所有世界奈米國家型計畫中投入比例最高的。

工業技術研究院

我國的奈米國家型計畫總經費的百分之五十以上，或是產業化分項的百分之八十幾的工作，將要由工業技術研究院（工研院）執行，以下簡單地介紹工研院：

工研院在 1973 年是由政府設立的一個財團法人研發機構，其任務是在於開創高科技的新工業，與強化我國全產業的科技競爭力。在過去的 29 年裡，工研院透過一系列的即時技術移轉與衍生公司的成立，對許多台灣科技產業的誕生與興起，像半導體、個人電腦、光碟及光碟機、無線通訊、顯示器、汽車引擎、尖端材料與化學品等，扮演了關鍵性的角色。

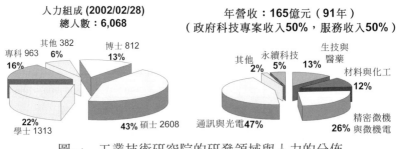

圖一　工業技術研究院的研發領域與人力的分佈

今天的工研院是一個 6000 人的產業科技研發機構，每年的業務額度約 4.75 億美元，其中政府相關的研發與商業合約的服務將近各佔一半的比例（圖一），在整體資源分配上，接近百分之五十是投入在資訊與電子類的高科技研發裡，另外一半則分布在精密機械，材料與化工，能源，資源，環保與工安，以及生物醫藥這些領域裡。

在管理方面，工研院特別強調產業效益，而且是非常的目標及產出導向。每年它授權約 350 項新技術給大約 500 家公司。這些授權的背後是由每年產出的 800 多個專利所支援。

奈米科技的全面剖析

　　工研院奈米科技計畫的規劃作業是由奈米科技的全面剖析開始。它的涵蓋面即深遠又寬廣，廣泛的影響所有的材料、產品甚至各個產業，而在每一個應用上，所需要的做法也都有很大的差異。以工研院的觀點來說，奈米科技的整體大範圍可以被分成三個顯著的區塊，每一個區塊都需要很不一樣的方法來做。

一、第一區塊：長程的大願景

　　這些是世界各國最熱門的奈米科技研究題目，像分子電算、量子電算、人造原子、分子機械、奈米機械人、許多種類的超精密生醫治療和藥物輸送技術等。所憧憬的是劃時代的改變。

　　這些革新性的應用代表著人類最佳的智巧與熱望，有一天這些應用也許可能真的變成主導性的科技，然而這「有一天」多半是要離目前 10 到 15 年之久。奈米科技不會等那麼久。即使今天，已經有無數個不是那麼劃時代的應用可以很快的進入市場，許多高科技領域的重大奈米產品，也已經有許多公司和研究機構，不但設定了具體的目標，而且訂定了時程在發展。根據日本與美國權威性單位的估計，世界奈米科技的市場規模在以後的十年內將成長至美每年約一兆美元。只專注十幾，二十年後才有可能跨出實驗室的這些第一區塊的大願景，其問題將是無法在下面十年那幾兆美元的奈米市場產值裡佔有一席之地。

　　那麼，這區塊的奈米科技就不值得去追求了嗎？不是。雖然這

類的「應用」具有高度的不確定性，但是在追尋這些應用的過程裡所建立的嶄新「核心能力」則是具有極高的意義。這些能力將遠在那些革命性的應用浮出水面之前，就已經是奈米科技市場裡的競爭利器了。

二、第二區塊：立即的應用

在長程大願景的相反極端是奈米科技的立即，而且不是很困難的應用。此區塊的創新是屬於漸進型，但是發展的範圍極其廣闊。從塗料的應用、表面性質、材料組成、製程中簡單的改變、以及廣泛的各類利用奈米科技改變材料與製程的創新應用，都將在短時間內在市場上大量的湧現。

此區塊的研發是全然應用導向，進入門檻相當低。創新的機會幾乎可以說是無限的多。在這種競爭中投入的人數與發展的速度是最重要的資產。策略是讓更多的廠商進入這一區塊，使他們能快速地加入這場產品競賽的角逐。在未來的 3 到 4 年內大部分商業化的奈米科技將被這些不是那麼革新性的應用所主導，而且這類的應用將會持續的蓬勃發展。主要的產業如紡織品、金屬與合金、塑膠與高分子、特用化學品、顏料與油漆、紙類等都將會經歷很基礎性影響。

在這區塊裡投資研發的回饋將是相當快速的。重要的是產品必須確實有區格而且具市場競爭性，不是為了奈米而奈米。在任何國家型計畫裡，這一區塊的技術都應該是重要的一部分。不過這種短程性質的應用當然也有其缺點。如果研發資源過度集中投入於這類性質的產品，目標就設得太低了一些。所培養出來的核心技術能力，當奈米科技往更高科技的方向發展時，就會顯得比較捉襟見肘了。

三、第三區塊：策略性產業的應用

　　未來 5 到 10 年最重要的奈米科技將是在於此區塊。這些是已經被摩爾定律呈指數級的驅動，或是被其它叫不叫得出名字的定律可能更快速推動的高新科技。這些科技涵蓋半導體、顯示器、數據儲存、光子、通訊、構裝及其它相關的產業領域。奈米科技對這些科技的發展將會如同火上加油一般。如果我們再包括比較製造導向的生物和藥物科技，快速進展的新奈米材料，以及新世代的儲能及能源效率科技，它將是整體奈米科技範圍內，至少在下面十幾，二十年裡最豐富，而且競爭最白熱化的部份。

　　這區塊為什麼是未來 10 到 15 年內最重要的奈米科技區塊，可由表三得知。表三中奈米科技市場規模的推算取自日本經團連奈米科技白皮書「N Plan 21」。列於表中的確切數字也許並不是很重要，但重要的是它所呈現的比率、趨勢及時程。有幾個數字特別突出。全世界奈米科技市場規模的預估在 2005 年及 2010 年分別是 10 兆與 133 兆日圓（大約與美國政府官方的推算一致，即在往後 10 到 15 年內美國的產值將達到 1 兆美元）。這也就是說奈米科技的市場規模在這 5 年內將擴展 13 倍，使這 5 年成為奈米科技的高度成長期。在同一表格內，以奈米科技為基礎的資訊電子產品則將於 2005 年與 2010 年達到 2.7 兆與 67 兆日圓，25 倍的擴大到大約每年美元 5,000 億。這表示從 2005 年到 2010 年這五年裡，奈米產值的成長將被電子與資訊方面的應用所主導。

（單位：億日元/年）

No	類別	世界				日本			
		2005 年	百分比	2010 年	百分比	2005 年	百分比	2010 年	百分比
1	資訊電子	26,483	27.1	671,884	50.6	9,144	38.8	138,649	50.7

2	半導體	2,615	2.7	267,097	20.1	934	4.0	58,956	21.6
3	資訊儲存	0	-	51,593	3.9	0	-	30,323	11.1
4	生物奈米感測器	0	-	1,986	0.1	0	-	392	0.1
5	網路器件	23,868	24.4	107,188	8.1	8,210	34.8	23,233	8.5
6	其它	0	-	244,020	18.4	0	-	25,745	9.4
7	製程-材料 (新素材-器件)	15,896	16.3	415,924	31.3	4,717	20.0	89,079	32.6
8	量測-加工-模擬	12,827	13.1	52,202	3.9	6,282	26.7	21,311	7.8
9	尖端量測技術	0	0	11,982	0.9	0	0	3,365	1.3
10	奈米加工技術	10,991	11.3	25,250	1.9	5,872	24.9	12,946	4.7
11	高度模擬技術	1,836	1.8	14,970	1.1	410	1.8	5,000	1.8
12	環境-能源	5,619	5.7	61,309	4.6	1,131	4.8	15,932	5.8
13	無二氧化碳排放之 能源技術	2,476	2.5	55,066	4.1	688	2.9	14,825	5.4
14	環境測定	3,143	3.2	6,204	.5	443	1.9	1,074	.4
15	原子力能源技術	0	-	39	-	0	-	33	-
16	生命科學 (健康-醫療)	6,968	7.1	37,951	2.9	883	3.7	4,150	1.5
17	農畜產業 (糧食不足)	600	0.6	1,725	.1	88	0.4	210	.1
18	航空-宇宙 (飛機-火箭)	29,281	30.1	88,220	6.6	1,316	5.6	3,965	1.5
19	合計	97,674	100	1,329,215	100	23,561	100	273,296	100

資料來源:日立總合研究所,日本經團連「N Plan 21」白皮書

表三 日本經團連奈米白皮書「N Plan 21」對未來奈米科技市場的預測

　　這方面的研發將以選擇正確的產品與技術目標，設立強勢的產品功能指標及不斷地注意其他競爭對手的發展為重點。在這區塊的競爭將是最激烈的。競爭的壓力將使每個人都必須積極的與外界合作與聯盟。許多的產品和製程將寄望於材料科技使其向前進展變成可能，而且許多材料科技也將會在相關的產品和製程科技方面尋找出路。

20/60/20 的策略

　　基於上述的區段分析，工研院的奈米計劃將會依據一種「20/60/20」的結構進行，以下就是這個結構的敘述：

傳統產業奈米材料應用
Traditional Industries Nanomaterial Application

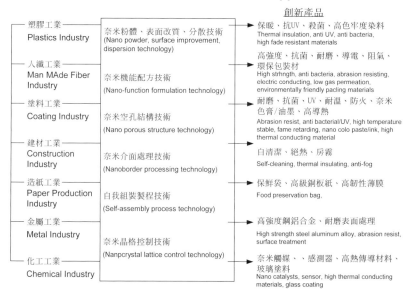

圖二　工業技術研究院推動奈米科技在傳統產業應用的示意圖

一、「20＋」計畫

全部計劃百分之 20 的資源將分配至「第二區塊」的快速應用，大部份將會是在傳統工業上。此區塊內的創新機會非常多，因此任何一個單一的研發單位都無法獨力應付得來。工研院會把自己定位於推動者，產品概念的設計者與技術的支援中心這三方面。圖二是這種作法的架構。基本上工研院在這方面的研發努力將聚集於表中欄列出的相關核心能力上，以我們訂爲「旗艦型產品應用」作爲發展的載具。在這同時，一群工研院最瞭解產業的研究人員會針對新的而且具有市場潛力的奈米產品概念持續的進行腦力激盪（範例如右欄），然後將這些產品概念儘速的推廣至我們的產業界伙伴，希望這些公司儘早把這些產品概念落實爲他們公司的產品，而工研院則只有在他們需要協助時才予以協助。透過這種方式，我們希望工研院投入的每一塊錢研發經費都能引發許多塊錢的私人企業的投資。

二、「60」計畫

全部計劃大約百分之 60 的資源將分配至「第三區塊」的策略產業應用部份。工研院自己將擔負起研究工作主體，並與國內外的產業界與學術界積極的合作。

工研院「60」計畫的研發資源將聚集於挑選出的幾個「明星」科技上（本文後段將針對於此作討論）。目標的設定是這類研究計劃中最重要的部份。由於奈米科技的爆發力很大，這些目標必須是屬於級數（orders of magnitude）的性質。因爲如果不設定如此積極的目標，就很有被研發對手以級數超越的危險。

第三區塊對像台灣和韓國這些比較小，又在高科技製造上很卓越的經濟體特別有意義。除了此區塊爲未來 5 至 10 年是整體奈米科技中發展最快的區域之外，它也將會使這些技術卓越的小經濟體有

機會獲得不成比例的利益。對於工研院而言，如何扮演研發領導者的角色，促使台灣的強勢高科技產業，在每一種我們選出的明星科技上儘早與我們結成研發的伙伴，共同攜手在全球的奈米大競賽裡取得「一軍」的領導地位，將是我們最重要的試煉。

三、「20⁻」計畫

　　大約百分之 20 的總體計畫資源將將投入前瞻奈米科技的研究。這部份的計畫將以建立核心能力，而非應用導向的角度來規劃與管理。

　　許多全新的科技能力，像各類奈米管，線和其它新穎奈米尺度基礎結構的設計與製作，尖端的分子設計，自組裝技術，奈米等級的圖型化，新穎的磁性、光性和電漿子的特性，奈米級的複材，新的薄膜和晶體成長技術等，都將很快的成為不只是 60 類計劃，而且也是 20⁺ 計劃明日的重要推動力量。其實，成果導向的研發只可能有二種價值：要不然它能帶來新的應用，要不然就得要培養出新的核心能力。尤其對於那些將在長程才可能實現的應用來說，如何確定後者會眞的發生才是最重要的考量。

　　對於 20⁻ 的研究來說，如何選定新的核心能力，如何建立新文化的研發群聚，培養世界級 PI（Principle Investigators）以及將這些 20⁻ 團隊緊密地與「60 計劃」與「20⁺計劃」銜接起來是整個計畫成功的關鍵。

工研院「明星」奈米科技

　　工研院奈米計畫包括 11 個重點分項領域，如圖三所示。主要的研發資源，特別是為了「60」計畫部份，將集中於五項「明星」科技的發展。我們期待這五項科技，與許多新的能力和在里程地圖中

衍生出的新產品和新應用將會在未來的年月裡中持續的驅動與提昇台灣奈米科技在世界上的競爭力。這五項「明星」科技簡介如下:

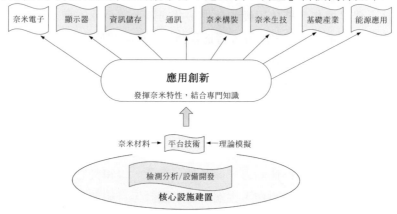

圖三　工業技術研究院奈米計劃的重點領域

- 矽晶奈米電子
- 磁性隨取記憶體（MRAM），應變矽晶（strained silicon），相變記憶體（phase change memories）和高介電材料（high K materials）將是近程的研發焦點
- 從 90 奈米一直到 9 奈米半導體製程不斷推進所需要的材料技術，以及如何將新材料整合入矽製程的技術將是中長程的重點
- 次世代顯示器
- 超大尺寸，高解析度，但成本與陰極管一樣低的碳奈米管平面顯示器將是未來顯示器，尤其是全球平板電視市場的明星技術
- 奈米科技整合構造的可撓捲軸式顯示器，具有可以連續滾筒式（roll to roll）生產的低成本，多應用的潛力

- 奈米光子元件
- 量子點（quantum dot）雷射與其他次世代光源將逐漸成為市場的主流
- 奈米光子晶體（nanophotonic crystals），具有將光通訊系統的大小與成本都降低 100 倍的潛力
- 組合量子點（主動）與光子晶體（被動）形成 optical circuits on chips
- 次世代資訊儲存
- 將資訊儲存從今日 DVD 的 4.7 Gigabyte per square inch 密度逐步提升到 1,000 gigabyte
- 微型燃料電池
- 超高單位儲能量，取代鋰電池成為明日行動通訊的主流儲能技術，包括一次充電用 12 小時的筆記型電腦與待機 50 天的大哥大電話

結語

奈米科技是製造與製程科技的未來，它將重劃高科技競爭的版圖。全球往「下」的競賽已經開始，奈米科技產品將在近程就會充斥市場，然後在十年內席捲大部分的製造工業。台灣因為擁有世界級競爭力的科技製造能力，奈米科技將是所有新興科技中我們最有發展前景的一項。但是，也就是因為如此，這也將是一場台灣最不能打輸的科技大戰。

第十章　奈米島：立足台灣與放眼世界

⬤ 奈米元件國家實驗室投入與策略　　　　林鴻志

國家奈米元件實驗室——培訓半導體高科技人才的搖籃

　　國家奈米元件實驗室（National Nano Device Laboratories，簡稱 NDL）是國科會所屬的六個國家級實驗室之一，位於新竹科學園區旁，

圖一　國家奈米元件實驗室外觀。

國立交通大學的校園內（見圖一）。實驗室成立的主要宗旨為：（1）進行前瞻性奈米元件及相關製程與材料技術研發，推動國內奈米技術發展；（2）培訓國內半導體之高級技術人才，以提昇學術及產業界在世界半導體領域的競爭優勢；（3）執行學術界與產業界合作研究與技術服務工作，以達到研究資源共享，發揮最大的研究能量。實驗室成立於民國七十七年，當時政府有鑑於半導體設備與研發的

投資，隨技術演進而愈來愈昂貴，因此，以集中資源、有效管理的
策略，規劃成立一同時兼具有先進研究與人才培育功能的研究機
構，原名為「國家次微米元件實驗室」，也就是本單位的前身。之後，
實驗室開始建設所需之研究設施與環境，於民國八十一年，完成了 6
吋矽晶圓潔淨室的建造，並隨即開放提供學術界進行半導體材料及
元件的研發。為避免與隨後成立之「工研院電子所次微米計畫」混
淆，於民國八十二年更名為「國家毫微米元件實驗室」。在長度公制
單位上，「毫微米」的「毫」是 10^{-3}，「微」是 10^{-6}，乘起來為 10^{-9}，
所以與後來採用之「奈米」尺寸是一致的，皆為 10^{-9} 米。但是由於
名稱不同，常造成一般社會大眾的混淆不清與誤解。因此，於民國
九十一年函報行政院，正名為「國家奈米元件實驗室」。

實驗室現況

NDL 現在擁有潔淨室共 648 坪的實驗場所，其中最高等級的 10
級 (class 10) 佔 112 坪 (見表一)。所謂的 class 10，是指在該空
間一

Class 10潔淨室	112坪
Class 1,000 潔淨室	75坪
Class 1,0000 潔淨室	461 坪
廠務區	427 坪

表一 NDL 現有實驗空間面積

立方英吋的體積下，所有的微塵 (particle) 數目不超過 10 個，由此
可以想像實驗場所的潔淨程度。此外，NDL 也提供高度淨化的純水、
化學藥品、及製程氣體，以純水為例，係經過多次過濾與殺菌處理

的去離子水（de-ionized water），其電阻率高達 18 MΩ-cm！藉由這些高度潔淨的環境與實驗材料，可以確保實驗條件的掌控與研究的品質。在半導體製程方面，NDL 提供一個六吋矽晶圓製程的實驗平台，可供技術服務之精密製程與分析儀器設備約 70 部。研究人員進入潔淨室，須穿上特殊材質且具防靜電功效的無塵衣及口罩（圖二），以維護潔淨室的潔淨度。

圖二　國家奈米元件實驗室 class 10 潔淨室。在裡面工作的人員需穿戴潔淨衣與口罩，以維護潔淨度。

　　NDL 的運作基本上屬於一開放式實驗室模式，學生或研究人員經過正常訓練程序後，可以自行操作或委託 NDL 人員進行元件的製程加工，利用六吋矽晶圓製程線製造所需的測試元件。實際上，上述的運作模式之開放程度在世界各國的國家實驗室中亦十分罕見。此種運作模式的好處，在於所培訓的學生能接觸先進的機台與製程，由實際參與操作促進對實驗的瞭解，以提昇學習的成效。這說明爲何經由 NDL 訓練後的學生會廣受業界的歡迎。當然，開放式的實驗環境也會有管理上的困難，由於每位同學的實驗條件有很大的差異，所以實驗機台的製程狀況常會因此而不太穩定，甚至會因過度的「摧殘」而造成故障的情形經常發生。對於此問題，幸賴 NDL 有極優秀的製程與機台維護人員作爲後盾，可以有效掌握機臺設備的狀況，在發生問題時能於短時間內進行修復，使得使用者能儘快恢復實驗。

　　目前 NDL 的專職員工共有 137 人，其中有 24 人具有博士學位，有碩士學位者則有 53 人，相關人員的學歷背景則涵蓋電子、電機、物理、化學、材料、光電等領域。這些高素質的研發與技術人員對於 NDL 的任務，無論是人材培訓，學術服務，或是先端元件技術的研發，都能提供有效的支援。自成立以來，NDL 無論在各方面，均成效卓著。以 2002 年爲例，共進行 92 項學術及產業界合作案，服務件數達 7 萬件以上，協助培訓博士與碩士人才達 170 名以上，專職研究人員發表國際學術論文約有 200 篇。實際上，NDL 已成爲國內學術界最重要的人才培訓及研發基地。

研發方向

　　現在科技界最流行的名詞，當推「奈米科技」一詞。奈米科技的範圍很廣，包括奈米科學、奈米材料、奈米加工、奈米應用等。NDL 所發展的奈米半導體元件技術，當然也屬奈米科技之範疇。依

據一般半導體業界的認知，將發展在 100 奈米以下的技術節點，視
爲邁入奈米技術的紀元。與其它多數新興的奈米科技產業不同，半
導體奈米技術產業發展，是從一已有很大的產值的積體電路產業導
入。以 2000 年爲例，國內積體電路製造業有高達 4686 億元的產值，
2001 年雖因經濟不景氣的原因而大量下滑，但仍有 3025 億元（資料
來源：工研院經資中心）。由此可知奈米半導體產業對國內經濟發展
的重要性。

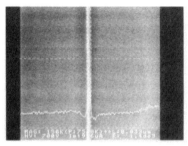

（a）

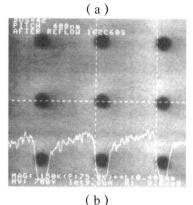

（b）

圖三　（a）利用電子束直寫技術，所得到的 20 奈米寬線條光阻；
　　　（b）使用熱回流（thermal reflow）的技術，所得到 25 奈米
　　　　　孔徑之孔洞圖案。

目前 NDL 發展的重點技術,包括次 100 奈米微影(lithography)技術、奈米級半導體元件與製程、奈米級金氧半(MOS)與量子元件模擬、金屬連線、奈米材料與分析、及射頻電路與元件技術等。其中,在嘗試將半導體元件微縮的過程中,微影技術扮演一個關鍵的角色。在此方面,NDL 使用電子束直寫微影步進機來發展奈米尺寸的圖案成像技術。圖三是所得到的成像圖案。利用含氫矽酸鹽(HSQ)光阻,可得到 20 奈米寬且邊緣平整的線條[圖三(a)]。另外,使用熱回流(thermal reflow)的技術,也可將一空洞圖案的孔徑微縮至 25 奈米[圖三(b)]。此外,蝕刻(etching)也是形成精密圖案的關鍵,圖四是一利用良好控制性的蝕刻技巧所形成的矽圖案。藉由上述的成像技術,可提供研究人員製作奈米級的半導體元件結構。

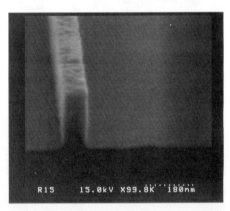

圖四　利用控制良好的電漿蝕刻技術加工,所得到線寬為 70 奈米的微小矽線條。

在先進的奈米級半導體元件技術方面,NDL 目前規劃發展下列

的主題：

(一) 絕緣體上矽（silicon-on-insulator 或 SOI）電晶體元件。所謂 SOI 是指一種特殊的矽晶圓（圖五），此種元件技術是將電晶體的主體建構在表面那層薄矽層中。它的優點在於較傳統電晶體結構，能提供更省電但更快速的操作性能。SOI 奈米電晶體預期將會在未來成爲半導體積體電路技術的主流。

薄矽層

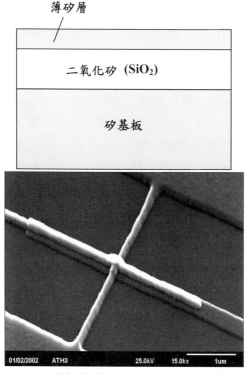

圖五 （上圖） SOI 基板結構；（下圖） 一個製作中的 SOI 電晶體的俯視圖。

(二) 奈米級記憶體（ memory ）元件。半導體記憶體產品在我們的

生活中觸手可及，如手機、電腦等用品中即可發現它們的蹤跡。此類元件具有儲存資訊的功能，而一個記憶晶片的儲存容量則隨元件尺寸的微縮而增加。進入奈米紀元後，現有的記憶體技術易受限於漏電流，操作電壓過大，及製程複雜性等問題。NDL 因應相關問題的策略，主要著重在發展鐵電性記憶體（Ferroelectric memory）與量子點（quantum dot）記憶體技術。前者的一例結構如圖六（a）所示，其原理係利用閘極電壓的控制，調變電場以改變鐵電薄膜（ferroelectric film）中的極化方向，藉此定義儲存資訊的邏輯態（0 或 1）。此種技術擁有低電壓、快速、讀寫次數高、非揮發性等優點。量子點記憶體元件的典型結構則如圖六（b）所示，其中有一或數個量子點被埋在一絕緣層（一般為二氧化矽）中。量子點為一半導體或金屬材料，其直徑約為 10 奈米左右或更小。藉由閘極電壓的控制，可將電子注入量子點中，以改變元件的邏輯態。這兩種記憶體都是未來深具發展潛力的技術。

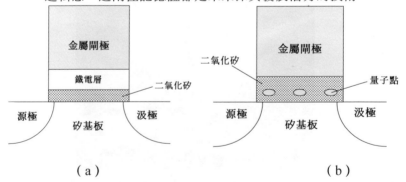

（a） （b）

圖六 （a） 一種鐵電記憶元件結構；
　　　（b） 一種奈米量子點記憶元件結構。

(三) 矽鍺量子元件（SiGe quantum device）。矽鍺是指在矽中摻入大量的鍺成份所形成的化合物半導體。週期表中，矽與鍺都屬 IVA 族的元素，因此有相似的半導體特性。當矽鍺形成在一矽晶圓上時，可調變其中的鍺含量與薄膜厚度等參數，來改變電子（或電洞）於其中的傳輸特性。經過適當的設計，多層堆疊的矽鍺/矽層結構可設計成有趣且實用的元件，特別是在高速及光電方面的應用。

(四) 利用新材料發展的電子元件技術。除了上述研究外，目前 NDL 也規劃一些先進奈米級元件的研製與分析，包括：碳奈米管（CNT）元件及有機分子元件。上述元件都是極具應用潛力的新興技術，也是近來熱門的研究主題。

半導體晶片技術的發展有一項很獨特的性質，即晶片功能的多樣化與強化。早期的積體電路晶片一般僅有特定（如記憶或運算）的功能。隨著元件尺寸的微縮，電路設計師開始嘗試將不同功能的的電路區塊，包括中央處理器（CPU）、記憶體、類比或射頻（RF）等，放在同一晶片上，此即為系統晶片（SoC）的概念與實現。系統晶片可減少組成一個系統所需的晶片總數，降低整體封裝（package）的成本，同時也加大傳輸的頻寬（bandwidth），有效提昇系統的效能。近年來，隨著微機電（micro-machining）技術的蓬勃發展，系統晶片的概念已不侷限於電子應用的領域。微機電技術是利用半導體製程，加工製造具有感測或可操控的微小機械器具。將微機電技術所製作的機械器具與極大型積體電路（ULSI）相整合，可將晶片技術的應用擴展至包括汽車、電子、顯示器、通訊、生物醫學檢測等領域。微機電元件與製程的設計與製作，及如何有效進行機電整合，也因此成為新興應用的主要關鍵。

雖然微機電與積體電路同樣以半導體製程加工製造，但由於一

般微機電元件結構與電子元件相差甚多，製程要求與機台設計也因此有明顯不同。以蝕刻為例，積體電路一般的蝕刻深度多在 1 微米以下，而微機電的製作則常有深達 100 微米以上的蝕刻步驟。所以，在蝕刻機台的設計與蝕刻機制運用觀念上，兩種應用有很大的差別。目前 NDL 規劃的微機電研究重心，主要是在 NDL 南科辦公室與正興建中的新廠實驗室（請見後面的說明）。

人才培育

高科技產業重要的競爭因素包括資金、技術、及人才，而人才是一切的根本。NDL 對於專業半導體人才的培訓也有一定的流程與規定。首先，針對未曾有實作經驗的學生，實驗室於寒暑假期間開辦半導體製程訓練班，主要針對積體電路製程所需的各種加工步驟進行講授，以讓學員對於半導體製程與潔淨室有初步的認識與觀念（圖七）。另外也開辦儀器設備見習班，由實驗室人員親自操作製程設備，使學員能實地觀摩學習精密儀器的運作。藉由以上的課程，提供學員專業的知識並傳承實用的經驗。

圖七　興建中的奈米實驗大樓完工後的外觀。

　　經過訓練班的洗禮後，學員可報名參加實驗室定期舉行的工安課程，作爲進入潔淨室做準備。實驗室對於研究人員做實驗時的安全性一向是最高標準的要求，該工安課程在於加強學員的安全觀念，並瞭解緊急狀況下的因應之道。上完課後學員還須通過考試，方能取得進入實驗室的資格。

　　除了一些具高度精密性或危險性的設備須專人操作外，NDL 大部份均開放學生自行操作。訓練合格的學生，可以依據個人研究主題需求，親自操作相關的機台。從實驗設計、製程條件掌控、元件製作、到最後的特性量測都能參與其中，也因此能得到最紮實的訓練與能力。

未來規劃與展望

　　NDL 自成立以來，在學術服務與研究方面都有不錯的成績。經過實驗室訓練的碩、博士研究生，畢業後的工作表現也都有很好的評價，所以 NDL 的績效與貢獻也備受產業界的肯定。雖然如此，業界公司卻也認爲 NDL 每年的培訓人數仍遠不敷需求，這主要是由於近年來，國內積體電路與平面顯示器等需要半導體製程以及元件設計人才的高科技產業蓬勃發展的緣故。對於此問題，NDL 未來已規劃更多的培訓課程與時數，同時將訓練的對象拓展至非學生的社會人士，以期提昇國內研發人才的質與量。

　　另一方面，也將擴大研發的基地與效能來增加人才的培育，其中包括，爲配合政府南北資源平衡的政策，於 2002 年規劃成立的南區辦公室。其基地位於台南科學園區內，係向南科籌備處租用標準廠房所設置。該研發基地有潔淨空間 100 坪，已裝配有光阻厚膜微影系統等設備開放供國內，特別是南部各大學相關研究人員使用。

此外，於新竹本部也已規劃興建新的實驗大樓，目前工程已發包動工，定於民國九十三年初可完工啓用，外貌如圖七所示。該實驗大樓設有無塵室 1000 坪，行政及廠務空間則有 4000 坪，完成後預期將可倍增目前人才培訓與學術支援的效益。

結語

  NDL 具有國內最佳的實驗環境，提供精密的製程與量測設備，以開放式的運作協助國內學術界的研究計劃執行，並藉此培養產業界所急需的研發人才。NDL 具有高素質的研發人員，除進行先進的研究外，也對國內學術研發提供技術支援與協助。作爲國家級實驗室與國內最重要的半導體人才培訓基地，我們希望能與國內大學相關科系的師生有更緊密的互動，也希望未來有更多的學子在 NDL 的培訓下，成爲國內發展高科技的生力軍。

第十一章　奈米世界的交通大學 — 教育的理念

　　當台積電、聯電等公司正緊鑼密鼓投入 90 奈米半導體積體電路製造技術時，奈米科學技術時代已經來臨，而且正成為二十一世紀電子資訊技術時代的核心技術。不只資訊電子領域，奈米技術也成為材料、機械與生物技術三大領域帶來極大的衝擊與機會，因此，奈米科技是最新穎也是最強勁第四波工業革命。

　　也許大家尚未注意到，奈米技術除了在積體電路領域鴻圖大展外，奈米衣服、奈米網球、奈米馬桶、奈米房屋、奈米保養品、奈米電池、奈米藥品已經出現在生活中，由科學、技術、產業到生活，我們都與奈米科技息息相關，所以，這個世紀就是奈米世紀，這個世界就是奈米世界。我們立足奈米島，胸懷奈米世界。

　　就學術而言，奈米科技是跨領域學術，奈米科技是各個學門或學院的會師，包含科學、電機資訊、其他工程、管理、法商、人文等，也是各個學門、學院及大學的新機會。

　　交通大學自 1958 年在台灣成立電子研究所以來，歷經眾多教授、學生、校友以及歷任校長努力下，在各個領域都奠下優秀的基礎，尤其在電子資訊領域更是居於領先地位。在奈米世紀裡，更以新理念，以及新思維，掌握奈米世界賦予大學的新機會，展開向上提昇的具體行動及作為，向國際卓越大學的目標邁進。

　　什麼是可以推動的奈米世界大學教育新理念與新思維？值得大家用心去思考，在此提出我們的心得與大家分享。

● 奈米世界教育新思維與新理念　　　　吳重雨

謙虛的胸懷與堅強的意志

　　以謙虛的胸懷（如同奈米的微小）以及堅強的意志力（奈米無所不在的強大），大家以永續投入的行動力，將大學推向國際卓越。國內有許多大學過去已有優秀的基礎與表現，像交大一樣，但我們必須拋棄自滿的心態，虛懷以對，使優秀不會成為邁向卓越頂尖的迷思與障礙，使能力不會成為自我的詛咒與框框，方能跳出現況，向上提昇。卓越與頂尖並非一蹴可幾，也不是速食麵，更不是自誇即可。大學需要有師生全體的意志力，永續耕耘，在共同商議的學術方向上，以實際行動共同投入，才能達到卓越與頂尖。誠如柯林斯（_Jim Collins_）在從 A 到 A＋（Good to Great）[1]這本書所闡述企業由優秀到卓越的經營理念一樣，大學也需要這種新理念來達到卓越。

學校各級學術行政主管要提供充份資源支援教授，讓教授充分發揮

　　在過去的觀念裡，公司的主管就是要管下屬，長官就是要管部下。在新觀念下，公司經營理念就是主管支援，使大家能夠充份發揮，而個人的能力若有未殆，或資源不夠用，則隨時可向主管請求支援。這種新觀念可以引進到學校來，在大學裡，教師層級以各別教授為主，進行教學、研究與服務，而系所主管、院長、中心主任、校長等學術行政主管，主要在提供各別教授各項資源、協助與服務。在這種學校新經營理念下，教授能力越強貢獻越多者，表現會越傑出越卓越，越能充份發揮長才與能力，學校整體因而向上提昇，達到卓越頂尖。另一方面，學術行政主管也需要應用高度智慧，才能滿足所有教授的需要，不會偏頗一方。

---

[1]　Jim Collins 著，齊若蘭譯，「從 A 到 A＋」（Good to Great），遠流，實戰智慧叢書 282，2002 年。

傾聽時代需要、產業需求、學生需求，以學生為本，發展大學在教學、研究與服務的目標

　　大學肩負培育人才的重責，隨著時代的快速進步以及科技日新月異的發展，大學必須傾聽時代的需求以及產業的需求，才能建立妥適的課程及研究設施等各項環境，培育符合時代朝流的人才，以供社會及產所需。傾聽學生的需求，以學生為本，才能因材施教，使學生學以致用，獲得各項知識與能力。

國內大學與世界接軌，推動大學國際化

　　與世界接軌在大學發展為國際卓越頂尖中，十分重要。國際化，才能在國際學術領域上發揮，而有卓越的貢獻，受到國際的肯定。卓越頂尖不是自己說的，而是要國際學術界肯定的才是。如何才能有效的與世界接軌，有效的國際化？在教授方面，要多鼓勵教授利用機會到國際一流大學交流或進修，鼓勵協助教授在國際學術界獲得獎勵與肯定，鼓勵教授在國際學術界或國際學會中擔任核心領袖工作，推動各項期刊論文發表、國際會議、其他學術活動、區域學術交流等。在國際學會中，國際電子學會（Institute of Electrical and Electronic Engineers, IEEE）是電子資訊領域最重要之一。因為整個學會在配合新科技發展下，以電子資訊為推動重點，故在此譯為國際電子學會。

　　此外，鼓勵學生到國際一流大學深造，到國際一流實驗室研究，在國際會議上發表論文，也是很好的接軌方法。成立各項卓越學程，吸引國際一流研究生來修習，也是國際化的重點之一。

建立跨領域跨學院互動的機制，使各學院能密切合作

　　奈米世界的科技都是跨領域跨學院的會師，然而在大學裡，傳統

組織上都分有學系與學院，跨系跨院互動合作實屬不易。如何建立此項機制，跨越系所學院的藩籬，則需要高度的智慧與耐力。奈米科技發展、資訊技術應用於社會的研究等重點科技，皆屬於大型跨領域重要研究課題，都需要建立跨領域跨院的合作。以交大而言，地理上鄰近科技產業密集的科學園區，以及科技研究重鎮的工業技術研究院，相關領域的各個學院必須密切互動合作，各學院的結合與努力，加上與鄰近清華大學、科學園區與工業技術研究院的合作以及其他優秀大學的互動，在科技、學術與產業發展上，一定能形成國際上卓越的大學，凸顯一所大學最獨特的優勢。

教授與學生共同努力，基於終身學習的理念，使學習更有趣，且更有效率

終身學習是奈米世界的潮流與理念，大學秉持此項理念，在正規教育或在職教育上，應當投入心力，營建溫馨及激勵的求知環境，規劃多元且符合時代需求的課程，使學生學習更為活潑，且更有效率。在課程的規劃上，應當跳出套在傳統學系上面已有 20－30 年之久的框框，在必修的課程上，著重符合時代科技發展需求的基礎理論與知識。在選修課程上，則隨時代與學生的需求配合調整，使其多元化與彈性化，提昇學生學習效果及興趣。在學位方面，除主學位外，也要使學生能依興趣獲得相關輔助學位，有助於畢業後的生涯規劃。基於時代與學生的需求，教育改革必須從入學多元化改革，延伸到大學整體教育實質內容的改革，使人才培育達到善境，大學能達到卓越。

大學要加強與產業的互動以及與校友的連繫配合

在產業的互動方面，奈米世界的產業需要學校的研發能量及資

源的協助。因此，大學與產業的有效互動機制必須要建立。大學的校友由於在大學的時間較長，也較能感受大學給予的幫助，因此對大學的感情十分濃厚。校友畢業後分散在社會各個角落。以交大而言，有很多校友在高科技產業服務。科學園區的科技產業公司，70%的經理級以上幹部，都是交大的校友。常常聽到很多傑出交大校友說，在檢示自己公司後，發現「交大幫」勢力十分龐大，因而就十分為交大驕傲。大學對於校友，應當時常聯繫關懷互動，提供必要且及時的協助，例如提供研發能量協助校友的公司研發，協助校友的公司或機構聘用自己學校畢業的優秀人才等等。

● 具體的行動　　　　　　　　　　吳重雨

在奈米世界的大學教育新理念與新思維下，大家可以一起來想一想很多具體的行動，以實現新理念新思維。在此提出我在交大的具體行動與經驗，供大家分享。

暑期到柏克萊大學進行博士後研究

2002 年 8 月及 9 月到加州柏克萊大學，進行博士後訪問研究，並與柏克萊大學教授互動學習學術管理經驗，在葛守仁院士教授（Prof. Ernest Kuh）指導下，在學術研究以及互動與學術管理經驗兩方面，進行下列多項工作收穫豐碩。柏克萊大學（University of California at Berkeley）係加州大學分校之一，是國際頂尖的大學，在此稱為柏克萊大學。

葛守仁院士教授曾任柏克萊大學電機資訊系系主任（1968-1972）及工學院院長（1973-1980）目前為不授課的特級指導教授，對該校貢獻鉅大。葛教授也是電路與系統領域的世界級大師，

在超大型積體電路及電腦輔助設計（VLSI/CAD）研究具有開創性及極為傑出的成果與貢獻。最近在深次微米及奈米尺度的積體電路及系晶片模組（Multi-Chip Module, MCM）實體設計研究以及連線與電路模式與模擬研究均具有重大貢獻。

葛教授曾任麻省理工學院（Massachusetts Institute of Technology）、普林斯頓大學（Princeton University）、南加大（The University of Southern California）及香港理工大學學術指導委員會委員，擔任政府及產業機構顧問。曾任1972年國際電子學會電路與系統分會主席。

由於葛教授的傑出成就與貢獻，他榮獲美國工程學院（National Academy of Engineering）院士、中央研究院院士、中國科學院院士、以及國立交通大學榮譽博士、上海交通大學、北京清華大學、及北京大學榮譽教授。此外，亦獲得無數重大國際主要獎勵，真是名至實歸。

在學術研究方面，進行下列四項工作：

1. 在葛教授指導下，進行積體電路接線模式建立與模擬，並在交大成立研究群，繼續深入研究。
2. 邀請葛教授撰寫一篇有深度的論文，發表在奈米電子電路與系統特刊（Special Issue on Nanoelectronic Circuits and Systems）上，該特刊將於2003年在國際電子學會超大型積體電路系統期刊（IEEE Transactions on VLSI Systems）上刊出。
3. 在國際電子學會的旗鑑期刊－學術總彙期刊（The Proceedings of the IEEE）奈米電子及奈米尺度處理特刊（Special Issue on Nan electronics and Nanoscale Processing）中，我擔任客座編輯，邀請多位柏克萊大學學者貢獻論文。
4. 參加第二屆奈米技術國際會議（IEEE International Conference on

Nanotechnology），擔任座談會引言人。

在互動與學術管理經驗交流方面，在葛教授協助安排下，進行下列工作：

1. 拜訪柏克萊大學一流的研究中心，並與關鍵性領導者交談。
2. 拜訪柏克萊大學執行副校長（Executive Vice Chancellor）葛雷教授（Prof. Paul Gray）、工學院院長牛頓教授（Prof. Richard Newton）及電機資訊系系主任薩斯崔教授（Prof. Shanka Sastry），瞭解未來推動重點，並邀請他們訪問交大，以推動合作研究。
3. 協助宏碁公司與交大參與柏克萊研究工作，建立三方合作機制。
4. 拜訪柏克萊奈米科技推動委員會召集人卡列先生（Mr. Tom Kalil）先生，並參與校內討論會，瞭解柏克萊如何建制置推動奈米技術。
5. 與多位電機資訊領域教授互動，並邀請他們訪問交大
6. 與國際電子學會電路與系統分會（Circuits and Systems Society）國際傑出學者專家互動，共同交換各項心得與經驗，以推動分會內各項學術活動。

詳細的心得與經驗在後面詳述。我也利用在柏克萊大學進修的機會，多次和許炳堅博士詳談高科技的走向以及最佳的人才準備策略，同時吸取矽谷成功的經驗，以便幫助新的一代。許博士於 1978 年以第一名畢業於台大電機系，他先後任教過 13 年，目前已在矽谷累積了四年以上的實務經驗，是少數對學術和高科技產業兩方面皆有深入心得的專家。許博士也擔任過國際電子學會的超大型積體電路系統期刊的主編（1997-98 年）及多媒體期刊的創刊主編（1999 年），也在 2000 年擔任國際電子學會電路與系統分會的會長。許博

士熱心於國內高科技學術提昇，以及和產業界的良性互動。他即將被交通大學聘爲榮譽兼任教授。

積極主導推動國際電子學會各項學術活動

　　自 1988 年來，我每年都會參加國際電子學會電路系統分會的活動以及電路與系統國際會議（International Symposium on Circuits and Systems，ISCAS）認識分會內許多國際傑出學者專家，在 2000 年分會主席許炳堅博士的大力協助下，近年來更積極主導推動各項重要奈米科技相關之學術活動，如下所述：

1. 在分會內首創奈米電子及十億元件尺度集積系統技術委員會（Nanoelectronics and Gigascale Systems Technical Committee），邀請二十多位國際著名傑出學者擔任會員，並擔任創會主席，推動奈米科技方面刊物出版、國際會議及技術活動，促進此領域卓越學者專家獲得國際電子學會會士（Fellow）榮譽及各項獎勵的肯定。

2. 在國際電子學會旗艦期刊－學術總彙期刊（The Proceedings of the IEEE）創立奈米電子學與奈米尺度處理特刊（Special Issue on Nanoelectronics and Nanoscale Processing），與許炳堅博士及中央研究院院士施敏教授，共同擔任客座編輯，邀請 IBM 公司及世界各主要奈米研究機構內重量級學者專家貢獻論文，將於 2003 年夏天出版。

3. 在國際電子學會超大型積體電路系統期刊（IEEE Trans. On VLSI Systems）安排奈米電子電路與系統特刊（Special Issue on Nanoelectronics Circuits and Systems），擔任客座編輯，邀請很多國際傑出學者專家投稿，特刊將於 2003 年秋天出版。

4. 在國際電子學會電路與元件雜誌（IEEE Circuits and Devices

Magazine）創立奈米專欄（Nanotechnology Column），擔任技術編輯，邀請學者專家貢獻及時性技術文章，讓產業學到隨時瞭解奈米科技的發展。

5. 在 2002 年會員普選中，當選國際電子學會電路系統分會參議委員（Board of Governor Member），任期為三年（2003 至 2005 年）。此次選舉共當選 5 位，我是亞洲區唯一當選會員，將來可以大力主導推動各項奈米相關活動。

6. 在 2001 年第一屆國際電子學會奈米技術國際會議（2001 First IEEE International Conference on Nanotechnology）推薦交大張俊彥校長擔任大會總演講人（keynote speaker），張校長給了一場奈米技術元件及奈米生物的精彩演講，獲得極大的迴響。第二屆會議中，我邀集台灣、日本、澳洲等地傑出學者專家的論文，組成特別會議組，擔任組長；同時應邀擔任「奈米電子之重大挑戰座談會」引言人。此外並擔任該會議亞洲總聯絡人。第三屆會議將在 2003 年 8 月在舊金山舉行。

在交大電機資訊學院組成「全球化／領袖教授推動委員會」（Globalization／Leadership Professors' Promotion Committee）

　　此類委員會在柏克萊等美國名校都有，但在國內則是第一個。此委員會的目的在於推動教授獲得國際電子學會會士（Fellow）榮譽，獲得總會或分會獎勵肯定，擔任國際電子學會期刊副編輯或特刊客座編輯、各分會卓越演講者（Distinguished Lecturers），擔任國際會議核心組織成員等等，希望教授可以在國際學會上領導推動各項國際學術活動，且獲得國際獎勵與肯定，如此，有易於提昇大學國際化。詳細情況在後面描述。

推動產業界在交大設立永續性前瞻性研究中心

此項活動在於鼓勵產業界長期投入資源，協助教授進行長期永續科技研究。目前正與聯發科技公司蔡明介董事長及卓志哲總經理洽商。該公司爲積體電路產業界楷模，特別邀請交大爲外部法人董事，交大派我當代表。每年董事補助近千萬元可用於資助研究中心，再加上公司或個人捐款，可以永續支持教授跨領域長期研究課題，如奈米電子、數位內容，網路工程等。有關研究中心設立的新思維容後詳述。

成立電機資訊學院資優菁英班，又稱爲電機資訊工程系

爲響應時代、產業及學生需求，培育跨領域精英頂尖人才，在張校長大力協助下，成立電機資訊學院學士班，是國內第一個大學資優菁英班，也是不分系電機資訊工程學系，吸收資優精英學生，設計彈性跨領域與創意課程，安排最卓越的師資陣容，以大學教育新思維新觀念，培育具創意與創造力人才。每位學生畢業時除可以隨自己的興趣選擇修習課程而獲得主系學位外，並可獲得輔系學位。詳細理念及規畫在後面詳述。

創立全國第一個奈米學生社團—奈米世紀社

爲培育年輕一代大學生及研究生對奈米科技的認識，特別推動成立「奈米世紀社」學生社團，以演講、讀書會，營隊等方式，吸引學生認識奈米科技，進入奈米領域。有關社團狀況詳述於後。

舉辦高中老師奈米研習營，首創「交大電資院高中老師諮詢團」

爲推廣奈米科技敎育至高中，將舉辦高中老師奈米研習營，在2002 年 1 月 21 日至 23 日舉行，廣邀高中老師參與。此外，將成立

「交大電資院高中老師諮詢團」，加強與高中老師互動，共同推動重要科技教育，也將聽取高中老師對大學電機資訊教育的建議，協助高中老師安排高中生到大學修習課程或進行專題研究。

● 加州大學柏克萊分校暑期博士後研究　　吳重雨

訪問研究的安排

　　十分感謝柏克萊大學葛守仁院士教授的協助與安排，才能順利申請到 J-1 交換學者簽證，於 8 月 1 日隻身赴柏克萊，在葛教授研究群進行二個月的博士後研究。抵達舊金山後，就前往柏克萊薛踏克（Shattuck Hotel）旅館，該旅館係葛教授助理瓊斯女士（Ms. Charlotte Jones）代為安排，離校區很近，十分方便。

　　第二天上午，我帶著手提電腦及資料文件，步行到學校電機大樓（Cory Hall），向該系報到，並在助理瓊斯女士協助下，取得辦公室鑰匙。我的辦公室鑰匙係借用蔡少棠教授（Prof. Leon Chua）的辦公室，在 Cory Hall 5 樓 564 室，蔡教授因輪休假在歐洲講學，故將辦公室借我暫用，十分感謝。瓊斯女士又迅速為我申請網路帳號及無線區域網路卡，使我可以很快使用電子郵件，保持正常通訊，非常方便。

　　葛教授為溫文儒雅的大師，在我二個月研究期間，他不但在研究課題上指點我，也安排我與該校重要領導人及主要教授見面，建立雙方合作的契機。除此之外，也關心我的起居生活，介紹柏克萊校園的各項相關設施，帶我至學校教授餐廳及附近餐館用餐，使我熟悉環境。我深深感受到他長者的風範，認真的研究態度、對校際合作的關心、以及照顧培育晚輩學界的用心，讓眾人仰慕與尊崇。

訪問研究收穫豐富

　　在柏克萊大學研究這二個月期間，全力投入在研究及學術研究與管理經驗互動交流方面，收穫豐富。在研究方面，針對深次微米或奈米尺度積體電路之接線（interconnect），進行模式建立與模擬，以期可以用最有效的方法模擬通過接線的訊號延遲、雜訊交連（noise coupling）、訊號波形變化等。此項研究領域對90奈米或以下的積體電路設計十分重要，是關鍵性的研究課題。在90奈米或以下的積體電路，接線的訊號延遲將佔全部延遲之75%以上，相當接線之數訊及波形也必須能正確模式加以計算。因此，在90奈米以下之奈米積體電路設計及佈局的自動化設計法則及軟體均將有革命性改變。

　　在學術研究與管理經驗互動交流方面，經葛教授的安排，對柏克萊大學重要關鍵性研究中心及主要教授均有豐富的互動，藉此瞭解重要研究領導人物對未來研究的宏觀以及學術管理的經驗；同時建立與對研究中心及關鍵性教授的聯繫，以利未來交通大學或其他大學院校與柏克萊大學的合作交流。以下詳細描述這二方面的詳細狀況與心得：

學術研究

一、　在葛教授指點下，研讀他發表的論文及相關著作瞭解積體電路接線模式建立方法及一種稱為「模式化簡法」（Model Reduction Techniques），運用該項數學方法，可將繁雜的電阻電容電感連線模式簡化，節省計算時間，且得到正確的結果。未來將在葛教授共同指導下，導引交通大學研究生進行二項重要關鍵研究主題：其一為運用數學方法找尋最佳的對應點，使化簡的模式可以得到相當正確的訊號波形，而減少因簡化而帶來的誤差；其二為基於接線延遲的考慮，研究新的佈局方法，

　　　使訊號研遲及新訊交連等效應減少，以有效的方法，得到較佳
　　　的佈局。

二、　在國際電子學會超大型積體電路系統期刊（IEEE Transactions
　　　on VLSI Systems）上，我建議在2003年秋天成立一集特刊
　　　（Special Issue）主題為奈米電子電路與系統，該項建議已被接
　　　受，由我擔任客座編輯之一。葛教授為開創此領域的大師及先
　　　驅者，將邀請他撰寫一篇最精彩的文章，置於特刊之前，以彰
　　　顯葛教授對此領域的貢獻。

三、　國際電子學會的旗艦期刊為學術總彙期刊（The Proceedings of
　　　the IEEE），我應邀擔任客座編輯之一，在2003年夏天，共同成
　　　立特刊，主題為奈米電子及奈米尺度處理。因柏克萊大學具有
　　　國際知名傑出學者，將邀請該電機資訊系柏克教授（Prof. Jeff
　　　Bokor）及張教授（Prof. Connie Chang-Hasnain）為特刊貢獻論
　　　文。

四、　在2002年8月26日至28日，我自柏克萊到華盛頓特區參加第二
　　　屆國際電子學會奈米技術國際會議。在此會議中，我應邀參加
　　　一場主題為「奈米電子之重大挑戰」的座談會，擔任引言人，
　　　我的引言內容主要說明奈米電子領域包括矽奈米電子及非矽
　　　奈米電子，在非矽奈米電子的重大挑戰中，我分為技術面及策
　　　略面提出說明。

2002年國際電子學會奈米技術國際會議「奈米電子之重大挑戰」座
談會的引言內容
　　　在技術面的重大挑戰，我提出下列五項：
　　　　1. 奈米元件及結構之可靠訊號輸入/輸出與接線；
　　　　2. 量產所需要之穩定、可重複及低成本製程技術；

3. 新型奈米電子電路、系統、結構及集積技術；

4. 奈米系統晶片之測試、印證與構裝；

5. 在原子或分子層次之基礎量子物理。

在策略面的重大挑戰，我提出下列三項：

1. 如何增加全球性推動力？需要調配研究經費、研究中心、學術會議、研究人口、研究論文……等；

2. 如何以可行之重大應用以吸引產業界的快速投入；

3. 如何加強年輕一代的教育，以倒引他們投入奈米研究的行列。

此外，我說明對國際電子學會技術活動理事會（Technical Activity Board, TAB）及關鍵性具遠見的領導者表示很大的謝意，感謝他們推動成立由三十多個分會（Societies）支持的國際電子學會（Nanotechnology Council），並推動此一奈米技術國際會議及奈米技術期刊（IEEE Trans. On Nanotechnology），我亦註明我配合奈米技術合會，在IEEE對奈米技術的具體推動努力。

同時我說明台灣在發展奈米技術的投入及意義，包括台積電公司及聯電公司在奈米積體電路的投入及政府推動的奈米國家型計畫。最後我鼓勵大家在國際電子學會內共同推動下列事項：

1. 推動此領域卓越研究者獲得學會會士（Fellow）、分會層級及總會層級的獎項，以肯定他們的成就。

2. 促進IEEE各分會多多支持奈米技術領域，包括支持出版刊物、會議及技術活動；支援區域性活動及方案，如區域性奈米技術會議、傑出演講方案；支援區域間合作，以協助各區域發展新奈米計畫方案或加強原有者。

我的引言引起很大的迴響與共鳴，許多參與討論者向我索取引言資料。除了參加座談會外，我也會發展一篇論文及主持一個論文

發表的時段（Session）。在參加奈米技術國際會議時，我也與很多研究者互動，邀請他們貢獻論文於奈米電子特刊中，許多研究者答應要為特刊撰寫論文。此次參與國際會議，收獲十分豐盛。

學術研究與管理經驗互動交流

　　拜訪加州大學柏克萊分校主要的研究中心及其關鍵領導教授，探索及研究重點及成就。拜訪的研究中心如下：

1. 十億元件尺度矽研究中心（Gigascale Silicon Research Center, GSRC）

　　成立於1998年12月，進行長期合作式研究，以積體電路晶片設計及測試未來8年到12年將面臨的挑戰為研究目標，係美國四大聚焦式中心研究方案（Focus Center Research Program, FCRP）之一。晶片設計及測試的GSRC以柏克萊為首，整合卡內基大學（Carnegie Mellon University）。密西根大學（University of Michigan）、普林斯頓（Princeton University）、普渡大學（Purdue University）、史丹佛大學（Stanford University）、加州大學洛杉磯分校（UCLA）、聖塔克魯茲分校（UC Santa Cruz）及聖地牙哥分校（UC San Dings）。

　　GSRC目標主要包括發展設計方法，達成下列設計規格：
- 50奈米積體電路技術；
- 使用數個來源的混合訊號（數位及類比）矽智財（silicon Intellectual Property, SIP）；
- 超過10億電晶體的晶片，晶片速度在100億赫茲（10GHz）；
- 少於30個設計者之設計團隊；

- 設計時間短於6個月；
- 具競爭性成本及功率-延遲-晶方面積乘積（power-delay-area product）。

該中心執行主任包得溫博士（Dr. Gary Baldwin）及副主任庫澤教授（Prof. Kurt Keutzer）。2002年8月22日葛教授安排台灣單晶片系統（SOC）國家型計畫訪問團訪問該中心，葛教授要我一起參加，與執行主任及副主任交換研究心得，頗有裨益。

2. 柏克萊無線研究中心 （Berkeley Wireless Research Center，BWRC）

成立於1999年2月，主要任務為：
- 發展未來超三代（Beyond 3G）無線通訊系統；
- 進行競爭前式研究（per-competitive research），至少超越競爭式研究5年；
- 發展COMS高密度射頻單晶片系統（system-on-Chip, SOC），具有最低功率消耗及最低成本；
- 發展先進的通訊法則；
- 發展實際單晶片系統測試環境。

該中心主任為布洛得森教授（Prof. Bob Brodersen）。在台灣單晶片系統（SOC）訪問團於2002年8月22日訪問柏克萊時，葛教授亦安排拜訪參觀該中心，與布洛得森教授交換研究資訊及經驗，獲益不少。

3. 智慧型研究中心 （center for Intelligent Systems）

該中心成立於2002年8月15日，在15日及16日二天舉行開幕研討會，葛教授介紹我去參加。研討會除了介紹該中心研究概觀及參與教授的研究內容外亦邀請國防前瞻研究計畫處（Defense Advanced Research Projects Agency, DARPA）處長布列其門博士（Dr. Ron Brach man）擔任主演講人，其演講題目為「發展認知系統」（Developing Cognitive Systems），十分精彩。智慧型系統中心研究目標在於結合人工智慧、電腦視覺、混音辨認、機器人、控制理論、作業研究、神經科學、適應性系統（adaptive system）、資訊檢索、資料開探、計算統計及遊戲理論等領域之研究者，以集中發展智慧型系統一致的理論基礎，該基礎將建立於過去十年在各領域之具大推進成果。此外，亦將發展新計算工具，且推廣使用，並訓練新一代研究者，期能解決大規模問題，以裨益未來經濟及社會發展。智慧型系統中心主任為Stuart Russell教授，參與教授共28位。

該中心有很多特色，主要特色之一為房子，該中心在柏克萊市中心租了一層樓，不在校園內，樓層裝潢很科技化，便於研究者互動討論。此舉既可免於爭取十分擁擠的校園空間，又可以創作科技化空間環境。另一特色為研究成果都不申請專利，以推廣使用。雖然如此，但仍有許多公司支持，這些公司真是高瞻遠囑。

4. 基於社會關注之資訊技術研究中心 （Center for Information Technology Research in the Interest of Society, CITRI 1S）

CITRIS 計畫結合四個加州大學校區 （柏克萊、戴維斯 Merced 及聖塔克魯茲） 的研究者，以發展我們社會面臨之大規

模問題，涵蓋能源、運輸、保健、環境、災害反應、國家鄉土安全、教育及文化等領域。CITRIS係加州州政府、國防部及工業界所支持計畫，亦係柏克萊致力推動之計畫。CITRIS主任爲貝西教授（Prof. Rozena Bajcsy）教授，她在機器人學、人工智慧及機器感知領域已研究30年，榮獲美國工程院士（National Academy of Engineering）及醫藥學會會士，此仍很少人能達到的殊榮與成就。在葛教授安排下，於8月22日與Bajcsy教授晤談：她首先說明推動CITRIS大型研究三大原因爲：

- 藉由不同領域研究者的合作以加強研究能量
- 新科技總屬於跨領域，須以整合方式投入
- 處理無法由單人或單一實驗室解決的大規模問題

接著，我詢問她有關CITRIS國際合作的做法，她表示CITRIS歡迎產業及大學的國際合作，因爲CITRIS研究屬於競爭前置型（pre-competitive）。我說明宏碁公司有很強烈興趣參與CITRIS部份計畫，且邀請電機資訊學院教授共同參與，基於此，我提議國內學術界及產業界與CITRIS合作模式，由產業界參與CITRIS，再結合學術界一起參與合作研究，學術界則申請國科會等單位之補助，與CITRIS合作研究。她同意此項模式並將共同補助。我代張俊彥校長邀請她來交大訪問，她欣然接受。我詢問她有關CITRIS主要的可用技術及關鍵問題，她說主要核心技術爲分佈型感測器網路（distributed sensor network）及相關訊號處理。而關鍵問題在於到處都有的電腦網路，如何達到易用、必要的隱私及安全。最後她說她相信CITRIS是學術研究的新模式及新方向，她喜歡此項革新的作法，故接受主任一職，但此項整合教授研究的工作並不

容易，因為教授一向進行個別研究。因而需要一些時間來創作一個環境，以運作有效機制使教授整合。獎勵及升等對某些教授可能是有效機制之一。她表示，以一位祖母級的教授而言，她現在做的是為未來年輕一代建立基礎，使他們能產生很高的成就。我很欣賞她的高瞻遠矚及領導能力，我覺得CITRIS是資訊技術研究的新模式及新方向，我們以此為例，可找出交大及台灣學術界自己在此領域新方向，我將與CITRIS及貝西教授密切聯繫以瞭解與進展，並發展交大與CITRIS之合作。

5. 英代爾在柏克萊研究中心　（Intel Research Laboratory at Berkeley）

　　此中心的研究焦點在於發明、發展、探索及分析高互連系統，該系統位於計算與網路光譜的極端—極大、極小、及極多。極端的系統可能鞭策全新種類的運用，需要新技術，需要新奇的設計趨向，以及展前前所未見的觀象，因而產生研究機會。該中心與學術研究者密切合作，以尖端電腦科學能解決大尺度問題，跨越傳統領域，對箝入於環境或為移動目標與人類的攜帶的無所不在的計算（Ubiquitous Computing）。該中心在9月31日下午舉行對外招待會，我應邀參加，該中心租用柏克萊市中心一棟高樓的頂樓，不在校園內。在展示成果中，以無線感測器網路及其名為Tiny OS的作業系統程式最吸引人，在處理大尺度感測器網路資訊時，特殊的作業系統程式能發揮更有效率的功能，此係創新性的突破。相關中心成果的資料文件我攜回完整的一份，供大家參考。

拜訪關鍵性領導主管

　　工學院院長牛頓教授及電機資訊系系主任2002年8月7日下午與

執行副校長葛雷教授見面，他曾任電機資訊系系主任及工學院院長，係美國工程院士，我請問他未來柏克萊將推動發展的最具深遠意義的領域，他提到四個領域：

1. 奈米技術—成立委員會大力推動此跨領域技術。
2. 醫療保健科學創始行動—生物、生物工程、化學、物理、電機資訊等各領域教授將形成數個研究群，進行單晶片實驗室（lab-on-a-chip）、生化、醫學影像等研究。
3. 社會之基於關注目標為解決緊急事件準備、能源、交通等問題，前瞻資訊技術的研究。
4. 亞洲研究（Asian Study）—建立設施能力及推動亞洲文化、語言、政治等研究。

我請教他對於提昇柏克萊與交大或其他學校合作的看法，他說柏克萊對於亞洲大學的合作具有強烈興趣，最佳方法為鼓勵各別教授建立聯絡管道。他建議雙方各分派一個基金用於鼓勵教授互訪及創始合作研究，他進一步建議在葛教授協助下，可以確認2至3位柏克萊教授做為合作對象，邀他們訪問交大。他建議的模式很好，交大可運用此模式與柏克萊及其他著名大學合作，台灣的其他大學亦可使用此模式加強與美國大學合作。

我代表張俊彥校長邀請他訪問交大，他欣然接受，並提到下半年可能來訪問，屆時再與我聯絡。

2002年8月23日下午，葛教授安排我與柏克萊工學院院長牛頓教授見面，他曾任系主任，係美國工程院士，這學期他到德國休假研究，偶爾才回到校園。葛教授與我到他的辦公室與他見面，他說明工學院未來主要推動計畫為奈米技術（奈米工程）及CUTRIS，在奈米工程方面，學校已形成一個委員會推動各項研發工作，奈米相關設施能力將分三期建立，第一期將在改建後的材料大樓（位於電機

大樓旁邊）建立奈米實驗室，我請他推薦對奈米領域主動研究積極的教授，以便邀請貢獻論文到國際電子學會學術總彙期刊的奈米專刊中，他推薦該學院數位教授。葛教授告訴牛頓院長宏碁公司對參與可復原取向之電腦（Recoverable Oriented Computer, ROC）計畫及CITRIS相關計畫具有濃厚的興趣，每年將捐出約30萬美金參與計畫，交大張校長已同意宏碁施董事長的建議，請交大電機資訊學院教授與宏碁研究人員組成團隊共同參加，加強三方合作研究。Richard和我都同意雙方加強兩個學院間的合作，並引用聯結至台灣高科技產業的模式。我代表張校長邀請牛頓院長訪問交大，已在10月8至11日到交大來訪問。

　　2002年8月12日中午，在葛教授安排下，與葛教授接受電機資訊系系主任薩斯崔教授邀請共進午餐。薩斯崔教授向我說明電機資訊系未來的研究發展重點為CITRIS及奈米工程技術，他特別邀請我參加智慧型系統中心（Center for Intelligent Systems）的開幕研討會，我也邀請他訪問交大，他欣然接受。

協助推動宏碁公司與柏克萊在工程研究計畫之合作

　　此項合作為第一個交大-宏碁-柏克萊的合作方案，此一模式將促使國內大學科技產業共同與美國著名大學合作研究，達到三贏的效果，進一步提昇國際化。未來將推動更多方案，同時也鼓勵藉由合作研究，由產業界捐助建立講座教授與學生獎學金。

與柏克萊奈米科技推動委員會召集人卡列先生見面，並參與討論會，瞭解柏克萊如何建置推動奈米技術

　　2002年9月3日與Tom Kalil召集人見面，他向我說明柏克萊如何推動奈米技術，並邀我參加9月10日舉辦的第十次奈米電子研討會。

他說明在奈米技術推動上，已成立委員會，並在教授員額、空間及學生方面爭取資源，同時積極向外爭取研究計畫。

9月10日奈米電子研討會上，許多不同領域的教授分別報告自己在奈米的研究成果，最後討論如何向國家科學基金會（NSF）等單位爭取補助。討論時許多教授提到NSF近年來鼓勵群體計畫，個人計畫或研究內容缺乏創新的計畫都很難通過，所以奈米科技亦須採取整體研究方式提出。

9月15日葛教授推薦我參加一項奈米技術討論會，該討論會集合所有奈米科技教授，討論如何形成規劃書，爭取柏克萊校方的教授名額。名額總共約30名，選擇6至8個領域給予名額，奈米科技也是潛力領域之一。會中許多教授提到空間、學生、資源等問題，也有一些共同討論。最後決定另外擇期討論，以形成更多共識，獲得結論。其他領域也將有類似討論，以寫出規劃書爭取名額，這種全校性重點領域討論及分配資訊的方式很值得借鏡。

與下列教授互動，並邀請他們訪問交大

包德溫博士，十億元件尺度矽研究中心（ Gigascale System Research Center ） 執行主任

庫澤博士，電機資訊系教授，GSRC 副主任

獲選為IEEE電路系統分會BoG成員

在柏克萊這段期間，我被提名為國際電子學會的旗艦期刊為學術總彙期刊電路系統分會（ Circuits and Systems Society ） 參議委員人選，我與許多國際傑出學者專家聯絡互動，爭取他們的強烈支持，也獲得許多正面的回應。在11月中旬時獲得當選，任期自2003年至2005年。

加強和世界各頂尖大學互動

　　除了柏克萊大學之外，交大電資學院也積極地和世界各頂尖大學加強互動。因為實例極多，不能一一枚舉，所以列出幾項有代表性的於下。

　　2002年秋天，史丹福大學校長漢尼斯教授（Prof. John Hennes）來台訪問。漢尼斯教授是1980年代精簡指令電腦架構的先驅之一。交大張俊彥校長參與促成漢尼斯教授的訪問。

　　2002年12月，哈佛大學電腦資訊系的孔祥重院士教授到交大電資學院訪問，並與交大同仁探討學術提升的課題，包括了「資訊領域的未來發展、對交大資訊領域的建議、對交大國際化策略的建議、以及加強哈佛大學與交通大學雙邊合作等」。

　　2002年12月，耶魯大學電機系系主任馬佐平教授前來交大電資學院訪問，並且拜會張俊彥校長、施敏院士、以及和教授同仁們交換研究和教學心得。此外，史丹福大學電機系系主任伍利教授（Prof. Wooley）也接受了邀請，將於2003年秋天來台訪問。麻省理工學院的薩丁尼教授（Prof. Charles Sodini）也被邀請來台訪問。伍利教授和薩丁尼教授分別在2000-2001以及2002-2003年擔任國際電子學會的固態電路分會會長，與全世界的半導體產業和電腦晶片設計等，息息相關。

● 迎接新世紀的新思維　　　　李嘉晃、吳重雨

前言

　　在知識經濟的新世紀裡，科技的進步相當快速。以資訊領域而言，過去四十年的研究發展，展現出傲人的成果及深遠的影響。從

六十年代，第一部電腦的設計及製造，七十年代基礎科學的探索，
八十年代軟體，硬體，實驗性網路，人工智慧等等的研究，到九十
年代個人電腦，商用軟體的崛起，程式開發環境，及電網網路的成
熟。二十世紀資訊領域開花結果：網際網路、多媒體、虛擬環境、
無線網路、遠距教學、知識探勘等等的蓬勃發展。這些進展，產生
許多新的應用，也帶來新的問題、新的挑戰。奈米科技的來臨，更
是加劇這些問題。產業的競爭相當激烈，急需學術界的研發協助。
如何合作，提供有意義的貢獻，考驗著大家的智慧。為了讓資訊領
域的同仁能夠與時代的步伐並驅，維持領先的地位，解決新的問題
及提供實用性的貢獻，吳院長及蔡副校長安排了一系列的會議及座
談會，邀請資訊領域的同仁，交換意見、集思廣益。在熱烈及漫長
的討論之後逐漸形成了共識。院長交代筆者，把這些討論的意見、
期許及作法與他共同整理出來，分享給大家參考。電資學院準備參
考這些意見，以嶄新的思維，協助資訊領域的同仁，成立長久性，
俱有規模的前瞻研究中心，藉以凝聚研發能力，以群體的力量迎接
快速變動的新時代。

現狀評估

　　學院裡約有 70 位資訊專長的同仁。雖然每位同仁學有專精，表
現相當突出，但是作為一個團體，卻沒有累積或加倍的效果。整體
的力量，幾乎沒有展現出來，相當薄弱，非常的可惜。由於應用研
究通常需要瞭解實務問題。這些瞭解又牽涉到互動，合作的關係。
時代在改變，科技在改變，基礎研究與應用研究已經很難分別。社
會的要求及期許是不能忽視的。空有一身高強的武功，卻無法施展
出來，豈不令人覺得可惜！討論的意見可以歸納為下列幾點：
一、整體力量不夠：同仁們學問高深，習慣於單打獨鬥，一個人一

間實驗室，缺乏合作，也缺乏對研究問題交換意見的機會。這種研究的作風比較接近早期科學家工作的方式。

二、與業界合作不易：工業界有很多題目，同仁有很多答案，但是雙方卻缺乏橋樑。產業界不容易知道同仁的專長，同仁不容易知道產業界需要何種研發協助。雖然有少數同仁，在產學合作上相當成功，但是就大部分同仁而言，雙方認識的管道很有限，交換意見的機會相當缺乏。

三、忽略應用研究：同仁們比較習慣於艱深的基礎研究，常常忽略了與社會有直接貢獻的應用研究。

四、科技進步非常迅速，產業週期非常短，知識爆炸的時代，新的問題，新的挑戰已經不是任何一位科學家或工程師能夠單獨瞭解或掌握。習慣於單打獨鬥的同仁，也不能免於這種困擾。

借鏡

　　國外大學常擁有一些歷史悠久，聲譽卓著的研究中心。例如，麻省理工學院的人工智慧實驗室、電腦系統實驗室、卡內基大學的機器人研究院、加州大學柏克萊分校、伊利諾大學的貝克曼研究院……不勝枚舉。這些研究中心均有一些特色：歷史悠久，不因任何人的離開而有所改變；由於規模大，包含許多研究人員。聚集足夠多的核心研究人員。整體的能力及力量很容易表現、展示出來。研究中心的機制自然地提供了一個供研發人員交換研究心得的機會及環境。企業界需要諮詢或合作很容易尋找適合的對象進行討論。整個研究中心也常常配合時代科技的進步，推出一些大型的研究計劃，舉辦技術研討，成效相當良好。整體顯得現代化，較易迎接時代的挑戰。

新思維

　　嶄新的思維及共識逐漸形成。吳院長準備協助資訊領域的同仁成立具有規模、長久的研究中心。中心將納入國內外工業界的研發人員，及國外著名大學的學者。中心將提供這些夥伴合作對談的機制。由於這些夥伴包括了工業界的成員，合作的成效將大為提昇。由於包括了國外學者，更能促進國際化的目標，由於凝聚力量，更能推出大型計劃。目前中心的規劃及工作項目暫訂如下圖所示。

　　我們拋磚引玉,希望大家能夠共同迎接新的時代, 迎接新的挑戰,向上提昇,邁向國際一流的大學。

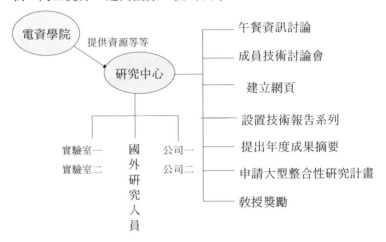

全球化領袖型教授推動委員會簡介

全球化領袖型教授推動委員會（GLPPC）執行辦公室

　　交大電資院的全球化領袖型教授推動委員會（GLPPC）是由院長吳重雨教授秉承張俊彥校長深意於今年（2002 年）9 月創立，主旨在於推動本院教授積極進入國際學術領導圈，成為國際級教授，

進而使本院成為全球化領導型教授的聚合村，以全面提昇全院、全校、而希望有助於全台灣的國際學術領導地位。藉由 GLPPC 的推動，我們將可建立一條國際學術交流的高速公路，以高效率的將本院世界一流的研究成果直接介紹給世界學術領導圈，也可迅速引入世界頂尖研究新知。本院的 GLPPC 為台灣首創，全國獨有，而且與世界級一流大學同步。如美國加州柏克萊大學（UC Berkeley）即有一個類似交大 GLPPC 的組織，主要任務是有系統的將柏克萊大學的教授推進國際學術舞台的中心，並協助教授爭取許多國際知名的榮譽及獎項，如國際電子學會會士（IEEE Fellow），及科學院院士、工程院院士等。

　　本院的 GLPPC 主席為吳重雨院長，除會員外，並設有海外指導委員會及校內指導委員會。海外指導委員會包含有本院的名譽顧問許炳堅博士，協助 GLPPC 邀請國際知名、熱心學者來台指導會員或透過網際網路與會員互動。校內指導委員會是由本校具國際知名度之資深教授組成，協助對 GLPPC 的運作提供建言，並對個別 GLPPC 會員提供策略共享。GLPPC 的會員採取彈性加入，目前共有 18 人（名單如下），是邀請本院對參與國際學術組織有高度興趣的同仁組成。GLPPC 自今年（2002 年）10 月 16 日召開第一次會員會議以來，至今年底已有近 10 次聚會。這當中包括一次由 GLPPC 海外指導委員許炳堅博士於今年 11 月 4 日與 5 日返台與吳院長共同主持的 GLPPC 座談會，以及幾場國際知名學者來本院訪問的聚會。這些活動讓 GLPPC 會員更深入熟悉國際學術組織的理念及平日的運作方式，近距離接觸國際知名學者，凝聚 GLPPC 理念，清楚瞭解適合自己下一階段的努力目標，並可適時的獲得個別的助力。

　　GLPPC 的運作原則是採取「共贏」的策略，而非相互的競爭。就像登山隊一般，有志一同登上高山的人組成了 GLPPC 團隊，這個

團隊隨時歡迎有相同志向的人加入，而每個隊員都瞭解登頂是要靠自己的雙手、雙腳及大家都可共用的繩索、工具等，而且沒有纜車可搭。由於每個隊員開始登山的時間、路徑、天候及本身的體力狀況等皆不同，自然有人在前，有人在後。但是爬在前面的人即使在未登頂前也會時常與隨後者分享其經驗、心得，甚或提供其更好的路徑或登山方式，而已登頂的人更會將其使用過的繩索及所有工具讓給隨後者使用，甚或助其一臂之力將隨後者拉至山頂。當然，每個隊員也可依自己的狀況，選擇適合自己的登山方式，以為隨後者找出新的登頂路徑。當山頂上的隊員越來越多時，就可提供山下的人更多好的登山路徑及更有力的協助。GLPPC 的會員就像是在同一條繩索上的登山隊員，不論前後，大家已是生命共同體而一致往山頂爬升。任務的成功是靠全體會員的相互呼應與協助，而且往往對隨後者的照應比自己奮力往上爬比登頂的目標更為重要，而隨後者也希望前面的人趕快登頂，以助他們一臂之力。至於已登頂的人更希望有更多的伴，以防高處不勝寒，而難以再登上另一座高峰。換一個比喻，GLPPC 的運作原則並非像化學物質過濾一般，完全由濾網上濾洞的大小來決定要濾出之粒子的尺寸。相對的，GLPPC 的運作方式較像是電子信號的濾波（如高通濾波器、低通濾波器）般，過濾的信號並非由濾網上濾洞的大小來決定，而是受相鄰信號間相互關係而影響。這也是國際學術圈的普世價值觀。

簡言之，GLPPC 的重要特色是藉由團體的互動來導引會員的自我努力，即所謂的「知己知彼」，而目標是爭取為國際學術組織服務的機會。我們深信孫逸仙博士所提之「服千萬人之務，造千萬人之福」是大學努力的最佳座右銘。

GLPPC 目前會員：

吳重雨院長（電資院）	莊紹勳教授（電工系）	王莅君教授（電信系）
周景揚主任（電工系）	吳介琮教授（電工系）	沈文和教授（電信系）
任建威教授（電工系）	柯明道教授（電工系）	謝續平教授（資工系）
李鎮宜教授（電工系）	林進燈教授（電控系）	陳　稔教授（資工系）
荊鳳德教授（電工系）	林源倍教授（電控系）	李素瑛教授（資工系）
溫瓌岸教授（電工系）	董蘭榮教授（電控系）	
莊仁輝教授（資科系）	陳信宏教授（電信系）	

● 交通大學奈米世紀社　　　　　　　孫民

社團名稱（英文）：NANO Century Club

NANO

NEW ASPECT!!!

NEW OPPORTUNITY!!!

社團名稱（中文）：奈米世紀社

社團緣起

從 1959 年諾貝爾物理獎費曼博士（Dr. Richard P. Feynman）第一次提出關於奈米科技的未來 （There's plenty of room at the bottom） ，到現在各新型奈米級工具的發明，21 世紀儼然已成為將奈米科技付諸實行的世紀。在這樣的體認下，敝社深深的感到，台

灣的學生必須爲整個國家朝向奈米科技發展盡一份心力，因爲在國家努力推動奈米科技計畫的同時，學生可以做的就是充實自己在奈米科技方面的知識，以爲將來所用。

但是在這之前，必須將這樣的理念推廣到全台灣的高中及大學之中，因爲在大四這年接觸到奈米科技之後，敝社深深的發現，奈米科技已經不再只是口號，這個科技已經時常出現在各個實驗室的討論會中，最重要的是，奈米科技這樣的概念是應用到各個領域去發揮，而奈米科技最具有發展潛能之處又常常在於各領域與領域之間，因此非常需要還在高中階段的學生在學習各方面的基礎教育時，就埋下奈米科技的種子，讓他們知道這些基礎學科都是爲將來研究奈米科技所打的底子，因此不能有如果你想念電機系，只要物理學好就好，或你想念生科系只要生物念好就好的觀念，未來的人才是應該像奈米科技一代宗師得瑞勒先生（Mr. Eric Drexler）所說的一樣 :「試著去精通某些領域，同時對其他的也有知悉（Try to master some areas and know a lot about the others）。」

面對這樣神聖的工作，敝社的指導教授吳重雨老師與我們這些交通大學對奈米科技有興趣的同學們決定以捨我其誰的精神，盡我們所能從事奈米科技推廣的工作，並且期許我們可以成爲所有高中生以及大學生討論奈米科技的一個社團。

指導老師的話　　　　　　　　　　　　　　　　　　吳重雨

當你聽到奈米這兩個字時，都會直覺這是遙遠而高深的科技，敬而遠之，或者敬謝不敏，心想等我畢業或老了再說吧！

可是，當台積電、聯電這些超級大公司最近在談到積體電路製程線條寬度時，不再說 0.13 微米或 0.09 微米，而改口說 130 奈米或 90 奈米。當你忽然聽到有奈米房屋、奈米衣服、奈米網球、奈米保

養品，甚至奈米馬桶，你會當場傻眼。沒有錯，我們已經由蓬萊米，經過微米，來到奈米，我們大家都正處在「奈米世紀」，遠離侏儸紀。

可是不能怪你不知道奈米，你可能只是高中生或大學生。根據美國最近的統計，當詢問「你知道奈米技術且了解如何應用到工作嗎？」，85%的機械工程師，83%的建築工程師及很大比例的其他工程師（包括電機電子資訊）都說不知道，這下子大家緊張了！美國第一流大學最近都準備要加強對學生的奈米教育，把精采的奈米研究成果拿來教育學生，為奈米世紀學生的生涯規劃鋪下康莊大道。

交通大學是我國高科技研究及產業的搖籃，以過去累積在電機資訊及機械材料等工程科技的雄厚基礎，對奈米科技早已投入很大的研發資源，交大有奈米中心、奈米科技研究所、奈米科技中心……研發正如火如荼展開。最重要的是，與美國頂尖大學同步，展開大學生的奈米教育。於是我們創立了「奈米世紀社」，並特別邀請交大張俊彥校長、奈米國家型計畫主持人工研院楊日昌副院長及其他大師級人物擔任榮譽指導老師。

奈米世紀社是屬於交大所有各院各領域的同學，也屬於其他大學的同學及高中生，熱烈歡迎所有同學的參與。藉由社團的參與，能了解奈米世紀來臨所帶來奈米科技、奈米管理、奈米經濟、奈米人文及奈米法商社會的知識及應用。奈米世紀社精采的奈米世界演講、讀書會、營隊、網站、比賽……等一系列活動正等著你！

社團宗旨

推廣奈米科技概念，將奈米科技跨領域的概念向下扎根，使大學生對於奈米科技的趨勢，以及與傳統科技不同之處有更深一層的了解，藉此幫助大學時期對自己生涯的規劃，以及拓展對未來的視野；使中學生在通才教育時理解各學科未來的應用與發展，開啟他

們在各個學科上的創造力以及興趣。

社團計畫

一、成爲高中生認識奈米科技的橋樑

很多高中生對於高中時代學的東西不知道有什麼用，而且
對於未來的世界充滿好奇，卻又了解的太少，我們希望成爲他
們的助力，在他們心中建立出這個奈米世紀未來的樣子，讓他
們知道爲了什麼努力，也看的到美好的未來。

(1) 每學期寄發兩次奈米世紀社刊到全國 80 多所高中的輔導
室或是負責奈米科技推廣的單位，希望高中生可以藉此對
奈米科技感到興趣。

(2) 寒假舉辦奈米科技高中教師研討會，透過對高中老師的教
育，將奈米科技的知識推廣到高中的課程中。

(3) 暑假舉辦奈米世紀營隊，透過營隊輕鬆呈現的方式，推廣
奈米科技到高中生的心中。

二、成爲大學生與學校的橋樑

一般大學生大多只有聽過奈米科技這個名詞，或是老師上
課只常常提到一點點自己的研究，絕大多數都是進入研究所後
才開始接觸，因爲現在的大學生太缺少自我探討學習的能力，
都只懂上課交過的東西，甚至只懂研究所考試會考的科目，向
奈米科技這種以前只在研究所會開的課程，是很難讓大學生真
正了解的。

所以我們有以下計畫：

(1) 成立讀書會，召集對奈米科技有興趣的同學，包括大學生
與研究生，一起在學期內把幾本書念完，研究所的學長姐

則提供我們一些指導，以及分享他們在相關領域的研究。

(2) 請老師開些入門的課程，也就是在大家連署下請專門的教授開幾堂入門的課程，並告訴我們有哪些相關的書籍可以唸，甚至在大學內推動奈米科技學程的計畫。

以上除了提供大學生一個奈米科技入門的地方，另一方面也加強大家自我探討學習的能力。

三、成為大眾（所有層級）認識奈米科技的橋樑

現在的大眾對於奈米科技是一知半解，對奈米科技的了解，大概就是奈米馬桶吧，我們希望可以成為一般大眾對於奈米科技新知的橋樑。

(1) 成立奈米世紀網站，經常提供更新的奈米新知以及討論區，提供大家討論的地方，也歡迎高中生，大學生，研究生，與一般大眾，加入社員，成立討論區，一起討論奈米科技。

(2) 每個月一次的奈米世界演講，將邀請國內外奈米界的名人，為大家做一次專題性的演講，讓大家跟得上時代的腳步。

結語

21 世紀是個瞬息萬變的時代，知識的發展不會等人。現代人正身處於奈米科技爆炸性發展的時代，不出數年，大家就會感受到奈米科技對一般生活的改變，奈米世紀社提醒你，快快跟上我們的腳步，一起迎向奈米世紀吧。

● 國立交通大學電機資訊學院學士班簡介　吳重雨

「電機資訊學院學士班—資優菁英班（電機資訊工程學系）」乃

結合教育部推動的「大一大二不分系」、「大學校院電機資訊領域課程更新與整合規劃」及為世界潮流培育跨領域人才而設立，可以說是跨領域最卓越的電機資訊工程學系，橫跨電機與資訊兩大領域。本班將可協調並充分利用交大電資院各系現有資源（含師資與設備），導入創意專題研究課程，外語文學課程，並與國際頂尖學校合作，積極為台灣培養一群具國際觀及高創意的電機資訊廣域人才，以奠定台灣走向高科技知識經濟的根基。

擁有世界級的學習環境

本院為全國第一所最堅強最完整的電機資訊學院，發展之特色為：

1. 在電機資訊領域中擁有全國最堅強的師資內容、最完整的課程規劃及最完善的教學及研究實驗室。
2. 在教學上注重理論與實作之整合及軟體與硬體之結合。
3. 注重前瞻性之創新研究，並與研發單位及產業界互動密切。
4. 畢業生在高科技領域表現傑出，為孕育台灣高科技人才之搖籃。

資優菁英班彈性多元學位制

學士班課程規劃係依據教育部「大學校院電機資訊領域課程更新與整合規劃」設計。前兩年修習共同必修科目及部分專業基礎課程，三年級起即選定系所，再由學生依興趣以學程方式選修各系所訂之主、次專業選修，同時修習「電機資訊學院學士班」之特別課程。畢業時，依學生所選讀之各系、學程，符合「電機資訊學院學士班」訂的學分規定及該學程之學分規定者，即可取得該系之學士學位。

資優菁英班特色

1. 大學前段不分系－確保學習性向及潛力發揮。
2. 跨領域學程規劃－涵蓋電機、資訊、光電、生技、**奈米領域**。
3. 彈性多元學位制－依學程取得多重主、輔系學位，可任選電機資訊學院任何系為主系（本院有電工系、電控系、電信系、資工系、資科系）。
4. 新資優教育課程－含尖端科技介紹、創意專題研究及精緻外語課程。
5. 國際化學術交流－與國際頂尖大學交換學生，及申請跨國雙學位制，充份發揮菁英及資優教育精神。
6. 國內外大師指導－與國際學術界大師級人物面對面交談，並接受指導。

資優菁英班優點

1. 精選課程師資，師資陣容包含電機資訊學院傑出菁英教授。
2. 課程具有高度彈性，學生可依自己的興趣性向，選擇適合自己的尖端科技學程。
3. 電機資訊學院各系大一大二課程具共通性，而且有互相涵蓋的需求，提供學生電機資訊整合的訓練機會。
4. 給學生更多的自主空間，確保學生學習性向及個人潛力發揮。在原電機資訊學院各領域中再導入生物科技學程及國際化與創意設計課程，以培養具國際觀及高創意之下世代跨領域學術人才。

第十二章　高科技打造奈米世界－用心投入，必有收穫

● 張忠謀的錦囊妙計　　　　　　　　　吳重雨

　　台積電公司董事長張忠謀先生曾經在他的演講中表示，二十一世紀的時代，全球化帶來全面的經濟發展以及科技發展，全球化競爭門檻也跟著提高，因為不再只是國內競爭，而是要面對全球一起競爭。在國家競爭力的要件下，人才最重要，人才的培育要由青少年做起，因此青少年要迎接全球化挑戰，開拓國際新視野，與全球青少年一起競爭。青少年如何在競爭中取得優勢？張忠謀先生提出錦囊妙計，他認為青少年要具備十二項特質，其中四項是古老以來存在的價值觀，只是在現今的唯利時代中都被忽略；另外八項則是新世紀的價值觀。

　　這十二項特質與價值不只是青少年要具備，也是奈米世紀奈米世界中的人才必須具備的要件。對教育工作者而言，我們更應當時時培育學生這些特質與價值。

　　在十二項特質中，正直與誠信、勤奮、大我精神與長期耕耘這四項是固有價值觀；創新、獨立思考、溝通能力、積極進取、專業訓練、商業通識、英文與國際觀這八項則是新世紀的價值觀。

正直與誠信

　　這項古老固有的價值似乎在五彩繽紛的功利世界中快速被淹沒遮蔽，在產業界引發的問題，包括美國安隆公司與世界通訊公司的會計醜聞案，都是因為高階主管或會計師缺乏正直與誠信所造成。

在科技界引發的問題則以美國朗訊科技（Lucent Technologies）高級研究員在奈米分子電晶體研究論文中捏造假數據的醜聞最令人震驚痛心。

青少年在求學階段，應當培養正直的精神與誠信的心，正直就是不做違背良心的事，誠信就是誠實守信用，日常生活中有許多案例可以體驗，從體驗中培養，是有效的方法。

勤奮

讀書做事都要勤奮認真，投入自己最大的心力，無論結果如何，勤奮過後都問心無愧。勤奮就是要克服每個人都有的惰性，不斷善用時間精進，朝目標努力。例如大學入學考試，準備考試就是要勤奮，全力以赴，最後無論戰果如何，都可以心安理得，因為已經光榮參與戰役，而且已經盡力。

大我精神

在班級、公司、學校等團體裡，無論做什麼事，都要以團隊為優先考慮，不是以個人為優先考慮。換句話說，要跳出自我私人的圈圈，為整個團體現在及未來的需要去思考。如果需要，小我可以改變，完成大我。世界上很多成功的企業領導人，都具有大我精神，以公司為重，不只專注於自我個人的表現。

長期耕耘

在朝向目標努力時，勤奮認真要持之有恆，不能半途而廢。在過程中，可以時時修正，找尋最佳方法，但不是放棄，也不是追求速成或短利，而是要長期耕耘。遇到挫折，要能樂觀以對，繼續找到解決困難的方法，努力不懈，在累積許多基礎與經驗後，才能達

到眞正成功的境界。

創新

　　創新就是能跳出框框，發揮創意與創造力，產生新的點子、新的做法、新的思維。這是一項非常重要的特質，科技與社會所以能不斷進步，日新又新，就是靠創新能力，不是靠守成。青少年同學在讀書時，也要養成創新能力，不是墨守課本的成規，要勇敢去思考課本沒有涵蓋的部分，對問題提出新的解決方法，最好練習每段時間內都有新的點子、新的發現或新的想法。同時也勇於接受新的東西，不要束縛自己，不要把自己框起來！網際網路剛出現時，也有許多專業工程師嗤之以鼻，不願接受新的技術。同樣地，奈米科技的新衝擊也有許多人拒絕接受。這些例證都可以作爲借鏡。

獨立思考

　　獨立思考能力就是不受別人或外在觀念的牽制束縛，能自己根據各項事實與觀察判斷，獨立思考，形成自己正確的觀念或價值。獨立思考的要件之一就是批判性思考(Critical thinking)。在意見發達的民主科技社會裡，事情往往有許多想法與說法，如何以智慧加以批判性思考，而非盲從性思考，十分重要。這樣才能避免道聽途說，人云亦云，或者隨波逐流。

溝通能力

　　專業互動在奈米世界跨領域科技領域內十分重要，溝通能力是建立專業互動的不二法門。溝通能力包括自己成果或想法的表達，瞭解別人的想法，與別人的專業互動，以及與研究團隊成員的合作交流。唯有培養溝通能力，才能建立互動良好的人際關係，才能成

為現代世界的一份子。

　　在學校裡，平常要培養溝通能力，與同學多交流，相互瞭解幫忙；與老師也要多互動，讓老師瞭解你，你需要幫助時才能適當幫助你。培養溝通能力，你可以從校園這一頭走到另一頭，試著跟遇到的許多位不認識或認識的同學交談，使他們瞭解你，你也瞭解他們，多試幾次，再檢驗效果。溝通能力代表瞭解別人的需要而幫忙別人的能力，幫忙別人，自己也能獲得別人的幫忙。

積極進取

　　凡事都要從樂觀面、積極面去看，並且全力進取，自動自發，而非被動疏忽，這樣才會成功。

　　有兩位賣鞋子的推銷員被公司派到落後地區去賣鞋子，兩個人到達時，看到所有人都赤腳走路，其中一個人就大聲嘆氣說：「糟了，這些人都不穿鞋子，怎麼賣鞋子？」於是轉頭就走。另一個人卻說：「哇！情勢大好，這些人都還沒有買鞋子，可以大大推銷，大賣一番。」就留下來大展鴻圖。

　　清華大學前校長劉炯朗講座教授在演講時，曾說過一個笑話。有一位美國名校的傑出畢業校友在功成名就時，返回母校感謝老校長，他對老校長說明自己的成功，都是由於校長在畢業典禮上一句話的激勵。老校長想了半天，想不起有這麼一句話，於是請問該傑出校友，該校友說在畢業典禮上校長穿著博士長袍為他移帽穗時，向他說：『Keep moving！』(繼續移動吧！)，畢業後他謹記這一句話，不斷激勵自己，才能成大功立大業。校長恍然大悟，想起畢業典禮那天天氣很熱，穿著長袍汗流滿身，排隊等待移帽穗的學生又多，不禁催促學生得快向前移動，想不到竟然有此意想不到的效果。自動自發，積極進取。Keep moving！

專業訓練

　　接受專業訓練與教育，也是新世紀人才要件之一。唯有接受充分專業訓練與教育，才有專業能力與知識，從事科技工作。科技發展日新月異，這專業訓練與教育不只在學校接受，畢業做事後，也要常常參加各種在職培訓課程或短期訓練，隨時充電，才能獲得最新的專業知識與技能。

商業通識

　　二十一世紀是商業世紀，經濟與社會生活都息息相關。具有工程專業訓練不足以成為新世紀人才。必須還要有管理、商業、財務等通識，才能勝任工作。每個人在產業界或學術界服務時，都會遇到有關財務、管理、商業、經濟等的工作，此時就要運用這些通識，才能做好事情。因此，在學校求學或在社會工作時，也要充實自己在管理及商業方面的通識。

英文

　　在中文短期內仍無法成為商業通訊往來或旅行的國際共通語言以前，英文相當重要。平常要多培養自己英文講、聽、寫的三大能力，才能在國際上與人溝通。現在從小學就要開始學英文，許多大學也要求學生畢業前要具有相當的英文能力，通過某些公開英文考試（例如托福）的標準。培養英文講、聽、寫能力有一百種以上的方法，可以任選一種方法來用。然而最重要的是要持之以恆，英文能力就可以累積增進。

國際觀

　　現在的世界是國際化的世界，國際來往交流越來越密切。在進

入世界貿易組織(WTO)之後，許多外國學校及學生會來台灣，所有的競爭不只是國內競爭，而是面對全球的國際競爭。

在科技產業方面，所有成功的公司，其產品或服務都是以國際為主要市場，不會只定位在國內市場，因此國際觀更為重要。在學校方面，每個大學都會面臨國際競爭，必須向上提升為國際頂尖大學，而不只是國內一流大學。

學生也一樣要有國際觀，以電機資訊領域的學生為例，都要與國際同領域的學生競爭，所以要培育自己的國際觀，到國外進修學位，或短期進修都是好方法，多參加國際學術比賽、國際會議等都有幫助。

國際觀的培養，也與英文及溝通能力呼應。具有良好的英文及良好的溝通能力，才能在國際上與人密切互動交流，全球化國際化才能成功。

人才培育的省思

過去的教育模式，整體而言是屬於天才教育，著重在培育一個班級內大約 20%-30%的同學，而幾乎放棄其他多數的同學。新時代的教育，應該是多元化的教育，每位學生在大學裏都要受到照顧，就其天份與興趣，在彈性多元的培育環境裏受到栽培。如此每位學生都可以人盡其才，都可以充分發揮其才能，畢業後可以得到發展的機會。在幫助學校這大我團體向上提升的方向下，讓小我也得到充分發揮的機會。

交通大學在這方面著力很多，無論在課程設計、環境建置及教授理念方面，都努力發揮彈性多元培育的優勢，達到人盡其才的境界。學生在交大唸書，都可以依自己的興趣與才能，而充分發揮自己的才能。

● 掌握奈米新機會，摘取奈米果實　　　　吳重雨

　　在奈米世紀裏，奈米科技是核心科技，用以打造奈米世界。雖然奈米科技的尺度界定在 100 奈米到 1 奈米或 0.1 奈米的極小範圍內，屬於原子、分子等級，但卻涵蓋很大的領域，也可以應用到許多科技產業與傳統農業上。就奈米科技產業聚焦的重點而言，半導體佔 17%，資訊技術佔 20%，奈米機電系統（Nano Electrical-Mechanical System, NEMS）佔 11%，混合材料應用佔 34%，醫藥保健佔 8%，其他佔 10%，如圖一所示。其中半導體、資訊技術及奈米機電合起來就是奈米電子（Nanoelectronics），接近一半，由此可了解奈米世紀科技產業的全貌。

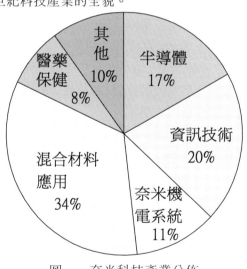

圖一　奈米科技產業分佈

在奈米科技的大領域裡，又可以分爲兩大區域：

1.矽奈米晶片

在本書的第二章詳加敘述

2.非矽奈米電子

在本書的第三章詳加敘述

就產業界量產技術而言，到公元 2020 年左右是以矽奈米晶片為主，公元 2020 年以後非矽奈米電子的比重會大幅提高。

在矽奈米晶片方面，實驗室做的 6 奈米通道長度的元件已在 2002 年發表。摩爾定律預測每三年量產元件的通道長度縮小 0.7 倍，景氣好的時候，縮小的速度就減緩許多，因為大家忙著賺錢，沒有時間研發；景氣差的時候，縮小的速度就加速，因為大家冷卻下來，用存的錢加速研發新技術，以等待春天的燕子，等景氣變好，就可以馬上用來賺錢。

摩爾定律歪歪扭扭，樂觀推估，自 2000 年的 90 奈米矽晶片，到 2019 年約到 18 奈米，如果還可以量產下去，2029 年可以到 6 奈米。此後，就奈米碳管電子元件，分子開關元件或單電子元件接手，各種電路系統及應用將持續發展，也許到 2060 年吧！2060 年以後奈米電子也許就變成穩定產業了。

現在 15-16 歲年輕的一代，在 2060 年早已過退休年齡。這表示奈米電子將橫跨老中青少四代或者更多，也表示一種傳承，來自國內大學、中央研究院等機構許多卓越的學術先進所建立的雄厚基礎與成果，導引後輩不斷前進向上提昇，踏在巨人的肩膀上，才能看得更遠。

或許會有人擔心矽奈米晶片與非矽奈米電子的轉換，是否會造成淘汰，這倒不致於，因為縮小技術以及基礎的物理化學都是一脈相承，不是突變，所以專業跨越將很自然。

在未來的展望下，技術一下子由 90 奈米到 6 奈米，再到奈米或 0.1 奈米，似乎像特快車一樣，很順利向前飛馳。然而，100 奈米以

下的奈米科技其實有很多困難與挑戰。

　　有人說 100 奈米像磚牆，障礙很大，須要突破。我延續這種說法，則 50 奈米就像銅牆，25 奈米就像鐵壁，10 奈米就像鋼牆，1 奈米就是銀河之壁，最後之牆。為什麼呢？1 奈米技術就要與原子分子周旋，控制原子來合成元件、電路與系統，控制原子來處理訊號。屆時台積電、聯電這些公司的晶圓代工（wafer foundry）就要改稱原子代工（atomic foundry）。現在大家關心的元件通道長度以多少奈米來表示，屆時元件將以多少原子來表示。這樣的技術，就像宇宙銀河探險研究一樣困難，當然可以稱為銀河之壁，最後之牆。

　　由專業技術來看，有什麼困難與挑戰呢？列舉數個如下：

1.奈米元件量產製造，如何有 90%的良率？
2.如何將奈米元件連接成電路及各種通訊、控制、光電系統？
3.奈米元件非常小，如何送入及取出訊號而避免使用許多其他大的元件？
4.如果訊號不再是電流電壓，而是電場磁場，如何控制？
5.未來的電腦或許不是微處理器與記憶體分開，而是像人腦一樣合在一起處理儲存訊號，如何發展此類架構？

這只是少數幾個大困難，其他的困難真是一籮筐。

　　這麼多困難與挑戰，豈不是令人害怕與擔心？不！這就像賣鞋子看見許多赤腳的人，這正是新機會，大好機會，為什麼？有了很多困難與挑戰，全世界的政府、大學、研究機構、產業界就會投入更多資源，禮聘更多學者專家來研究發展，像台積電、聯電、聯發科等公司會聘用更多工程師投入，這就是年青學子的新機會，也是大家的好機會。如果一種技術不再有任何困難挑戰，那才會令人煩惱擔心，因為研究人員或工程師遲早會被減薪或解聘。

　　除了奈米科技中的奈米電子具有很多機會外，其他在材料、生物醫學等也是具有困難與挑戰，一樣具有新機會。如前面幾章所述，奈米科技衍生延伸的管理經營、商業、法律、人文、社會、建築，都具有挑戰性，需要現代化的人才來發展。

　　讓我們大家一起投入奈米世界，在先輩先進建立的雄厚基礎上繼續長期耕耘，以新理念、新思維，培養現代化人才所需的特質及價值觀，在奈米這大片尚未完全開發的沃土上，經由先輩先進的指引，建立我們的理想，實現我們的夢想，相信每一個人都能掌握到奈米新機會，摘取奈米果實，也相信用心投入，必有收穫。

作者介紹

林登松教授，1985 年畢業於臺灣大學物理系，後於 1994 年獲美國伊利諾大學香檳校區物理學博士，留在該校材料研究實驗室作過一段博士後研究後，加入國立交通大學物理研究所，2002 學年度起兼任所長。他專長於表面物理現象的研究。

李耀坤，1981 年清大化學學士。1987 年成大化學碩士。1987 年斐陶斐榮譽學會會員。1991 年美國杜蘭大學生物有機化學博士。1991～1993 年，於美國約翰霍普金斯醫學院擔任博士後研究員。1993 年後任教於國立交通大學應用化學系所，目前為應化所教授。研究專長：酵素化學、蛋白質基因工程、生物有機。

曾俊元，美國普渡大學博士，現任交大電子工程系所教授兼電子研究所所長。由於他專心投入尖端研究上，研發成果卓著，獲頒 American Ceramic Society Fellow (1998)和 IEEE Fellow (2002)；並獲國科會傑出研究獎及特約研究員，入選為 Member of the Board of the Asian Ferroelectric Association，深獲國內與國際學術界之肯定。

蔡嬪嬪，現任工業技術研究院奈米科技研發中心計畫經理，正研究員。1976年台大農化系學士畢業。1983年於美國Rutgers University取得博士學位專攻黏土礦物化學。1983至1990年在Rutgers University化學系任講師及研究員，研究固態離子導體、固態化學與感測器。自1990年至2002年初任職工業技術研究院材料所從事粉體、厚膜、和微系統方面之材料化學研究，曾擔任化學感測器計畫主持人與專案經理以及所長室特助。1997年曾任中正大學化工系兼任副教授。已發表論文四十餘篇，獲得四種多國專利，以及「圖解 奈米科技」中譯版總編輯。

汪大暉，生於民國47年，國立台灣大學電機系畢業，美國伊利諾大學香檳分校電機工程博士。曾於美國HP實驗室研發高速砷化鎵元件與電路。研究領域包括半導體元件可靠性，快閃式記憶體元件，RF CMOS元件等，國際學術期刊與會議論文逾百篇。汪教授曾獲得教育部傑出教師獎，並曾擔任多項國際學術會議(IEDM，IRPS)技術委員。目前擔任交通大學電子研究所教授。

施敏，國立交通大學聯華電子講座教授兼國家奈米元件實驗室主任，中央研究院院士。

崔秉鉞，國立交通大學電子研究所博士，國際電機電子工程師學會資深會員。曾獲選為新竹地區社會優秀青年、中國電機工程師學會優秀青年電機工程師。已發表論文七十餘篇，獲得專利十七件。現任交通大學電子工程學系副教授。專長為半導體製程及元件技術，目前主要研究領域為奈米矽元件以及碳奈米管元件。

周景揚博士於 1979 年畢業於台灣大學電機工程學系，並於 1983 年以及 1985 年分別獲得美國伊利諾大學電腦科學碩士以及博士學位。畢業後於吉悌電信實驗室以及美國電話電報公司貝爾實驗室服務長達九年。周博士於 1994 年舉家返國任教於交通大學電子工程系，目前擔任系主任一職。

謝續平 1982 年畢業於國立交通大學電機與控制工程學系，1986、1991 年分別於美國馬里蘭大學電機與資訊工程學系取得碩士與博士學位。曾任國立交通大學計算機與網路中心主任、中華民國電子化政府危機處理中心主任，現任國立交通大學資訊工程學系教授暨系主任、中華民國資訊安全學會副理事長、Journal of Information Science and Information Engineering 及 Journal of Computer Security 等學術期刊編輯、亦為 IEEE Senior Member、國安局顧問、國家資通安全會報技服中心諮詢委員。主要研究領域為網際網路、網路安全，網路電

話，分散式作業系統，行動計算與網路管理。

林進燈教授於 1986 年取得國立交通大學控制工程學士，並分別於 1989 年及 1992 年取得美國普渡大學電機工程碩士、博士學位。1992 年歸國後在國立交通大學電機與控制工程系任教至今，同時並於 1998 年至 2000 年分別擔任國立交通大學副研發長兼建教合作組組長及代研發長，目前並兼任電機與控制工程系系主任。

林教授目前的研究領域包括：模糊系統、類神經網路、智慧型控制、人機界面、影像處理、圖形辨識、影音處理、智慧型運輸系統；出版作品有：*Neural Fuzzy Systems --- A Neuro-Fuzzy Synergism to Intelligent Systems* (Prentice Hall)，及 *Neural Fuzzy Control Systems with Structure and Parameter Learning* (World Scientific)。林教授在智慧型系統、類神經網路、模糊系統等領域發表超過 70 篇期刊論文，包含 50 篇以上的 IEEE Transactions 論文。

林教授同時亦是國科會控制學門規劃委員、中華民國自動控制學會常務監事、中國模糊學會理事、IEEE Transactions on Systems, Man, Cybernetics、IEEE Transactions on Fuzzy Systems 及 Automatica 等期刊編輯，並曾獲得國科會傑出研究獎（1996-2001）、國科會特約研究人員獎、中國工程師學會傑出工程教授獎（2000）、中國電機工程師學會電機工程教授獎（1997）、教育部有關產業實際問題優良博士論文（1996）、第三十八屆全國十大傑出青年獎（2000）及資訊月傑出資訊人才獎（2002）。

施育全
一九七四年生出生於臺灣嘉義
一九九六年畢業於交通大學電子系
一九九八年畢業於交通大學電子研究所
現爲國立交通大學電子研究所博士班學生

蘇育德，嘉義市人，1983
年獲美國南加州大學電
機博士學位。1983 年至
1989 年間在洛杉磯市之
LinCom 公司（現爲 Titan
公司之子公司）工作，從
事於通訊衛星之系統分
析與系統工程設計，曾獲
頒傑出貢獻獎並於 1988
年升任爲主任科學家(Corporate Scientist)。1989 年底返國後任職於交
通大學電信工程學系與電子資訊研究中心，曾任電子資訊研究中心
副主任，現爲電信工程學系教授兼系主任。其研究興趣主要爲通訊
理論及統計信號處理。

呂忠津教授爲 1981 年國立台灣大學電機工程
系學士，1987 年美國南加州大學電機工程系
博士。呂教授現任職於國立清華大學電機工程
系教授兼副系主任。呂教授專長及研究領域爲
數位通訊、編碼理論、量子通訊、生物資訊、
訊息理論與通訊網路。

楊裕雄，現任交通大學生物科技系副教授。台大森林系畢業後，在墾丁恆春熱帶植物園從事生態調查。柏克萊加州大學林木科技碩士，威斯康新大學麥迪生校區生物化學博士。威大酵素研究所擔任博士後研究，並曾任職美國國家衛生院研究及交大生科系系主任兼研究所所長。目前致力於生物科技跨領域之研究與教學，正努力籌設蛋白質體核心實驗室及生物電子中心。

劉尚志，現為國立交通大學科技法律研究所所長、科技管理研究所教授、社團法人台灣科技法學會理事長。學歷為國立臺灣大學理學士、碩士、法律學士，美國 Texas A&M University 工程博士。曾任交通大學科技管理研究所所長、英國牛津大學社會法學研究中心訪問學者、英國劍橋大學國際法研究中心訪問學者、中華民國仲裁協會仲裁人、台灣新竹地方法院民事庭參與審判諮詢專家、國家科學委員會訴願審議委員（2003/1-2004/12）、中山科學研究院研究員、智慧財產局諮詢委員、新加坡 Kent Ridge Digital Lab 顧問、新加坡國家科技局(NSTB)，新加坡國立大學(NUS)講座、新加坡國家科技局(NSTB) Archon IP Ltd. 國際顧問、全國工業總會保護智慧財產權委員會委員、經濟部技術處「財團法人智慧

財產管理制度評鑑」委員、「科技背景跨領域高級人才培訓」、「鼓勵中小企業開發新技術推動計畫：SBIR」指導委員、中山科學研究院國防科技高級顧問、行政院原子能委員會核子設施安全諮詢委員、台灣電力公司顧問、台灣經濟研究院顧問、台灣綜合研究院顧問、工業技術研究院電通所顧問、經資中心「產業技術政策」委員、財團法人歐洲交流基金會董事、中華民國科技管理學會監事、教育部國家公費留學。專長為智慧財產權，網際網路與電子商務法律，生物科技法律，高科技產業經營與競爭策略。

鮑家慶
清華大學歷史研究所科技史組碩士，曾任職鴻友科技公司，現就讀交通大學科技法律研究所。

李筱萍，台灣大學法學士(1996)、台灣大學法學碩士(2002)、美國哈佛大學法學碩士(LL.M.)(2000)、美國史丹佛大學法學碩士(J.S.M.)(2001)、美國史丹佛大學法學博士(J.S.D.)候選人(2001~)。曾任理律法律事務所律師(1997)、司法官訓練所第三十七期結業(1997-1999)、日本大江橋法律事務所暑期實習(2002)。

徐作聖教授於 1982 年取得美國賓州匹茲堡大學的分析化學博士，在 1992 年又取得美國伊利諾理工學院的企業管理碩士。1982 年～1993 年期間，在美國曾經於產業界服務過一段時間，累積不少產業上的經驗及知識，使得教授對於學術與實務領域上的互相應用更能夠加以貫徹。在 1993 年便回國，任教於國立交通大學，科技管理研究所，並且兼任科技產業策略研究中心主任。主要的研究領域在國家創新系統、策略管理、高科技行銷管理、振興產業策略規劃、產業分析與企業競爭力分析及兩岸產業互補研究。

黎漢林，美國賓夕法尼亞大學博士。現任交通大學管理學院院長兼資訊管理研究所教授。開授全域最佳化方法、供應鏈管理與決策、決策支援系統、地理資訊系統等課。曾獲教育部大學教師教學特優獎、及國科會傑出研究獎兩次 (1998，2000)。

虞孝成
學歷：美國喬治亞理工學院工業暨系統工程博士
經歷：交通大學管理學院副院長、交通大學科技管理研究所所長、AT&T 貝爾實驗

室寬頻通訊策略規畫研究員。

專長領域：電信與廣電政策規劃、高科技公司典範營運分析、通訊科技與服務管理、創業與創業投資。

著作發表：國外期刊數 10 餘篇(以 SCI 及 SSCI 為主)、國內期刊 20 餘篇(以 TSSCI 及科技管理學刊為主)、投稿中文章 30 餘篇。

張豐志，1964 年畢業於台大化工系.1971 美國休士頓大學化學博士，1971-1987 年就職於美國 Dow Chemical Company 從事化工與高分子研究。1987 年回國任教於交大應化所擔任所長與國科會客座專家，研究為高分子相關領域，高分子奈米複材是重點之一。目前是應化系教授兼交大理學院長與國科會高分子學門的召集人。

韋光華，1987 年獲得美國麻州大學化工博士 ，現為國立交通大學材料系教授。曾任美國加州大學柏克萊分校化學系訪問教授、交通大學材料系副教授、工研院化工所主任、.美國奇異公司研發部研究員以及美國空軍材料實驗室研究員。

郭正次，1976 年獲得美國馬里蘭大學材料博士。目前任教交通大學材料系。曾在美國 Ames 國家實驗室，德國柏林工業大學，日本東北大學從事研究。主要研究皆在材料之製造技術方面。早期從事材

料之中子照射，氫氣脆化，形狀記憶合金，粉末冶金及超高速凝固製程。十多年前開始從事薄膜技術之研究，包括 TiC、TiN、Al_2O_3 以及光電用晶體新材料、鑽石膜、C_3N_4 和 Si-C-N。近年來延續前面<碳>家族成員的研究，開始研究碳奈米結構之製程技術。

劉育東，哈佛大學建築設計博士，交通大學建築研究所教授兼建築學院籌備處主任，專長包括「數位建築、城市、藝術」等理論，曾應邀赴義大利、日本與泰國擔任國際學術研討會主講人(keynote speaker and presentation)，設計與規劃作品曾應邀參加 2002 智利聖地牙哥建築雙年展－數位空間主題展與 2000 年威尼斯建築雙年展台灣館。

蘇紀豪 簡介
一九八零年出生於台北
現居住於新竹市
新竹中學/國立交通大學電子工程系畢業
目前就讀於國立交通大學電子所碩士班
現任交通大學奈米世紀社社員

杜長慶，1998 年畢業於建國高級中學。2002 年畢業於國立交通大學電子工程系。目前就讀於國立交通大學電子所碩士班。研究興趣為類比積體電路設計，奈米科技，及生物晶片。

林俐如，畢業於交通大學電子系，目前在交通大學電子所攻讀博士學位，研究主題為仿生學電路設計與混合式電路設計。

孫 民
一九八一年生出生於臺大醫院
三歲至五歲在美國 Wisconsin 居住
現為新竹市科學園區人
科學園區實驗高中畢業
現任國立交通大學電子工程系大四生
曾任實驗中學學聯會活動部副部長

電子工程系系學會副會長
現任交通大學奈米世紀社社長

楊日昌博士現任工業技術研究院副院長。除了協助院長督導研究工作之外，他在這個職務上的重要工作包括督導工研院的重點奈米科技研究發展計畫，負責三大核心業務之一，知識服務核心業務的整體規劃與推動，

策劃與推動全院國際合作工作與四所國際據點的運作,與督導工研院開放實驗室與創業育成中心的營運。

除了上述工研院內的工作之外,楊副院長目前擔任我國國家型奈米科技研究發展計畫的總計畫主持人。創辦我國環保標章的負責單位環境與發展基金會,並擔任其董事長。在 APEC 創設了 APEC R&D Leaders Forum,並擔任其董事。他在就任副院長職之前,曾擔任工研院能源與資源研究所所長。

楊副院長的學歷包括國立台灣大學機械工程學士,與美國華盛頓大學機械工程博士。

林鴻志,台灣宜蘭人,1967 年 8 月 1 日生,中央大學物理系學士(1989 年),交通大學電子所博士(1994 年)。1994 年進入國家毫微米實驗室(現更名為國家奈米實驗室),現為研究員兼副主任。主要研究領域為半導體元件物理與製程技術。曾在相關領域之國際期刊發表論文超過 60 篇,及國際會議論文 70 篇以上,應邀擔任 2001 與 2002 年 IEEE IRPS 國際會議論文審查委員,並曾獲得 2000 年電子元件材料協會(EDMA)傑出青年獎。

李嘉晃教授於民國 72 年取得馬里蘭大學電腦博士。任教於交通大學資訊科學系之前,曾任教於馬里蘭大學及普度大學。民國 82 至 84 年為系主任。研究興趣包括人工智慧、網際網路、電腦視覺。84 年創立TGRE,87 年為圖形識別國際期刊副編輯。

蔡明介先生目前任聯發科技股份有限公司之董事長,負責協助新事業之開發與財務規劃及策略訂定。蔡董事長於 1983 年加入聯華電子擔任研發部門協理, 於 1989 年調升為執行副總經理,負責數個不同之研發部門,包括電腦產品研發部門,通訊產品研發部門,消費性產品研發部門,記憶體研發部門和積體電路研發部門。並在 1994 年任職為聯華電子第二事業群之總經理。

加入聯華電子之前,蔡董事長任職於工業技術研究院電子工業研究所,擔任微電腦積體電路設計部門之經理。蔡董事長畢業於台灣大學電機系,並擁有美國俄亥俄州辛辛那提大學之電機碩士學位。

卓志哲先生畢業於交通大學電信系、並擁有交通大學電子碩士學位。1985 年七月到 1997 年五月任職於聯華電子股份有限公司,曾任開發事業部線性電路開發副理(1987),通信產品事業部產品開發部部經理,負責 profit / loss for Data Modem and LAN 產品線(1990),以及多媒體研發小組經理(1995)。1997 年五月起開始擔聯發科技股份有限公司總經理。

國家圖書館出版品預行編目資料

奈米世界－賦予大學新機會 ／ 吳重雨編著.

初版.-- 新竹市：交大出版社. 2003[民 92]

ISBN 957-28473-0-9（平裝）

1. 應用物理學

339.9 　　　　　　　　92000815

奈米世界－賦予大學新機會

編　著：吳重雨

發 行 人：張俊彥

出 版 者：國立交通大學出版社

地　址：新竹市 300 大學路 1001 號

電　話：(03)5736308

電子信箱：publish@cc.nctu.edu.tw

總 經 銷：高立圖書出版公司

　　　　　台北縣五股工業區五工三路 116 巷 3 號

　　　　　(02)22900318

印　刷：三億打字機商行

出　版：二○○三年二月初版

定　價：新台幣 350 元